W0281140

DELIUS KLASING

SUSA BOBKE · SHIRLEY SEUL

MOTORRAD HANDBUCH FÜR FRAUEN

DELIUS KLASING VERLAG

Danke!

- ATE-Bremsen, Frankfurt, für technische Abbildungen
- BMW Motorrad für technische Abbildungen und den Mut, uns Testmotorräder zur Verfügung zu stellen
- Karin Kemner für das schöne Layout
- Mirjam Castro für medizinischen Beistand
- Christel für die Überlassung des gelben Fotomodells
- Corinna, der Netzwerkkönigin, für Bereitstellung und Fernwartung unseres gigantischen Netzwerkes info-sys@telda.net
- Mika Hahn für die freundliche Überlassung der Fotos und seine Begeisterung
- Harley-Davidson und Yamaha für technische Abbildungen
- Honda Deutschland (Schulungsabteilung) für sehr viele technische Abbildungen
- Irma Kronester für location und technical support
- Sybille Krumey für Catering
- Mona und Hartmut sowieso
- Kristin Ponatowski für wagemutige Stunts bei der Testfahrt
- Gunnar Reifenrath für Fotosession und technical support
- Elga Thouret für die freundliche Überlassung ihrer tollen Fotos
- VDI Verlag Düsseldorf für die freundlichen Abdruckgenehmigungen
- Westermann Schulbuchverlag für die freundlichen Abdruckgenehmigungen
- dem weißen Wal für Unterstützung und Ermunterung sowie Williwilli, Millimilli, Tschinga und Luna für dauernde Ablenkung
- uns gegenseitig für geschmackliche Übereinkunft in Fragen der Rechtschreibung und des Humors
- und all den Motorradfahrerinnen, die uns so bereitwillig Rede und Antwort gestanden haben

Bibliografische Information der Deutschen Nationalbibliothek

Die Deutsche Nationalbibliothek verzeichnet diese Publikation in der Deutschen Nationalbibliografie; detaillierte bibliografische Daten sind im Internet über http://dnb.d-nb.de abrufbar.

4. Auflage
ISBN 978-3-7688-5219-7

Einbandgestaltung: Buchholz/Hinsch/Hensinger, Hamburg
Titelfoto: Kai-Uwe Widdecke
Druck und Bindung: Kunst- und Werbedruck, Bad Oeynhausen
Printed in Germany 2007

Vertrieb: Delius Klasing Verlag, Siekerwall 21, D-33602 Bielefeld
Tel.: 05 21/5 59-0; Fax: 05 21/5 59-1 15
E-Mail: info@delius-klasing.de
www.delius-klasing.de

Inhalt

Vorwort 7

Frauen fahren Motorrad – Theorie und Praxis 9

Im Paradies 9

Adam und Eva – oder: Die Sache mit der technischen Begabung 11

In die Selbsterfahrung geschraubt 13

Artenvielfalt – Vom Staubsauger zum Joghurtbecher 25

Zusatzausstattungen – Wofür du sonst noch Geld ausgeben kannst 30

A Weib! A Weib! A Weib fährt – Von den Pionierinnen zu den Rennfahrerinnen von heute 34

Spielregeln 57

Grundbegriffe 58

Werkzeuge 63

Führerscheine 67

Motor – Definition und Einteilung 72

Bekleidung 81

Der Vergaser 86

Frauen-Motorrad-Clubs 92

Elektrische Benzin-Einspritzung 96

Urlaub 99

Das Kühlsystem 102

Die lieben Kleinen – Fahren mit Kindern 105

Kraftübertragung 108

Die lieben Großen – Fahren mit Sozia/Sozius 110

Bremsen 111

Im Neandertal 116

Elektrik – Was bitte ist ein Strom? 118

Susas Ausflug 130

Räder und Reifen 134

Wartungsarbeiten zum Selbermachen 137
Motten im Allgemeinen 137
Wenn die Schraube nicht aufgeht 140
Der Ölwechsel 142
Tank abbauen 145
Luftfilter reinigen/erneuern 146
Kühlsystem prüfen und entlüften bei wassergekühlten Motoren 147
Das Ventilspiel 149
Seilzüge 153
Räder aus- und einbauen 159
Antriebe und ihre Pflege – Kardan und Kette 166
Bremsen 172
Elektrische Anlage 177
Susas kleine Pannenkunde 186
Shirleys Ausflug 189

Vorwort

Warum ein Buch für Motorradfahrerinnen? Weil es für Motorradfahrer im deutschsprachigen Raum monatlich ungefähr 36 Kilo Motorradzeitschriften und insgesamt an die 2876 Tonnen Motorradbücher gibt. Bleibt also die Frage: Warum eigentlich nur ein Buch für motorradfahrende Frauen? Weil sie angeblich dauernd Gewichtsprobleme haben? Oder weil sich keine Frauen gefunden haben, die sich dieses schönen Themas annahmen? Wir drehen also noch eine Runde. Diesmal nicht ins Blaue hinein wie vor dreizehn Jahren, als dieses Buch zum ersten Mal erschien. Wir kennen unser Ziel: all jene Frauen, die nachfragten, wann das zwischenzeitlich vergriffene Buch aktualisiert neu erscheinen würde, und auch die Motorradfahrerinnen, die wir bisher noch nicht erreicht haben.
Die Zeiten haben sich geändert. Es gibt den Euro und Europa, es gibt Österreich und die Schweiz, was wir damals noch nicht wussten. Jetzt sind wir schlauer. Ansonsten gab es eine entgültige Rechtschreibreform und ein Klimaklimakterium. Wir konnten feststellen: In der Motorradtechnik hat sich wenig bewegt, dafür umso mehr in der Drucktechnik.

Frauen sind etwas Besonderes. Und kriegen deshalb ihr besonderes Buch. Frauen sind anders. Zum Glück. Das heißt übrigens nicht, dass Frauen technisch unbegabt wären. Es heißt nur: Frauen wollen Technik so erklärt bekommen, dass sie sie verstehen. In ihrer Sprache. Nachvollziehbar. Anschaulich. Lustig. Gern auch sinnlich. Eben für Frauen. Frauen wissen, was Frauen wollen. Deswegen gibt es dieses Buch. Frauen wissen, was Frauen interessiert. Zum Beispiel auch, weil Frauen Frauen gefragt haben. So möchten wir uns gleich zu Beginn bei all jenen bedanken, die sich die Mühe gemacht haben, unseren Fragebogen zu beantworten.

Zu Risiken und Nebenwirkungen

Das Schlimmste am Liegenbleiben ist die Angst davor. Wenn du dieses Buch gelesen hast, brauchst du keine Angst mehr zu haben. Du wirst sogar in der Lage sein, dein Motorrad vorab am Liegenbleiben zu hindern. Weil du es nämlich in einen Zustand versetzt, der mit Liegenbleiben völlig unvereinbar ist.
Es ist nicht ausgeschlossen, dass du nach der Lektüre dieses Buches nur noch einen Wunsch hast: Pannen, Pannen, Pannen. Warum ist das Kupplungsseil noch immer nicht gerissen? Warum haben immer nur andere das Glück, einen neuen Luftfilter zu brauchen? Und wann ist endlich der nächste Ölwechsel fällig?

Diese und noch viele andere Fragen beantworten dir: Susa Bobke, KFZ-Meisterin, von Beruf Engel (gelb, ADAC), und Shirley Seul, Musen-Meisterin, von Beruf Writerin (Ghost).
Was uns verbindet: eine volljährige Freundschaft (18 Jahre) – trotz häufigen Personalwechsels im Bereich Lebensabschnittsbegleitung; wir haben beide mit 18 Jahren den Motorradführerschein gemacht und wissen von vielen gemeinsamen Motorradtouren, dass Lachen die Laune hebt und die Abwehrkräfte stärkt.
Was uns trennt: Susa hat drei Katzen und Shirley einen Hund.
Was uns wiederum verbindet: Als wir uns kennen lernten, war es andersrum.

Frauen fahren Motorrad – Theorie und Praxis

Im Paradies

Alles lief wie am Schnürchen oder besser gesagt: wie geschmiert. Kaum hatten wir das gute Dutzend Motorradhersteller angeschrieben und gebeten, unser Buch mit Informationen und Abbildungen zu unterstützen, hagelte es Anrufe, Briefe, Faxe, Mails. Die Hersteller waren begeistert. Beteuerten, dass sie uns bei der Aktualisierung des Buches gerne unterstützen würden. Schließlich liegt der Anteil der Käuferinnen bei einigen Herstellern im zweistelligen Prozentbereich.

2007 (Jahresbeginn) waren in Deutschland insgesamt 3 969 103 Motorräder zugelassen. Etwas mehr als eine halbe Million (554 221) auf Frauen. Diese Zahl ist unserer Meinung nach eine Dunkelziffer, weil viele Frauen mit den Motorrädern ihrer Freunde/Brüder/Väter unterwegs sind, aber die Motorradhersteller interessieren sich natürlich mehr für Käuferinnen als für Fahrerinnen. Doch auch die halbe Million fanden sie beeindruckend und sie räumten ein, dass sie diese stetig wachsende Zielgruppe bislang total vernachlässigt hatten. Wir wurden gebeten, neue Modelle Probe zu fahren und auf ihre Frauentauglichkeit zu testen. Auf dass ihr Ruf, manche Kamikazeninja könnte nur von echten Kerls gefahren werden, eine Korrektur erführe. Vor allem lag den Herstellern daran, endlich etwas an der Sitzhöhe so mancher Maschinen zu verändern – »denn das ist doch wirklich der einzige Unterschied in den Bedürfnissen von Motorradfahrerinnen und -fahrern«, wie ein Pressesprecher euphorisch verkündete. Wir klärten ihn darüber auf, dass es noch ein paar Unterschiede gäbe, die allerdings reine Geschmacksfragen beträfen.

Unsere Fragen bezüglich Frauenfreundlichkeit der Motorräder und Arbeitsplätze, Marketingstrategien und Werbung wurden offen und zuvorkommend beantwortet. Wir wurden mit technischen Abbildungen überhäuft und bekamen großzügig Fotos zur Verfügung gestellt. Zum Teil wurden unsere Anfragen schneller beantwortet, als wir sie überhaupt stellen konnten. Wir waren erstaunt, wie viele Händlerinnen, Mechanikerinnen, Public-Relation-Managerinnen, Ingenieurinnen, Pressesprecherinnen, Fotografinnen und Journalistinnen in der Motorradbranche tätig sind. Bei der Lektüre der Mopedliteratur, insbesondere der vielen monatlich erscheinenden Fachzeitschriften, freuten wir uns über die unzähligen Autorinnen, Testfahrerinnen und Technikerinnen und die frauenfreundliche Werbung. Kurzum: Die Motorradszene ist eine blühende Frauenlandschaft.

... Nun ja, fast. Wir fragten bei der Telekom nach, ob unser Telefon ohne unser Wissen abgeklemmt worden war bzw. unsere Re-

gion aus Gründen des Outsourcings eventuell postalisch vom Pizzadienst beliefert würde, denn es meldete sich eigentlich eher kein Hersteller. Dann meldete sich einer aus Bayern mit der Nachricht, dass er bzw. sie sich später noch mal melden würde, was sie dann tatsächlich machte.
Fast alle Hersteller kamen anscheinend zu dem Entschluss, dass sie sich mit dem Thema Frauen auch in Zukunft nicht beschäftigen wollen, und dabei ist es ihnen egal, ob Frauen Motorräder ihrer Marke fahren, ja vielleicht sogar peinlich, denn kann ein Motorrad, das von einer Frau gefahren wird, ein gutes Motorrad sein oder schreckt das die potenziellen wirklichen Käufer ab? Wir wissen alle: Ein normaler Mann ist ab 1,80 m groß und welcher echte Kerl möchte schon mit einem Gefährt gesehen werden, das als Damenmotorrad beworben wird? Da könnte er sich ja gleich in ein Handtäschchen setzen.
Es gelang uns tatsächlich, Motorräder zu testen unter einem schönen weißblauen Himmel. Nach vielen Bemühungen und Anstrengungen ergatterten wir einige technische Abbildungen. Meistens wurden wir und unsere Anfragen so kompetent und zuvorkommend behandelt wie Arbeitssuchende vom Arbeitsamt. Wir sind nach wie vor erstaunt, dass die Hersteller sich das leisten können - in Zeiten rückläufigen Kaufverhaltens, aber steigender Verkaufszahlen an Frauen; jeder dritte Fahrschüler ist derzeit eine Frau.
Wie viele Frauen im Besitz eines Motorradführerscheins sind, ist ein großes Geheimnis, das selbst das fast allwissende Kraftfahrt-Bundesamt nicht zu lüften imstande ist. Dort wurden wir schlichtweg vergessen. Nur jene Frauen, die nach dem 1. Januar 1999 einen Motorradführerschein gemacht haben oder ihren alten Führerschein umschreiben ließen, sind registriert. Die Autorinnen dieses Buches gehören nicht dazu. Shirleys Führerschein ist ein grauer Lappen, fast so groß wie ein Taschenbuch und mittlerweile so weich wie eine Schmusedecke. Der von Susa ... nun ja, lassen wir das an dieser Stelle. Fakt ist, dass es unbekannt viele Frauen und Männer gibt, die im Besitz so genannter Altführerscheine sind. Dazu gehören auch alle DDR-Führerscheine oder solche Unikate wie spezielle Führerscheine aus dem statistisch finsteren Saarland. Die Dunkelziffer ist ziemlich dunkel.

Also, Mädels, begeistert eure Freundinnen und alle, denen ihr begegnet! Motorradfahren macht glücklich! Wir wollen noch mehr werden! Runter von den Soziasitzen und ran an den Lenker! Runter vom Sofa und rein in die Fahrschule, ein paar Probestunden absolviert - und dann endlich das tun, was du vielleicht schon immer tun wolltest, seitdem du den Schein vor ach so vielen Jahren gemacht hast. Weil du dachtest, so geht es in einem Aufwasch, Auto und Motorrad zusammen. Frauen sind praktisch veranlagt. Und dann immer im Hinterkopf dieser kleine Traum: Irgendwann einmal. Wann ist dein Irgendwann? Lust darauf, jetzt irgendwann sein zu lassen?

Mal sehen, ab wie vielen Millionen die Hersteller sich bequemen, uns zur Kenntnis zu nehmen. Ein Mittel der gesellschaftlichen und politischen Einflussnahme ist die Wahl, natürlich nicht die einer politischen Partei, sondern die der Produkte, die wir kaufen oder eben nicht kaufen. Deshalb nennen wir die Marken, die gewillt sind, es öffentlich auszuhalten, dass Frauen ihre Motorräder fahren und kaufen: BMW beantwortete unseren Fragebogen, reagierte schnell und sehr kooperativ, Kawasaki beantwortete unseren Fragebogen, Honda zeigte sich ebenso hilfsbereit wie Harley-Davidson, was die Bereitstellung technischer Abbildungen und Informationen betrifft. Auch von Yamaha durften wir einen Motor abbilden. Ansonsten hielt Mann sich bedeckt.

Adam und Eva –
oder: Die Sache mit der technischen Begabung

Seit 1989 gibt Susa KFZ-Selbermach-Kurse für Frauen, einige Jahre lang hat sie auch »gemischte« Kurse abgehalten. Als »gelber Engel« begegnet sie täglich Menschen mit Pannen – und hat dabei interessante Erfahrungen gesammelt.

Nicht nur Zologinnen stellen fest: Männliche und weibliche Versuchsobjekte weisen ein abweichendes Pannenverhalten auf. Ist das Fahrzeug kaputt, neigen Männer bisweilen dazu, bei der Fehlerdiagnose ihre Spuren zu verwischen. Anstatt beispielsweise zuzugeben, dass sie den Tank leer gefahren haben, errechnen sie präzise und objektiv, dass der Kraftstoff noch exakt für 7 km und 320 m hätte reichen müssen. Schwungvoll blenden sie sich und andere mit einer häufig vorgetäuschten technischen Kompetenz, die mit willkürlich eingestreuten Fachausdrücken bekräftigt wird. Sie meistern die Situation mit heldenhafter Souveränität und sind – vergleiche Adam – völlig unschuldig. Die Schuldfrage interessiert grundsätzlich nur, soweit sie andere betrifft. Frauen haben natürlich gerne Schuld – vergleiche Eva – und nehmen sie bereitwillig auf sich. Sie lassen sich auch ausgiebig über die Umstände aus, die zu dem Problem geführt haben könnten, beichten ihr Versagen »schadenfreudig« und nehmen den Defekt an ihrem Fahrzeug als gerechte Strafe hin. Weil sie zum Beispiel nie Öl nachgeschaut haben. Sie haben deshalb ein sehr schlechtes Gewissen. Frauen haben häufig eine Schwäche dafür, vom Schlimmsten auszugehen, das sie selbst herbeigeführt haben. Weil sie immer schuld sind. Weil sie technische Versagerinnen sind. Mit all diesem Ballast befinden sie sich in einer Situation, die ihnen häufig vertraut zu sein scheint: ausgeliefert sein. Dabei sind sie nicht hysterisch, wie oft vermutet wird, sondern gefasst – und zwar auf alles.

Pannenkurse für Männer und Frauen

Etwas nicht zu wissen ist für Frauen selbstverständlich, für Männer eine Niederlage. Frauen sind meistens aufmerksame Zuhörerinnen; sehr wissenshungrig, stellen viele Fragen und möchten alles deutlich erklärt bekommen. In der Praxis sind Frauen eher zurückhaltend, gelegentlich gehemmt. Erst wenn sie das Gefühl haben, theoretisch wirklich Bescheid zu wissen, wollen sie dieses Wissen in die Praxis umsetzen. Dabei benutzen sie die theoretischen Anleitungen und halten sich an die vorgegebene Reihenfolge – im Gegensatz zu Männern. Männer wollen gleich machen. Theorie hält sie nur auf – auch wenn es sich dabei um etwas handelt, das für sie neu ist. Männer müssen zwischendurch immer wieder mal beweisen, was sie alles schon können. Sie machen einfach drauf los. Eine sinnvolle Reihenfolge wird oft über den Haufen geworfen. Gelegentlich arbeiten sie konfus. Sie sind nicht durch die Angst vieler Frauen gehemmt, etwas kaputtzumachen. Oder, wenn etwas kaputt geht, dann ist es: »bläd glaffa« (für unsere nicht bayerischen Freundinnen: blöd gelaufen).

Vorsicht Falle!

Manche Männer wollen Frauen kleine Arbeiten abnehmen; fragen, ob sie vielleicht etwas helfen können, oder fragen nicht und nehmen einer Frau den Schraubenschlüssel schon mal aus der Hand. Diese Art der Entmündigung gehört zu den klassischen

Flirtritualen des letzten Jahrtausends (zoologisch: Paarungsverhalten). Wenn ein Mann dominant in seinem Rollenverhalten auftritt, reagiert die Frau oftmals mit ihrem Rollenverhalten: Sie lässt machen. Damit verliert sie ihre am Anfang des Kurses so deutlich sichtbare Unternehmungslust und Neugier und sie macht wieder nichts selbst. Das wiederum wird ihr bei unpassender Gelegenheit in Form von Blondinenwitzen vorgeworfen. Dieses für beide Seiten wenig abwechslungsreiche Drama – Kavaliersdelikt – spielt sich nicht nur auf der Straße ab.

Die beste Lösung: getrennte Gehege für Männchen und Weibchen.

Frauen, die an Kursen für Frauen teilnehmen, gehören zu keiner speziellen Randgruppe wie etwa Doppelhaushälfteninsassinnen, Ebayerinnen oder gar Dauerwellenverächterinnen. Die Kursteilnehmerinnen repräsentieren einen Querschnitt der Bevölkerung. Das Alter der Teilnehmerinnen liegt zwischen 18 und 70 Jahren und das Spektrum umfasst fast alle Berufe. Bei einem Kurs, an dem ausschließlich Frauen teilnehmen, entfällt die Ablenkung durch Rückfall in Rollenspiele. Frauen lernen entspannter. Es kann gezielt auf Fragen eingegangen werden, ohne dass Teilnehmerinnen, die vielleicht andere technische Fragen haben, dazwischenfunken. Es ist Zeit, technische Begriffe und Funktionsweisen gründlich zu erklären, was bei einem gemischten Kurs gar nicht möglich ist, da Männer es im Allgemeinen nicht aushalten, irgendwelche Grundvoraussetzungen nicht zu kennen. Außerdem kann technisches Wissen spielerisch vermittelt werden, indem zu teilweise polemischen Vergleichen gegriffen wird, um bestimmte Zusammenhänge und Abhängigkeiten zu erklären, die bei – mit halber Vorbildung belasteten – Männern erfahrungsgemäß auf wenig Verständnis stoßen.

Für viele Teilnehmerinnen geht es in den Kursen um mehr als nur die Vermittlung technischen Wissens. Frauen wagen sich in ein fremdes Terrain. Persönliche Unsicherheit überwinden, sich etwas zutrauen, sich behaupten, Eigeninitiative ergreifen – das sind die Themen, die eine über den Kurs hinausreichende Bedeutung haben. Am Ende des Kurses hat sich das unsichere Gefühl der Teilnehmerinnen in ein fröhliches Staunen verwandelt. So einfach ist das!

Wenn es überhaupt technische Begabung gibt, hat sie nichts mit dem Geschlecht eines Menschen zu tun. Es gibt nur eine Voraussetzung, die über technische Begabung entscheidet, und das ist das persönliche Interesse, sich mit Technik auseinander setzen zu wollen. Leider haben Frauen meistens einen Rückstand aufzuholen, weil sie als Kind oft nicht gefördert wurden, sich technisch zu betätigen. Aber wenn sie sich dafür interessieren, stehen sie vor den gleichen Problemen und Erfolgen wie Männer. Wir wünschen uns, dieses Buch bringt dich dazu, dass du dich frei entscheiden kannst, ob du Lust zum Schrauben hast. Wenn du willst, kannst du. Aber du musst nicht wollen. Du tust schließlich nicht alles, was du tun könntest, wenn du wolltest. Frei nach Karl Valentin: »Kenna hätt ma scho woin, aba dürfn hamma uns ned getraut.«

Motorradkurs bei den »Women On Wheels«, Dortmund

In die Selbsterfahrung geschraubt

Seit rund zwölf Jahren gibt Susa Kurse für Motorradfahrerinnen. Ich hatte noch nie an einem teilgenommen. Warum auch, kenne ich doch Susa, die mein Moped repariert, wenn es sich um einen größeren Eingriff handelt. Kleinigkeiten wie Ölwechsel erledigen meine Freunde. Ich selbst glänzte bislang damit, mehr oder weniger bewundernd daneben zu stehen und mit Komplimenten zu motivieren. Klar reichte ich hin und wieder einmal ein Werkzeug. Ich war sogar stolz darauf, es auf Anhieb zu erkennen. Ich kann einen Schraubendreher von einem Schraubstock unterscheiden – schließlich bin ich die Tochter eines Handwerkers. Die Männer, in die ich mich verliebte, waren ausschließlich Handwerker. Ein richtiger »er« schafft es mit links, in der Wüste einen gekühlten Swimmingpool für die Liebste zu errichten, wenn »sie« sich das wünscht. So viel zu meiner Überzeugung ... oder: meiner Bequemlichkeit? Ich machte mir darüber keine Gedanken, denn wie gesagt, es gab Susa für die schweren und meine Freunde für die leichten Fälle. Meine Freunde waren frauenfreundliche Männer, wenn nicht sogar Feministen. Ich bin mir darüber im Klaren, dass diese Kombination selten ist – der feministische Handwerker. Doch ich hatte Glück. Meine Freunde anerkannten Susas Kompetenz vorbehaltlos. Was Susa sagte, war Gesetz. Sie beklagte sich gelegentlich bei mir über die fehlende Schrauberselbstständigkeit meiner Männer. Dann mussten die eben ein bisschen mehr machen als gewöhnlich. Ich stand daneben und servierte ihnen Komplimente. Später gab es eine große Portion Spaghetti und noch später einen kalorienreichen Nachtisch. Schrauben macht Appetit. Im Großen und Ganzen kamen wir gut klar. Jahrelang. Und jetzt sollte ich es also selber machen. Schrauben. Ölige Finger, Hände. Der ganze Dreck. Und das am Wochenende.

Ich erklärte mich bereit, an einem Kurs teilzunehmen, nachdem Susa mir versprochen hatte, dies würde keine Konsequenzen für mich haben. Ich würde auch in Zukunft darauf vertrauen können, dass sie meinen Fuhrpark instand hielt. Ich würde das im Kurs Gelernte nicht selbst anwenden müssen. Sie grinste, als sie mir das in die Hand versprach. Es kam mir vor, als verheimliche sie mir etwas. Versprochen ist versprochen, dachte ich und drückte noch mal extra kräftig zu.

Drei Wochen bevor der Kurs begann, erzählte ich zuerst einmal allen, auch solchen, die sich überhaupt nicht dafür interessierten, dass ich jetzt an einem Schrauberinnenkurs teilnehmen würde.
»Was lernst du denn da?«, wurde ich gefragt.
Meine ersten Antworten waren noch halbwegs realistisch. »Bremsen einstellen, Ölwechsel und so«, brummte ich. Aber bald wurde ich übermütig und baute schon mal den Motor aus, wobei ich mich im Stillen fragte, ob ihm dann der Block fehlte. Hieß das nicht Motorblock? Oder galt das nur für Autos?

An einem strahlenden Samstagmorgen im April fahre ich mit meiner BMW nach München zur Rockerbox. Die Rockerbox ist eine wunderschöne Motorradwerkstatt. Ja, Werkstätten können schön sein! Chefin der Rockerbox ist Irma Kronester, die den Kurs mit Susa gemeinsam leitet. Eine Meisterin ist nämlich zu wenig für all die schraubenden Frauen und ihre vielen Fragen. Irma hat sich auf alte Motorräder spezialisiert. Ihr erstes eigenes Motorrad war eine Triumph Tiger 100, Baujahr 1954. So kam Irma auch zum Schrauben: »Wer sich ein altes Motorrad zulegt, muss einfach basteln.« Irma bastelt nicht nur, sie fährt auch Rennen und ist Organisatorin von Oldtimermotorradrennen. Was übrigens nicht heißt, dass nur RentnerInnen in der Rockerbox willkommen sind - auch moderne Motorräder werden hier gerne versorgt.

... Doch so viele moderne Motorräder sehe ich gar nicht. Ich staune nicht schlecht, als ich in den Hof der Rockerbox tuckere. Ich hatte angenommen, mit meiner BMW Baujahr 1987 Aufsehen zu erregen. Von wegen! Es ist mir auf den ersten Blick klar, dass sie sich - was die Weisheit des Alters betrifft - nichts einzubilden hat. Seltsam - die Kursteilnehmerinnen wussten doch gar nichts von Irmas Vorliebe für alte Motorräder ... oder fahren Frauen gerne ältere Motorräder? Oder liegt es an der angeblichen Treue der Frauen, die nun, nachdem sie - wie Zeitungsmeldungen zu entnehmen ist - ihren Männern nicht mehr treu sind, sondern es genauso halten wie es den Männern unterstellt wird, wenigstens ihren Motorrädern die Treue halten, bis der TÜV sie scheidet? Welcher TÜV, frage ich da gleich weiter, denn wenn eine schrauben kann, hat der TÜV nichts zu scheiden. Aber wahrscheinlich ist dieses Durchschnittsalter nur Zufall. Manchmal, so erzählt Susa mir später, gibt es viele neue Motorräder in den Kursen.

Der TÜV ist - im Gegensatz zu Autos - bei Motorrädern nicht der Grund für den Exitus, erfahre ich. Motorräder verfügen über keine Karosserie, die teure Schweißarbeiten erfordern würden. Motorräder, so Susa, würden an Motorschäden sterben oder an defekten Lichtmaschinen - wenn keine Ersatzteile mehr zu bekommen sind. Oder sie unbezahlbar sind. Und die Krankenkasse springt auch nicht ein.

Irma und Susa begrüßen die Teilnehmerinnen und bitten sie, ihre Mopeds in die Werkstatt zu schieben. Manche sind regelrecht verblüfft - wie ich, als ich das erste Mal in der Rockerbox stand. Dass eine Motorradwerkstatt gemütlich sein kann! Ja, das kann sie! Obwohl sie riesig ist, sich über zwei Stockwerke erstreckt.

Um Punkt 10 Uhr startet die Vorstellungsrunde. Auf den ersten Blick, ich gestehe es, verschätze ich mich total. Ich halte die anwesenden Frauen ausnahmslos für Singles. Wilde, unabhängige Amazonen, die auf ihren chromblitzenden Rossen durch die Betonwüste reiten. Doch bis auf zwei Ausnahmen sind die Amazonen verheiratet beziehungsweise leben mit Partnern und einer Partnerin zusammen, viele haben Kinder.

Susa schenkt erst mal Kaffee aus. Es wird immer besser, denke ich. Fehlen nur noch die Kekse. Da kommen sie schon. Ich bin beeindruckt. Die Tür wird aufgerissen und die erste Nachzüglerin stürmt herein. »Bin ich hier richtig?«, fragt sie, wartet keine Antwort ab, lässt sich stöhnend auf einen Stuhl fallen, spricht obwohl sie den Helm noch trägt. »Die Batterie! Schon wieder die Batterie! Das gibt's doch nicht! Sie ist erst ein halbes Jahr alt und dauernd der Zirkus! Mein Mann hat mir Starthilfe gegeben. Tut mir Leid, dass ich zu spät komme. Diese blöde Batterie«, sie nimmt den Helm ab, identifiziert Irma, die Papiere in der Hand hält, als Kursleiterin und fragt: »Es ist doch die Batterie, oder?«

»Das schauen wir uns später an«, erwidert Irma ruhig und Susa bietet der ersten von drei Nachzüglerinnen Kaffee an.

In der nun folgenden halben Stunde erfahre ich einiges Wissenwerte über Batterien,

Reifen, Öl und Bremsflüssigkeit und über Ein- und Ausmotten. Ich muss es ja nicht selber machen, denke ich und merke mir trotzdem alles, um bei denen, die es für mich machen werden, zu glänzen. Dann haben alle genug Kaffee getrunken und nicken voller Tatendrang, als Susa fragt, ob wir nun von der Theorie zur Praxis schreiten sollen. Irma und Susa beauftragen uns, die Sicherungen an unseren Mopeds zu finden und zu identifizieren. Ich weiß, wie ich das machen muss. Die Sitzbank abnehmen, die kleine sattelförmige Schale herausnehmen, in der mein Bordwerkzeug untergebracht ist, wobei mir die Luftpumpe entgegenschnalzen wird, die nur schwer wieder einzufädeln ist. Ich habe das noch nie selbst gemacht, aber ich habe oft zugesehen und bin vorschriftsgemäß zusammengezuckt, wenn die Flüche ertönen, die anscheinend passieren müssen, weil das so ein Gefummel ist. Aber jetzt muss ich noch nicht fummeln und fluchen, ich bin beim Ausbauen und finde meine zwei Sicherungen unter dem Tank auf Anhieb. Gestern nämlich funktionierte der Blinker nicht.
»Ohne Blinker kannst du nicht in die Stadt zu dem Schrauberinnenkurs fahren«, sagte mein Freund.
»Aber dort wird er bestimmt repariert«, erwiderte ich und hoffte, er hätte nicht gehört, dass ich im Passiv gesprochen hatte. Wird repariert galt nicht mehr. Ich selbst würde reparieren. Aktiv werden.
»Es ist bestimmt nur die Sicherung«, sagte mein Freund und hatte Recht. Er nahm die Sitzbank ab, arbeitete sich bis zu den Sicherungen vor, nahm sie einmal heraus, dann steckte er sie wieder hinein – und alle vier Blinker winkten fröhlich.

Susa kontrolliert meine Arbeit. Stolz zeige ich ihr eine der beiden Sicherungen. Um meine Motivation unter Beweis zu stellen, habe ich eine Frage parat: »Was versichert diese Sicherung?«
»Schau in dein Bordbuch«, sagt Susa.
»In mein was?«, frage ich, dann fällt mir ein, was sie meint. Ich habe es schon lange nicht mehr gesehen. Es ist bestimmt in irgendeinem Ordner abgeheftet – bei den Gebrauchsanweisungen vielleicht? Sehr sinnvoll, wie ich nun feststelle.
»Probier aus, was geht und was nicht, dann weißt du es«, rät Susa.
Ich drehe am Zündschlüssel. Nichts! Jetzt geht also gar nichts mehr. Dabei habe ich doch nichts Schlimmes gemacht. Nur die Sitzbank abgenommen. Wahrscheinlich habe ich es geschafft, dabei mein ganzes Motorrad unreparierbar zu beschädigen. Oder hat es von sich aus einen Herzstillstand erlitten, weil es nicht verkraftet, dass ich mich an ihm zu schaffen mache ...
»Ich dachte, ich habe keine Hauptsicherung?«, frage ich trotzig. Irma hatte mir das zuvor gesagt: An deinem Moped gibt es keine Hauptsicherung.
Also die andere Sicherung herausnehmen und wieder hineinstecken – nichts. Ich bin davon überzeugt, die Sicherung falsch hineingesteckt zu haben. Ich drehe sie und versuche es andersherum. Ich versuche es noch mal anders. Zwischendurch fällt mir ein, was Susa mir schon oft über Frauen und Technik erzählt hat. Dass Frauen immer glauben, sie machen alles falsch. Dass sie sich nichts zutrauen. Dass sie immer und automatisch davon ausgehen, sie wären schuld. Es gefällt mir gar nicht, aber ich bin anscheinend der Prototyp, als den mich Susa so gerne auf den Arm nimmt. Ich probiere noch eine Weile herum. Kein Bild, kein Ton. Mein Motorrad ist tot. Ich bin also gerade noch in die Werkstatt gekommen – und das war es dann. Aber ich werde nicht hier bleiben müssen, die beiden Retterinnen Irma und Susa werden sich meiner BMW annehmen und alles wird gut, davon bin ich überzeugt.
»Versuch du mal«, bitte ich Susa. So als könnte man Sicherungen reiner als reintun.

Auch nachdem Susa die Sicherungen befestigt hat, leuchtet kein Licht an der Zündung auf. »Kein Strom«, stellt sie fest und fragt gleich: »Wo ist er?« Das erscheint mir logisch. Wir müssen den Strom finden, der in der Batterie ist, dann aber auf dem Weg zur Zündung verloren geht. Eine Abkürzung genommen? Eine Freundin besucht? Sich im Gebüsch versteckt?
Susa hantiert mit einem Messgerät an meiner Batterie, da gibt es bei der ersten Zuspätkommerin einen kleinen Tumult. Sie hält etwas in der Hand und zeigt es mit einem triumphierenden Gesichtsausdruck den anderen. »Die Hauptsicherung!«, ruft sie. Neugierig lasse ich mich aufklären. Nicht die Batterie ist schuld am Zuspätkommen. Die Hauptsicherung ist die Fehlerquelle. Man kann den eingerissenen Steg und die aufgequollenen Reste der Sicherung deutlich erkennen.
»Da hätte ich mir ohne Grund eine neue Batterie gekauft«, freut Gerda sich. »Nichts hätte es gebracht und ich hätte ewig lang Ärger gehabt – jetzt, wo die Saison beginnt. Und dabei ist es so eine Kleinigkeit!«
»Aber finden musst du sie erst mal«, stellt Michaela trocken fest.
Alle sind sich einig, dass es sich für Gerda schon gelohnt hat, diesen Kurs zu besuchen.

Das älteste Motorrad in der Runde besitzt Corinna. Eine Honda CL 250 S. Corinnas Mann hasst Motorradfahren. Das hält Corinna aber nicht davon ab. Sie fährt sogar mit dem Motorrad in den Urlaub.
Ihr Mann reist im Zug oder im Bus – oder bei einer gebuchten Motorradtour im Begleitfahrzeug. Auf diese Weise haben Corinna und ihr Mann ganz Südeuropa bereist. Sie treffen sich an Bahnhöfen, übernachten gemeinsam im Hotel – und am nächsten Morgen steigt Corinna auf ihr Moped und ihr Mann nimmt den Bus oder Zug.
Während ich auf Susa warte, die gerade an einem anderen Motorrad etwas erklärt, sagt Corinna mir, dass sie immer wieder mal an ihren Sicherungen dreht: »Damit sie guten Kontakt haben.«
»Woher weißt du das eigentlich?«, frage ich neugierig.

Die Hauptsicherung ist die Fehlerquelle

»Ich habe es mir selbst beigebracht«, antwortet Corinna. »Ich habe mir ein Werkstatthandbuch besorgt und dann einfach ausprobiert. Mein Mann kann mir nicht helfen. Er ist technisch absolut uninteressiert. Blöd wäre es schon, wenn ich irgendwo wegen einer Kleinigkeit liegen bleibe und er dann an einem Bahnhof auf mich wartet – heute gibt es ja Handys, aber früher hätte er sich bestimmt ziemlich Sorgen gemacht. Also wollte ich mich mit meinem Motorrad so gut auskennen, dass ich, auch was das Technische betrifft, ein sicheres Gefühl habe. Und ich muss sagen, seither macht mir das Fahren noch mehr Spaß.«
»Und trotzdem gehst du in solch einen Kurs?«, frage ich staunend.
»Man lernt nie aus«, erwidert Corinna knapp und dreht noch eine Runde an ihren Sicherungen.

Susa hat wieder Zeit für mich. Um den verlorenen Strom zu finden, soll ich das weiße Ding über dem Auge abbauen, damit wir das Zündschloss freilegen können. Das weiße Ding über dem Auge ist die Verkleidung meines Scheinwerfers.
»Und wie?«, frage ich, denn es ist mir wirklich ein Rätsel. Ich sehe keine einzige Schraube. Susa deutet auf vier Löcher. »Leuchte hinein und sieh nach, ob du einen Kreuzschlitz- oder einen Schlitzschraubendreher brauchst.«
Ich leuchte und ich erkenne ein Kreuz, aber die Schraubendreher sind alle zu kurz. Corinna gibt mir einen sehr langen Schraubendreher. Es klappt! Ich leuchte und schraube und lege die Schrauben ordentlich auf meiner Sitzbank ab. Zwischendurch sprengt Susa mit einem entschiedenen Faustschlag auf einen als Hebel verwendeten Schraubendreher eine Plastikkappe ab, die mich beim Schrauben behindert. Wie selbstverständlich das für sie ist, denke ich. Ich hätte mich das nicht getraut. Ich hätte gedacht, ich würde etwas kaputtmachen.

Während ich auf Susa oder Irma warte, erzählt Karin mir von ihrem großen Bruder Bob. »Er war sechzehn. Ich zwölf. Er hat in der Garage ein Unfallmoped zusammengebaut. Oft mit Kumpels. Und ich daneben, gelegentlich schon im Schlafanzug. Das war total schön. Die Jungs standen zusammen und haben gefachsimpelt. Tolle Wörter waren das. Zylinderkopfdichtung. Kurbelwelle. Kolbenringe. Vergaser aufbohren. Ritzel. Ich fand das klang so erwachsen und so erfahren. Beim Frühstück habe ich meinen Bruder dann gefragt, was dies oder jenes bedeuten würde. Da sagte mein Bruder doch glatt, dass er das auch nicht so genau wissen würde. Das würde er einfach so sagen. Weil es dazugehören würde. Ich war schwer enttäuscht. Und empört. Am nächsten Abend sagte er die Wörter wieder. Wie seine Kumpels. Ob die auch nicht wussten, was sie bedeuteten? Ich testete es. Und sagte die Wörter auch. Niemand stellte mich zur Rede. So ging das also!
Ich glaube, das war eine wichtige Lebenserfahrung, die mir schon sehr früh und im Schlafanzug zuteil wurde. Aber eines Tages wollte ich wissen, was die Wörter bedeuten und besorgte mir Bücher. Ich schraube gern an meinem Moped rum. Aber nicht so gern wie viele Männer, die ich kenne. Bei denen habe ich oft den Eindruck, sie schrauben lieber, als dass sie fahren. Sie sind zwar ständig genervt, dass sie dauernd schrauben müssen, fragen sich aber auch nicht, wie sie damit aufhören können, denn es muss ständig etwas verbessert werden. Ich muss nicht wissen, wie ich das letzte PS aus meiner Maschine rausquetsche. Ich möchte fahren und technisch so fit sein, dass ich mir bei Notfällen selbst helfen kann, dass ich Fehler finde. Und bestimmte Reparaturen durchführen kann. Außerdem möchte ich wissen, worüber ich spreche. Deshalb bin ich auch hier. Um mein Wissen zu vertiefen.«
»Ich glaube, ich bin die Einzige, die keine Ahnung hat«, seufze ich.

»Jede hat mal angefangen«, tröstet mich Karin.

Susa und Irma kümmern sich nun gemeinsam um mein krankes Moped. Beide sind über ein kleines Messgerät gebeugt, mit dem sie den Strom verfolgen. Damit Susa mit ihren nadelartigen Steckern besser messen kann, drehe ich den Lenker nach rechts und links. Plötzlich ein Aufflackern. »Zündung leuchtet!«, melde ich. Als ich den Lenker wieder bewege, erlischt das Licht.
»Da haben wir es ja«, stellt Irma ruhig fest, so als wäre der Totalausfall meiner Lightshow am Armaturenbrett etwas völlig Alltägliches. Am Pluskabel findet sich zwischen Lenker und Schutzblech eine Scheuerstelle.
»Hier ist ein Knick, das ist suboptimal verlegt«, erklärt Irma, »im Laufe der Zeit hat sich das Kabel aufgerieben - schau, du siehst, dass der Draht innen fast durch ist.«
Ich bücke mich und sehe es auch. Dort ist der fehlende Strom nicht weitergekommen. Im letzten Jahr war mein Motorrad beim Fahren mehrmals ausgegangen. Zum Glück nie beim Überholen oder in Kurven – trotzdem reichlich abenteuerlich. Vielleicht war dieser Knick auch daran schuld.
»Fehler in der Elektrik erfordern Detektivarbeit«, sagt Irma und verspricht, das Kabel nach der Mittagspause zu löten.
»Jetzt hat es sich für dich auch gelohnt«, feixt Gerda.
»Allerdings«, nicke ich.
Ich sage nicht, dass ich das mit den Aussetzern für höhere Gewalt gehalten habe. Meine Oma ist im letzten Jahr gestorben. Es wäre typisch für sie, sich auf diese spektakuläre Art mit mir in Verbindung zu setzen. Meine Oma liebte Kurzschlüsse. Lampen schloss sie besonders gerne an. Immer erwischte sie die falschen Drähte. Dann knallte es gewaltig. Bei mir hatte es auch geknallt. Die Fehlzündungen, die mit dem plötzlichen Ersterben des Motors einhergingen, waren laut gewesen. Sehr laut. Lauter als meine Oma es mit ihren Lampen jemals zustande gebracht hatte. Aber sie verfügt jetzt ja auch über andere Mittel, hatte ich gemutmaßt.

»So ein Kabelbruch ist eigentlich eine Kleinigkeit«, sagt Jutta, deren Motivation, selber zu schrauben, auch mit einer Kleinigkeit begann. Der Bremshebel blockierte. Jutta musste eine Werkstatt suchen. Eine Kleinigkeit? Nein, das war es nicht, denn der Bremshebel an Juttas Maschine blockierte auf Sri Lanka. Einen großen Wunsch erfüllte sie sich mit diesem Urlaub. Sie war schon einmal hier gewesen. Frisch nach dem Abitur. Und wollte es jetzt, nach dem Abitur ihrer Zwillinge, noch mal wissen. Aber diesmal nicht als Rucksacktouristin, sondern so, wie sie auch zu Hause am liebsten unterwegs ist: mit dem Motorrad.
Jutta erzählt: »Zuerst wollte ich mir ein Motorrad leihen. Aber dann rechnete ich – und siehe da, es war günstiger, mir eines zu kaufen. Zirka 800 Euro muss man für ein neues hinblättern. Meines hatte 5 000 km drauf und kostete 600 Euro.«
»Und wann hat der Bremshebel blockiert?«, frage ich neugierig.
»Natürlich in der Kurve, direkt vor einer Herde Wasserbüffel«, Jutta grinst. »Ich habe gebremst wie noch nie in meinem Leben – und dann blockierte das Vorderrad. Als ich weiterfahren wollte, ging nichts mehr. Ich stand irgendwo in der Pampa, vor mir die Wasserbüffel, weit und breit kein Mensch in Sicht – das sind die Situationen, an denen man wächst! Ich bin dann im Schritttempo mit schleifender Bremse zum nächsten Dorf. Zum Glück wusste ich, dass die meisten Schmiede auf Sri Lanka auch Motorräder reparieren. Einen Schmied gibt es in fast jedem Dorf. Der freute sich besonders über mich. Schnell war ich von einer Horde Kinder umringt, die *Mister! Mister!* riefen. Sie kapierten nicht, dass eine Frau Motorrad

fährt. Wer mit einem Motorrad ankommt, muss ein Mann sein. Mit einem Schraubendreher brachte der Schmied das Motorrad wieder in Ordnung. Ich zahlte umgerechnet einen Euro und dachte, das hätte ich auch selbst tun können. Wenn ich gewusst hätte, wie. Was hätte ich gemacht, wenn mir die Wasserbüffelherde nicht so nah bei einem Dorf begegnet wäre, sondern in tiefster Einsamkeit. Ich sollte dafür sorgen, mir selbst zu helfen!, dachte ich. Und dann habe ich von diesem Kurs gehört und mich sofort angemeldet!«

»Und wie gefällt es dir?«, frage ich. Die Antwort brauche ich gar nicht zu hören. Ich sehe es ja. Wie sie strahlt. Die meisten sind mit wahrem Feuereifer bei der Sache. Nur ich stehe rum und warte auf die beiden Meisterinnen und die Mittagspause.

»Wenn man sich dafür interessiert, dann kann man das auch«, behauptet Jutta.

»Aber du bist ja regelrecht begeistert«, stelle ich fest.

»Ja. Ich schraube gern. Du nicht?«

»Ich weiß nicht«, sage ich ehrlich. »Ich bin noch dabei abzuwägen.«

»Du wirst noch auf den Geschmack kommen.«

»Und woran liegt das dann?«

Jutta lacht. »An den Genen? An den Vorbildern? An den Hormonen? Oder an der Zellulitisveranlagung? Keine Ahnung!«

Christa wurde von ihrem Mann auf den Kurs aufmerksam gemacht. Bis vor kurzem hielt er ihr Motorrad in Stand, doch im Laufe der Jahre verlor er die Lust daran und jetzt hat er gar keine mehr und Christa den Kurs zum Geburtstag geschenkt. Er hat auch keine Lust mehr, Motorrad zu fahren – dass Lust mal verschwinden kann? Christas Mann möchte ein gutes Gefühl haben, wenn Christa allein unterwegs ist, und er hat ein gutes Gefühl, wenn sie sich bei einer Panne selbst helfen kann.

»Ich finde es toll«, sagt Christa, »dass mein Mann mir genau diesen Kurs geschenkt hat: Frauen geben ihr Wissen an Frauen weiter. Ich kenne das aus Computerkursen: Es ist manchmal wirklich ein Problem, wenn Männer Frauen etwas erklären. Von Frau zu Frau, das ist eine andere Sprache, andere Bilder, das kann man ganz anders weitergeben.«

Bärbel und ihr Mann haben das Motorradfahren zum gemeinsamen Hobby erkoren – »jetzt, wo die Kinder aus dem Haus sind«. Sie knüpfen damit ein bisschen an ihre ersten Jahre an, als sie fast jedes Wochenende mit seinem Motorrad unterwegs waren. Seit drei Jahren hat Bärbel ihr eigenes Motorrad. Den Motorradführerschein hat sie zusammen mit dem Autoführerschein gemacht, ist aber nie selbst gefahren. Bis ihr Mann in Spanien diese Salmonellenvergiftung hatte. Da musste sie den Lenker übernehmen. Drei Wochen später hat sie sich ihre erste eigene Maschine gekauft. Mit diesem Kurs nimmt sie den Lenker erneut in die Hand, denn ihr Mann interessiert sich auch ohne Salmonellen nicht für Technik.

Yasmin wollte schon immer Motorrad fahren. Sie verliebte sich nur in Männer mit einem entsprechenden fahrbaren Untersatz. »Es mag verrückt klingen, aber ich bin gar nicht auf die Idee gekommen, ich könnte selbst fahren. Als ich mit meinem Freund zusammenzog, studierte er noch – ich hatte schon abgeschlossen und arbeitete. Ich finanzierte ihm den Motorradführerschein, damit er mich durch die Gegend fahren konnte! Ich weiß nicht, was damals über mich gekommen ist. Sieben Jahre hat es dann noch gedauert, bis ich selbst den Führerschein gemacht und mir meine erste BMW Funduro gekauft habe. Wir fahren viel zu zweit, aber manchmal fahre ich auch allein. Am liebsten im Pulk mit ein paar Freundinnen. Zweimal im Jahr machen wir eine Wochenendtour – sieben Frauen mit

ihren Motorrädern. Das sind für mich die Highlights des Jahres. Und immer war das Wetter schön!«
»Habt ihr Kinder?«, will ich wissen.
»Zwei Söhne. Einer der Söhne fährt gern mit, den anderen interessiert das nicht.«
Monika gesellt sich zu uns. »Bei mir fährt auch nur ein Kind mit«, sagt sie. »Der Sohn will gar nicht. Bloß die Tochter. Der Sohn hat den Motorradvirus überhaupt nicht geerbt. Er findet das affig.«
»Und dein Mann?«, frage ich.
»Der hat auch kein Benzin im Blut. Früher ist er manchmal mitgefahren – mir zuliebe. Aber eigentlich hat es ihn gelangweilt.«
Yasmin reißt die Augen auf. »Gelangweilt!«, wiederholt sie entrüstet.
»Es gibt eben Motorradfahrer und solche, die es nie werden«, stellt Monika fest. »Mein Mann zum Beispiel. Wenn wir zusammen eine Tour unternahmen und ich das Motorrad abstellte, stieg er ab, egal, ob ich die Balance hatte oder nicht. Er ging einfach weg – auch wenn wir am Hang standen, schaute er in ein paar Schaufenster –, weil er gar nicht auf die Idee kam, er könnte mir beim Aufbocken behilflich sein. Das war und ist nicht seine Welt.«
»Dass es so was gibt«, wundert Yasmin sich.
Monika erzählt von einer Freundin: »Ihr Mann hat sich zur Hochzeit ein Motorrad schenken lassen. Alle Freunde und Freundinnen haben etwas gespendet. Am Tag nach der Hochzeit hat er eine kleine Spritztour gemacht, dann hat er das Motorrad nie wieder angefasst. Er sagte, er hätte sich getäuscht. Es würde ihm doch keinen Spaß machen. Das hat mich nicht gewundert. Für mich war er nie ein Motorradfahrer mit Leidenschaft.
Ich bin damals hinter ihm hergefahren. Er hatte kein gutes Gleichgewichtsgefühl und wenn ich sah, wie er um die Kurven zitterte, dann wurde mir Angst und Bange. Gut, dass er es aufgegeben hat. Er hat sich einfach nicht wohl gefühlt auf einem Motorrad.«
»Und was ist mit dem Motorrad geschehen?«, möchte ich wissen.
Monika zwinkert mir zu. »Das durfte natürlich nicht verkauft werden. Jahrelang nicht. Bis er es vergessen hat und meine Freundin es abholen ließ.«

»Kommt ihr gut voran?«, fragt Susa uns.
Wir nicken.
Susa deutet auf mein Motorrad und beauftragt mich, den Scheinwerfer abzuschrauben. Sie kann mich dabei nicht beaufsichtigen, wie ich es gerne hätte, weil Bärbel jetzt endlich wissen will, wie ein Moped »aufgemacht« wird. Allein deswegen hat Bärbel diesen Kurs belegt. Sie möchte ihr Einzylindermoped schneller machen. Ich möchte, dass meines überhaupt wieder fährt, denke ich bescheiden und mache mich an die Arbeit.
Zuerst muss ich herausfinden, welche Schrauben mich von meinem Ziel trennen, damit ich den passenden Schraubendreher finde. Ich stelle fest: Ich brauche keinen Schraubendreher, sondern mein Lieblingswerkzeug, die Ratsche. Mit Verlängerung sogar. Das Geräusch der Ratsche höre ich gern. Und ich finde, das Wort klingt schön. Ratschen heißt in Bayern – wobei das natürlich nie wirklich übersetzt werden kann – so etwas wie sich nett unterhalten, quatschen, klönen, schnacken, schnurren. Drei Schrauben gehen sehr leicht auf, dann muss ich ein Gummiteil lösen, was ich mir problemlos zutraue, nachdem ich zuvor gesehen habe, wie souverän die anderen mit solchen Teilen umgehen. Draufhauen, absprengen, wegschlagen. Auch beim Zusehen habe ich viel gelernt! Und dann habe ich sie freigelegt. Meine Birne. Ich betrachte sie, befinde sie für gut und bin zunehmend überzeugt davon, den Scheinwerfer nie mehr so zusammenzukriegen, wie es sich gehört. Und das stellt sich auch als ziemlich schwierig heraus. Die Plastikteile wollen nicht mehr ineinander passen, dauernd

fallen mir die kleinen Schrauben hinunter. Ich werde nervös. Finde eine hinuntergefallene Schraube nicht mehr. Warum ist die auch so klein. Ruhe bewahren!, ermahne ich mich. Vielleicht sollte ich ein wenig meditieren. Gelassen werden. Und dann endlich die Angst verlieren, etwas kaputtzumachen. Die ist bei meiner ganzen Schrauberei am hinderlichsten. Aber ich schaffe es. Ich sehe, dass Susa die Schraubendreherspitze in Fett taucht. So bleiben die Schrauben auf dem Werkzeug kleben! Als ich den Scheinwerfer wieder drin habe, bin ich insgeheim davon überzeugt, dass er nicht leuchten wird. Aber dann leuchtet er. Hell strahlend. Und fast ist es mir, als würde er mit zublinzeln. Das behalte ich aber für mich. Und bin stolz. Wahnsinnig stolz.

Die anderen haben in der Zwischenzeit viel mehr erledigt als ich – nämlich: Birnen, Luftfilter und Batterie ausgebaut. Und jetzt sind sie hungrig und möchten gerne in die wohl verdiente Mittagspause. Eine große Gruppe geht gemeinsam zum Essen, andere möchten ein bisschen bummeln. Nach der Pause hat Irma den Kabelbruch an meinem Moped bereits gelötet. Ich bedanke mich überschwänglich. Irma meint »Mal sehen, wie lange es hält. Bis nächste Woche oder hundert Jahre.«

»Natürlich hundert Jahre!«, erwidere ich zuversichtlich. Ich als Kabel würde es nicht mal wagen, auch nur daran zu denken, Irmas Lötung zu provozieren. Plötzlich sehe ich zwei weiße Rollen unter meiner BMW liegen.

Der Schreck fährt mir in die Knie. Die werden ganz weich. Wo gehören diese Dinger hin? Sie sind genauso weiß wie mein Schutzblech. Aber ich kann mich beim besten Willen nicht erinnern, wo ich sie vergessen habe einzubauen. Jetzt muss ich alles noch mal aufschrauben. Oh nein! Dieses nervige Gefummel ... aber vielleicht gelingt es mir diesmal, mit Ruhe und Gelassenheit souverän zu arbeiten ... Ich zeige Irma die zwei peinlichen Überbleibsel. Irma lacht mich nicht aus. Irma sagt mir einfach, worum es sich dabei handelt: »Das sind die Aufwickelrondelle vom Isolierband. Ich habe großzügig gepflastert und es war auf beiden nicht mehr so viel drauf.«

Ich muss noch viel lernen, denke ich. Vor allem muss ich lernen, nicht dauernd zu denken, ich hätte etwas falsch gemacht. Vielleicht sollte ich als Nächstes einen Selbstbewusstseinskurs buchen?

Ingrid ist die älteste der versammelten Frauen. Kokett sagt sie, sie würde auf die 60 zugehen, dabei ist sie noch nicht mal 55. Ingrid fährt noch nicht lange Motorrad.

»Wieso hast du in deinem Alter damit angefangen?«, frage ich sie.

»Ich habe den Motorradführerschein in den 60ern zusammen mit dem Autoführerschein gemacht. Der Motorradführerschein wurde mir praktisch geschenkt. Ich wollte gar nicht fahren, nahm ihn halt mit, weil es günstig war. Ich dachte nicht im Traum daran, selbst zu fahren. Es war eher die Einstellung: Was du hast, das hast du.«

»Und wieso hast du dir dann doch noch ein Moped gekauft?«

»Irgendwann fiel mir dieser Führerschein wieder ein – und da dachte ich: Probier es aus!«

»Hast du eine Freundin, die fährt, oder mal davon geträumt? Oder wolltest du dir

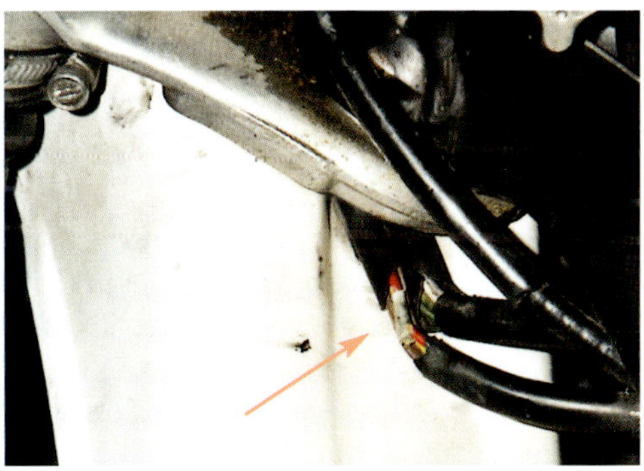

Hier der Kabelbruch nach der OP

Plötzlich sehe ich zwei weiße Rollen... wo habe ich die jetzt vergessen einzubauen?

eigentlich ein Pferd kaufen, aber das passt nicht in die Garage?«
»Nein, ich hatte Angst vorm Motorrad fahren.«
»Angst?«, wiederhole ich etwas perplex.
»Das war für mich Grund genug, ein Motorrad zu kaufen«, sagt Ingrid.
Ich verstehe Ingrid. Ich hatte früher Angst vor Hunden und bin deswegen jetzt glückliche Hundefreundin.
»Welches Motorrad hast du dir gekauft?«, möchte ich von Ingrid wissen.
»Ich wusste, dass ich bis maximal 125 ccm fahren möchte und wollte was Kleines zum Lernen, da habe ich in einem Laden geschaut, was mir gefällt. Ich brauche auch was Niedriges, weil ich klein bin, und es ist mir wichtig, mit beiden Füßen Bodenkontakt zu haben. Da habe ich eine Maschine gefunden, die mir gefiel, nämlich eine Yamaha SR 125. Ich nahm eine Fahrstunde zur Auffrischung und dann ging es los. Jetzt übe ich, damit ich mich immer sicherer fühle und dann auch mal Freundinnen mitnehmen kann. Die Liste der Bewerberinnen ist lang, aber ich will mich erst wirklich sicher fühlen, bevor ich andere mitnehme. Das Erste, was ich hier gelernt habe, ist aufbocken. Das ist ja total easy, wenn man den Trick raus hat.«
»Freut mich«, sage ich. Das Aufbocken habe ich Ingrid gezeigt. Als wir unsere Mopeds in die Halle schieben sollten, beobachtete sie, wie ich meine GS aufbockte und fragte mich, ob es einen Trick gäbe und ich ihr den verraten könnte. Meine GS ist so schwer, dass ich Ingrids Yamaha fast zu einem Salto animiert hätte. So ein leichtes Aufbocken hatte ich noch nie erlebt. Ich zeigte Ingrid den kritischen Punkt, also die Stellung, in der das Motorrad für das eigene Empfinden eigentlich zu weit weg vom Körper ist – aber das ist die Position, in der der Hauptständer sicheren Bodenkontakt hat – und der Rest ist nur noch ein Kinderspiel. Nicht bei meiner

GS. Darauf bin ich auch stolz, dass ich sie aufbocken kann. Ich habe einige Männer gesehen, die es vorziehen, bei diesem Modell den Seitenständer zu benutzen

Als Sandra anfängt zu erzählen, warum sie hier ist, staune ich nicht schlecht: »Mein Mann hat eine Motorradwerkstatt«, sagt sie. Aber dann sagt Sandra noch einen Satz – und alles ist klar: »Männer ... und Frauen erklären, wie Schrauben geht.«
Gelächter um uns. Alle wissen, was gemeint ist. Ich habe mir schon oft von Männern erklären lassen, wie Technik funktioniert, aber ich habe dabei nie zugehört, weil es mich nicht interessiert hat, ich fand die Wörter sexy: Schmiege, Abzieher, Firstfette, kurzschließen, spleißen, überbrücken, aufmeißeln ... und das reichte mir dann auch schon.
Ich frage mich, was ich an Männern überhaupt noch sexy finden soll, wenn ich mein Motorrad selbst repariere. Kann es sein, dass meine Widerstände daher rühren?

Eva hat diesen Kurs gebucht, weil sie ein gutes und sicheres Gefühl haben möchte. Früher hat sie schon mal geschraubt, so mit zwanzig, da hatte sie einen Freund, der war begeisterter Schrauber, aber dann bekam sie häufig Schrauben nicht auf und das nervte sie. Irgendwann hatte sie keine Lust mehr.
»Schrauben aufbekommen«, sagt Irma im Vorbeigehen, »hat nichts mit Kraft zu tun.«

»Ich bin hier, weil ich mir die Werkstatt nicht leisten kann«, sagt Claudia kurz und bündig. »Vor allem für Kleinigkeiten, die wir hier lernen. Ölwechsel, Luftfilter, Kette spannen, Bremsen etc. Aber es ist auch so, dass es mir Spaß macht zu schrauben. Und außerdem will ich mitreden können in der Werkstatt. Die erzählen dir alles mögliche. Ich will den eigenen Durchblick. Als Frau wird man von Werkstätten nicht ernst genommen – das ist meine Erfahrung. Und die hat sich in diesem Kurs bestätigt. Ich weiß jetzt, dass sie bei meinem Motorrad den Vergaser nicht gründlich sauber gemacht haben. Es ist nicht angesprungen und ich habe eine neue Batterie und einen neuen Anlasser gekauft. Das war überflüssig. Das weiß ich jetzt. Nach noch nicht mal einem ganzen Tag Kurs. Ich bin schon viel selbstsicherer. Wenn ich mal wieder eine Werkstatt brauche, dann werde ich in Zukunft dort bestimmt ernst genommen!«
»Das glaube ich auch«, sage ich aufrichtig und bewundere sie für ihr auseinander geschraubtes Moped. Da würden bei mir sozusagen viele Reste von Isolierband übrig bleiben ...

Claudia fährt mit ihrem Mann zusammen. Der hat aber erst seit zwei Jahren einen Führerschein. Vorher war er zehn Jahre lang ihr Sozius. Und das wird er wohl in Zukunft bleiben – beim Schrauben.

Michaela macht den Kurs, weil sie in einem Ingenieurbüro arbeitet und von Männern umgeben ist, die wissen, wovon sie reden. Sie ist Technische Zeichnerin und hofft, mit diesem Kurs praktische Erfahrungen zu sammeln. Ihre Kollegen und Bekannten zeigen ihr nichts, sondern schrauben lieber selbst, und bevor sie etwas erklären, tun sie es auch selbst. Sie reißen etwas an sich, setzen etwas voraus, Frauen werden an den Rand geschoben und trauen sich dann oft nicht zu fragen.
Die passionierte Radfahrerin Michaela hat beide Führerscheine (Auto und Motorrad) erst zu ihrem 30sten Geburtstag gemacht und sich dann gleich noch eine 27-PS-Maschine geschenkt, die sie aber schon bald gegen etwas Größeres eintauschte, weil sie ihr zu langsam war. Ein Auto besitzt sie bis heute nicht, dafür zwei Motorräder.

Birgit fährt eine 600er Honda Diversion. Früher hat sie mit ihrem Mann geschraubt.

Der hatte das gleiche Motorrad. Dann haben sie sich getrennt. Sie ist nach München gezogen, neue Wohnung, neuer Job, neue Menschen, alles neu – und jetzt auch noch dieser »Selbsterfahrungskurs«. Birgit strahlt: »Warum bin ich nicht schon früher auf die Idee gekommen, selbst Hand anzulegen? Ich erobere mir Stück für Stück Selbstständigkeit. Und das fühlt sich gut an! Ich habe so viel gelernt in diesem Kurs. Ich kann eine Kette spannen, den Zustand von Zündkerzen beurteilen und sie wechseln, ich weiß jetzt, wie es sich anfühlt, in einem offen liegenden Motor herumzutasten, ich habe Kolben, Ventile und Nockenwellen mal angefasst, also so richtig. Ich habe mir dadurch ein Bild von den Zusammenhängen machen können. Und ich kann nun nicht nur mir selbst helfen, ich kann auch anderen helfen. Zum Beispiel, wenn es darum geht, Ventile einzustellen oder die Bremsflüssigkeit zu wechseln. Ich freue mich darauf, das demnächst mal mit ein paar Freundinnen und ihren Maschinen auszuprobieren!«

... So viele Frauen, so viele Motive, denke ich und höre immer neue Geschichten, und als wir am Sonntagnachmittag gut versorgt mit Kaffee und Keksen in der Sonne sitzen, sind mir diese Frauen alle sehr nah. Ich habe viel erlebt an diesem Wochenende mit ihnen, zu dem ich mich überreden lassen musste.

Jetzt weiß ich auch, warum Susa bei unserem Versprechen so geheimnisvoll grinste. Sie hat es wohl geahnt. Ja, auch ich. Auch die »technikresistente Tussi«, wie sie mich liebevoll nennt. Auch mir hat es Spaß gemacht. Auch ich habe eine Menge gelernt. Und das Verrückteste daran: Ich freue mich darauf, es anzuwenden. Harte Zeiten für meine Freunde. Ich bin gespannt, womit sie mir in Zukunft beweisen werden, dass sie meine Komplimente, Spaghetti und den kalorienreichen Nachtisch verdient haben ...

Rockerbox – die Intensivstation, Ärztinnen und Schwestern bei der Arbeit

Artenvielfalt – Vom Staubsauger zum Joghurtbecher

Trotz jahrelanger sehr intensiver Forschung wissen wir noch immer nicht, wodurch sich ein Frauenmotorrad von einem Männermotorrad unterscheiden könnte. Du kannst jedes Motorrad fahren. Willst du viel rangieren, raten wir dir zu einem leichteren Motorrad. Meistens entscheidet die mit der Körpergröße irgendwie einhergehende Beinlänge darüber, mit welcher Maschine du zwar fahren, aber leider nicht anhalten kannst. Ansonsten gilt: Was dir gefällt. Oder was anderen gefällt: Welches Image strebst du an?

Straßentauglich und sicher sind heutzutage alle Motorräder. Im Folgenden wollen wir dir lediglich einen Überblick über den derzeitigen Stand der Motorradzucht verschaffen. Alle Gattungen gibt es in allen Preis-, Leistungs- und Kubikklassen.

Willst du weder von einem Fiat noch von einem Fahrrad versägt werden, dann sollte ein Motorrad mit 20 kW nicht mehr als 600 ccm haben.

Leistungsstarke Motorräder lassen sich mit Drosselsätzen, die in den Vergaser oder Auspuff eingebaut werden können, knebeln: damit du auch mit einem kleinen Führerschein ein großes Motorrad fahren kannst. Und wenn du nach zwei Jahren deinen Führerschein umschreiben lässt, brauchst du fast nur noch den Korken aus dem Auspuff oder Vergaser zu ziehen und los geht's! Fast geht es los. So wie die gesteigerte Leistung im Kraftfahrzeugschein vermerkt wird, muss diese Veränderung auch bei der Motorradhaftpflichtversicherung gemeldet werden und es tritt ein neuer Tarif in Kraft.

Der Versicherungsbeitrag errechnet sich aus folgenden Faktoren: Wie viel Leistung hat das Motorrad? Wie alt ist es? In welchem Landkreis soll es zugelassen werden? Zu welcher Beitragsklasse gehörst du selbst – für Beamtinnen gibt es Sondertarife. Beim Motorrad ist die Dauer des Führerscheinbesitzes unbedeutend. Du fängst immer mit 100 % an. Manche Gesellschaften geben SF2 (45 %), wenn du bei ihnen bereits ein Auto oder Krad versichert hast. Übrigens: Ist dein Moped bereits mit 45 % oder 35 % eingestuft, lohnt ein Anruf. Auf Verlangen werden Motorräder jetzt bis auf 25 % heruntergestuft. Am besten ist es, sich bei verschiedenen Versicherungen zu erkundigen, wie teuer der Unterhalt des Traummopeds ist. Wenn es im benachbarten Landkreis günstiger ist, könntest du beispielsweise mal wieder umziehen. Umzüge sind schöne Gelegenheiten, viele fast schon vergessene Freundinnen und Freunde einzuladen!

Chopper

Wenn du glaubst, ein Hubschrauber landet vor deinem Haus und zum Fenster rennst, wirst du wahrscheinlich einen Chopper entdecken. Chopper verschaffen sich zuerst einmal Gehör. Das liegt am großen Hubraum und der sparsamen Auspuffanlage. Der klassische Chopper hat einen 2-Zylinder-V-Motor und ist eine Harley oder sieht aus wie eine Harley. Problemlos kannst du bei 50 km/h in den vierten Gang schalten und bis 170 km/h beschleunigen. Es wäre gut, wenn du vorher im Fitnessstudio besonders die Nackenmuskulatur trainieren würdest. Vor allem, weil zu stilechtem Chopperfahren der Schalenhelm gehört, und der ist auch unter dem Namen Windfang bekannt. Susa zum Beispiel knickt ab 140 km/h regelmäßig der Kopf ab, was den sonst tadellosen Eindruck empfindlich trübt. Egal was kommt oder abknickt: Ein Chopper zieht unbeeindruckt tuckernd seines Wegs. Wir finden den Sound schlicht und ergreifend umwerfend. Bei Choppern interessiert nicht die Endgeschwindigkeit, sondern viel Power im unteren und mittleren Drehzahlbereich zwischen 1000 und 4000 U/min. Da Chopper lange Vordergabeln haben, ist enges Kurvenfahren auf Dauer ziemlich anstrengend. Auch Geländeausflüge würden wir vermeiden. Oft sind Chopper über und über mit Chrom behangen. Aus gut unterrichteten Kreisen haben wir erfahren, dass Chromsüchtige von früher Kindheit an beim Christbaumschmücken benachteiligt bzw. übergangen wurden. Chopper fühlen sich wohl bei Menschen, die gerne putzen und polieren. Das viele Chrom schreit geradezu nach »Never Dull« – so heißt die zauberhafte ph-neutrale Polierwatte, die Chromteile zum Strahlen bringt. Manche Chopper sind weniger straßentauglich als optisch ansprechend.

Wenn du mal in einem Choppermagazin blätterst, wirst du neben nackten Frauen so genannte Showbikes entdecken – es gibt nichts, was es nicht gibt: von Tanklackierungen, die an Klobrillen erinnern, bis zu Maschinen, die wie genmanipulierte Gottesanbeterinnen ausschauen. Im Vergleich zu Straßenmaschinen haben Chopper meistens schlechte Bremsen. Und die oft verbauten vorverlegten Fußrasten werden eher dein Auge als deine Wirbelsäule erfreuen. Obwohl zur Zeit nur wenige Außenseiterinnen für die Niederkunft auf einem Chopper plädieren – die so genannte »Ab-nach-Haus-Geburt« –, sind wir davon überzeugt, dieser Trend wird sich durchsetzen, bietet sich der Chopper doch geradezu als Gebärstuhl an. Wir haben uns sagen lassen, die Vibrationen des Choppers würden sogar wehenunterstützend wirken und halten den Chopper aus diesem Grund auch für menstruationsfreundlich. Bleibt also nur die Frage: Was tun eigentlich Männer auf Choppern?

Chopper heißt Zerhacker oder Häcksler, was an eine Küchenmaschine erinnert. Beliebte Chopper sind zum Beispiel Eindringlinge oder Plünderer. Also doch nicht Küche, sondern Krieg?

Der Softchopper, sozusagen der Safthacker, ist die weniger extravagante Alternative. Er hat eine kürzere, kurvenfreundlichere Vordergabel, liegt aber – wie die »harte« Variante – ziemlich tief, setzt also in Kurven leicht mit dem Auspuff auf. Auch der Seitenständer scheint eine innige Verbindung zum Asphalt zu pflegen. Die niedrige Sitzhöhe ist eine echte Alternative für alle Menschen mit natürlicher Beinlänge. Richtige Chopper haben übrigens keinen Hauptständer, weil choppen auch abhacken heißt: nämlich alles, was nicht unbedingt gebraucht wird.

Cruiser

Eine Art Chopper mit noch mehr Chrom. Vom Aussehen her etwas plumper als Easy Rider. Eher unsportlich, dafür teuer und für Sonntagnachmittagschönwetterausflügler.

Image: Du bist echt cool. Brauchst deine Freiheit. Der Weg ist das Ziel. Parfüm: Lagerfeuer. Zigarette: Camel oder Selbstgedrehte. Urlaub im Indianerreservat.

Oder du bist echt klein und hast einfach keine Lust mehr, dir den Kopf dauernd am Hauptständer deiner Enduro anzuschlagen. Die Lösung: Virago 535 – von Schneewittchen empfohlen. Übrigens ein echt schöner Chopper, finden wir. Leider nur noch gebraucht erhältlich.

Enduro

Enduro heißt Ausdauer. In den 1950er- und 1960er-Jahren wurden Motorräder, die zum Im-Dreck-Herumfahren gebaut wurden, Scrambler genannt. Das hat etwas mit Herumbalgen zu tun, aber auch mit Scrambled Eggs, womit wir wieder bei den

Küchengeräten wären. Du erkennst Enduros passenderweise an ihrem bestechenden Tupper-Charme.
Neben dem Geländevierradantrieb sind sie wesentliches Utensil jeder Stadtförsterin. Aufgrund ihrer Bauart sind sie auf der Straße sehr wendig. Oft geht ihre große Bodenfreiheit mit einer entsprechend hohen Sitzhöhe einher. Die bequeme Sitzposition ist sehr angenehm, um sich aufrichtig aufrecht zu fühlen. Enduros sind flink, verfügen meist über einen guten Durchzug im unteren Drehzahlbereich und es macht Spaß, mit ihnen Pässe zu fahren. Im Allgemeinen haben sie einen oder zwei Zylinder und verfügen über mehr oder weniger viel Plastikverkleidung. Wegen ihrer Fußballschuhe haben sie auf Teerstraßen keine so gute Haftung wie Straßenmaschinen, dafür sind sie auf dem Sportplatz im Vorteil. Für Urlaube in Ländern, in denen der Straßenbau nicht mit ostdeutscher Gründlichkeit betrieben wird, eignen sie sich vortrefflich. Enduros sind außerdem die einzigen wüstentauglichen Motorräder. Wir wollten das schon oft im Sandkasten überprüfen, aber da war uns immer zu viel Hundedreck drin.
Großer Beliebtheit erfreuen sich in letzter Zeit so genannte Reiseenduros. Sie sind auf die Welt gekommen, weil sich herausgestellt hat, dass viele Endurofahrerinnen und -fahrer gar nicht in den Sandkasten wollen, sondern lieber auf der Straße bleiben. Um die Wege zwischen den Sandkästen, in denen sie gar nicht fahren wollen, komfortabel zurücklegen zu können, verfügen sie über zusätzliche Plastikverkleidungen, ein Windschild, oft auch über großzügige Möglichkeiten, Gepäck und Brotzeit zu verstauen.
Übrigens gefällt uns der Endurosound am zweitbesten. Aber mit allergrößtem Bedauern haben wir beim Probefahren einiger neuer Modelle feststellen müssen, dass sie zum Teil den Staubsaugervirus aufgeschnappt zu haben scheinen. Sie ließen den typischen kernigen Sound schmerzlich vermissen. Aber es gibt ja im Zubehörhandel alternative Soundsysteme.
Enduros werden gerne nach sandigen Orten benannt.
Image: Du bist sportlich und würdest auch ohne Motorrad ins Gelände gehen. Du hast lange Beine oder Schuhe mit hohen Absätzen. Make-up ohne Tierversuche, Naturliebhaberin. Parfüm: Moos. Zigarette: Rauchen nein, Marlboro Adventure ja, Urlaub in der Kiesgrube.

Tourenmaschine

Wir stehen nicht auf Staubsauger, sind aber so tolerant einzuräumen, dass es Menschen geben mag, für die es beim Motorradfahren nicht auf den Sound ankommt. Tourenmaschinen haben eine hervorragende Straßenlage. Obwohl oft sehr schwer, sind sie relativ wendig, beschleunigen rasant und bremsen enorm gut. Meistens haben sie viele Zylinder und deshalb wenig Vibrationen. Deshalb werden sie auch Nähmaschinen genannt. Sie eignen sich sehr gut für lange Reisen zu zweit, denn sie verfügen meistens über bequeme Sitze sogar für die Sozia. Häufig haben sie ein Windschild und Platz für viel Gepäck. Ihre Sitzhöhe ist niedrig. Sie sehen oft sehr schön aus und sind ganz schön vernünftig.
Image: Zurückhaltend, dezent, Typ Langweiler mit geradlinigem Lebenslauf, Zigarette: Petra Stuyvesant, Sternzeichen: Stier, Steinbock. Urlaub: Europa, gerne auch mal mit dem Autoreisezug.
Wieso fährt Susa eigentlich seit 10 Jahren eine Tourenmaschine und schämt sich nicht?

Rennmaschine

Fahrer von Joghurtbechern erkennst du – ob im Kino oder Wartezimmer – an dem typischen Kniewackeln (vergleiche Hospitalismus). In freier Wildbahn kannst du beobachten, wie sie dich mit 200 km/h in

einer eng gezogenen Kurve überholen und dabei hektisch mit dem Knie zucken. Rennmaschinen verfügen über einen enormen Durchzug. Von den Beschleunigungswerten und der Hormonausschüttung berauschend wie Bungeespringen. Dass du mit Joghurtbecher aussiehst wie Affe auf Schleifstein, liegt oft an den nach hinten verlegten Fußrasten. Die erzwingen eine windschnittige, liegende Fahrhaltung, die den Eindruck vermitteln kann, trotz Geschwindigkeitsrausch zu Hause herumzulümmeln, nur starrst du nicht auf den Bildschirm, sondern auf das Armaturenbrett. Weitere Punkte (minus oder plus - wie es dir gefällt): Der Stummel-Lenker erspart durch das enorme Unterarmmuskeltraining die Kosten fürs Fitnessstudio, und das aggressive Geräusch erinnert an ein hubschraubergroßes Moskito. Auch optisch mutieren Joghurtbecher zunehmend zu futuristischen Ameisen in Uniform. Joghurtbecher haben eine mit Choppern vergleichbare, frauenfreundliche Sitzhöhe. Rennmaschinen heißen gerne nach berühmten Rennstrecken, auf denen sie zu Ehren kommen sollen. So gibt es z. B. eine Bol d'Or und mehrere Daytonas sowie eine Moto Guzzi Le Mans - nur eine Ducati Nürburgring haben wir noch nicht gesehen. Auch keine Honda Hockenheim. Japanische Rennmaschinen sind oft nach Samurais oder deren Schwertern benannt. Beispielsweise Katana-Kamikaze-Terminator.
Apropos Namen: Joghurtbecher kommt natürlich davon, dass über den nackten Motor ein großer bunter Joghurtbecher gestülpt ist. Angeblich wegen der Windschnittigkeit - oder ist es doch eher Prüderie? Oder schämen sie sich gar ihres zu kleinen Motors? Sie haben schon bei ganz wenig Hubraum ganz viele Zylinder, damit sie mit hohen Drehzahlen fahren können.
Image: bigger, better, faster. Du nimmst dir, was du brauchst. Deine Droge: Adrenalin.

Roller

1946 löste die erste Vespa die Rollerbegeisterung aus, die heute ihren zweiten Frühling erlebt. Sie wurde auch »erstes Motorrad mit selbsttragender Karosserie« genannt. Bei Rollern besteht ein antiproportionales Verhältnis zwischen den extrem kleinen Rädern und der erstaunlich großen Hülle. Roller sind schon allein deshalb erwähnenswert, weil du damit bequem im Rock fahren kannst. Früher beherrschten Roller das Straßenbild wie - etwas später - VW Käfer. Vor allem Frauen rollerten. Heute ist der Roller wieder in. Er ist aber auch ein toller Stadtflitzer. Roller haben keine atemberaubende Straßenlage. Es gibt mittlerweile viele große und auch ziemlich schnelle Roller, sogar solche, die auf den ersten Blick mit einer Honda Gold Wing verwechselt werden möchten. Früher waren Roller mit 2-Takt-Motoren ausgestattet. Da konntest du sie riechen. Heute gibt es Roller-Deos: 4-Takt-Motoren. Seit wir beschlossen haben, keine uns begegnenden Motorräder mehr zu grüßen, passieren uns auch keine Missgeschicke mit Rollern mehr.
Image: Eisdiele, Italien, Fun, Baden
Zigarette: Nil.

Motorrad mit Seitenwagen

In der guten alten Zeit, als Mütter noch verehrt wurden - ja, da hatten auch die Seitenwagen Konjunktur. So konnten Mama und Mamas Mama immer mitfahren. Es gab sogar Korbseitenwagen, die vorne offen waren und wie ein Liegestuhl aussahen. Im Krieg wurden Seitenwagen zum Transport von dicklichen Vorgesetzten und anderem Kriegsgerät eingesetzt.
Mit einem Gespann fährst du in der Linkskurve Motorrad, in der Rechtskurve Auto. Du hast einem Auto gegenüber keinen Vorteil - Vordrängeln ist nicht. Java, Ural und Dnepr bauen heute noch Gespanne, die es sehr preiswert zu kaufen gibt, deren Verarbeitungsqualität aber nicht ganz dem

entspricht, was wir sonst von Motorrädern gewöhnt sind. Einige Motorradhersteller rüsten auf Bestellung um. Es gibt auch spezielle Umbaufirmen. Hübsch finden wir unter anderem die sogenannten Felber Kanus aus Österreich. Wer etwas besonders Besonderes will, wendet sich an die Firma ACME in der Schweiz. Meistens wirst du alte Motorräder mit Seitenwagen sehen, und die sind auch irgendwie am schönsten.
Image: Berner Sennenhund, Kinder- und Familienausflug, Camping, Kriegsveteranen sowie friedensbewegte Allwetter-Individualisten. Hobby: Umziehen, Elefantentreffen, Zigarette: Gauloises.

Caféracer

Caféracer heißen Caféracer, weil sie eigentlich nichts anderes können, als dich von zu Hause ins Café zu tragen. Und während du dort Latte macchiato trinkst und das Zeiträtsel löst, posieren sie draußen vor der Tür. Sie haben gerne Stummellenker, einen kleinen Sitz, sehen pseudosportlich aus und tragen auf keinen Fall Koffer.
Image: Intellektueller Ästhet, Zigarette: Benson & Hedges. Urlaub: Doch lieber mit dem Flieger.

Quads

Quads sind Motorräder auf vier Rädern. Sie verbinden alle Nachteile von Motorrädern mit allen Nachteilen von Autos. Hervorragend geeignet, um bei Wüstenrallyes den anderen hinterherzufahren. Quads haben eine Art Landmaschinenflair und sind gedacht für Stadtmenschen, die am Wochenende baggern und Panzerwagenfahren in den Ferien bereits erledigt haben, oder ehemalige Zivildienstleistende, die feststellen, dass sie etwas versäumt haben, und auf der Suche nach neuen Herausforderungen sind. Es ist lustig, mit Quads im Gelände zu fahren und weniger sportlich als mit Enduros, weil sie nicht so leicht umfallen. Sie erfreuen sich zurzeit allergrößter Beliebtheit, vor allem deshalb, weil sie mit dem Autoführerschein gefahren werden können – die beste Lösung für alle, die zum Mountainbiken zu unsportlich sind oder den Motorradführerschein nicht machen wollen, weil sie Angst vor der Gefahrenbremsung bei der Prüfung haben, und trotzdem eine Kopfgrippe bekommen möchten. Es wird gemunkelt, dass beim Kauf eines Quads das Karo-Flanellhemd gleich mitgeliefert wird. Mit dem Führerschein der Klasse S dürfen auf 45 km/h gedrosselte Quads bereits von 16-Jährigen gefahren werden; mit Helm.
Image: Urlaub in Kanada, Hobby: Holzhacken, Zigarette: West.

Trikes

Trikes haben die gleichen Eigenschaften wie Quads. Nur sollten sie Teerstraßen besser nicht verlassen. Sie haben nur drei Räder, dafür viel Chrom und wenig Tank. Trikes wurden erfunden, um die vielen schönen VW-Käfer-Motoren, denen die Karosserie irgendwann abhanden gekommen ist, weiterleben zu lassen. Führerscheinproblematik siehe Quad.
Image: Eigentlich sollte es eine Harley werden, aber du bist zu tatterig, um das Gleichgewicht zu halten. Zigarette: Du musstest das Rauchen auf Anraten deiner Ärztin dringend einstellen.

Zusatzausstattungen – Wofür du sonst noch Geld ausgeben kannst

Frauen wollen ihre Männer immer verändern, heißt es. Männer können dafür nicht zuhören, heißt es. Männer wollen ihre Frauen nicht verändern. Männer wollen ihre Sachen verändern. Früher Autos und Motorräder. Heute Fahrräder. Oder Computer. Frauen arbeiten mit Computern. Männer kommen nicht zum Arbeiten, weil die Computer meistens nicht einsatzbereit sind, da sie gerade wieder tiefer gelegt werden. Deshalb haben Männer auch nicht mehr so viel Zeit wie früher, sich um ihre Motorräder zu kümmern. Diesen Eindruck haben wir jedenfalls. Man sieht sie selten, die herumschraubenden Kerle. Sieht sie aber in Werkstätten, wo sie ihre nigelnagelneuen Motorräder abgeben und dem »Personal Stylist«, ehemals Werkstattmeister, erklären, mit welcher brandneuen Zusatzausstattung er dieses Motorrad zu einem einzigartigen Unikat – ihrem ganz persönlichen, individuellen Fahrzeug – gestalten soll. Es scheint weiterhin sehr wichtig zu sein, dass ein Motorrad nicht so aussieht, als wäre es von der Stange gekauft. Blätterst du in Motorradzeitschriften, findest du unzählige Umrüstangebote von Firmen, die darauf spezialisiert sind, für jedes neu auf den Markt kommende Modell sofort passende Accessoires anzubieten – ähnlich wie die umfangreiche Garderobe für Barbiepuppen: Barbie geht in die Oper, Barbie macht einen Ausflug in die Wüste, Barbie beim Rennen, Barbie beim Stadtbummel, Barbie mit sportlichem Auspuff, Barbie mit vorverlegten Fußrasten, Barbie mit größerem Tank, Barbie mit härteren Stoßdämpfern, Barbie mit Ochsenaugen, Barbie noch abgespeckter. Und Ken oder Fred? Bleiben zu Hause. Schminken den Computer.

Wenn du also Lust hast, kannst du dein Motorrad hervorragend auf die Wüstenrallye vorbereiten. Man weiß ja nie. Vielleicht musst du mal an einer teilnehmen. Du bist für alle Fälle gerüstet. Wenn du nicht in die Wüste kommst, vielleicht kommt die Wüste eines Tages zu dir?

Wir haben den Eindruck, dass bei Frauen die Identifikation mit der Markenwelt eher vom Soziasitz aus stattfindet. »Er« kauft eine BMW und den dazu passenden BMW-Anzug. »Sie« passt zu ihm und in den BMW-Anzug für Damen. »Sie« schenkt ihm zu Weihnachten eine BMW-Uhr. »Er« schenkt ihr den BMW-Helm. Und so fahren sie glücklich vereint durch ihre Markenwelt. Dieses Szenario findet sich gehäuft in der solventen Klapphelmszene. Aber da kennt man sich häufig schon so lange, dass man froh ist, wenn man eine Idee hat, was man sich zu Weihnachten schenken kann – und dafür ist die Markenwelt paradiesisch.

Sicher gibt es Frauen, die die Wirtschaft dergestalt ankurbeln. Aber meistens fahren Frauen bevorzugt alleine. So fällt schon mal der zweite Anzug weg. Außerdem nehmen Frauen zu ihren Gegenständen nicht näheren Kontakt auf, indem sie sie in einer Werkstatt tunen lassen. Frauen sind kreativ, wenn es darum geht, dem Motorrad einen Namen zu geben. Es gibt vielleicht eine Tauffeier mit anschließender Ausfahrt. Und es gibt kleine Details, die die Bindung herstellen, das Motorrad somit einzigartig und unverwechselbar machen, wie es die Zubehörbranche verspricht. Dazu gehören oft »gemeinsame« Erlebnisse – ich und mein Motorrad. Dies stärkt die Bindung. Frauen trennen sich nicht so leicht von einem Motorrad, weil es ein besseres, schnelleres gibt. Sie halten die Treue. Schließlich sind sie durch dick und dünn gefahren. Und seltsamerweise verspüren sie wenig Drang, das Motorrad zu verändern. Es ist schließlich kein Mann.

Vielleicht würde es Frauen auch gefallen, ihre Motorräder zum Wellness zu schicken. Aber die Art und Weise, wie dafür geworben wird, ist für Frauen meistens nicht ansprechend. Gerade die Zubehör- und Umrüstprodukte sind so deutlich auf männliche Imageverbesserung zugeschnitten, dass sich Frauen kaum verführen lassen, dafür Geld auszugeben. Auch die Motorradwerbung ist alles andere als frauenfreundlich. Trotzdem kaufen Frauen Motorräder, die ihnen niemand anbietet. Unter einem Motorrad kann jede Frau sich etwas vorstellen. Aber wofür soll bitte schön eine Alufußrastenanlage gut sein? Oder ein Supergripsportreifen, extrabreit, oder die Airbrushlackierung mit nackter Magersüchtiger? Aha, dann bin ich also eine ganze Frau und alle meine Freundinnen vom Motorradstammtisch sind neidisch und bewundern mich ... Und sicherlich finde ich dann sofort einen neuen Freund oder eine neue Freundin, passend zum Tank.

Nichtsdestotrotz gibt es ein paar Zusatzausstattungen, die wir gut oder wenigstens erwähnenswert finden. Den besten Überblick verschaffst du dir, indem du in einem Katalog blätterst. Die erscheinen jährlich, sind recht unterhaltsam und können auf den ersten und zweiten Blick leicht mit Männermagazinen à la »Gay and Leather« verwechselt werden. Im Motorradhandel bekommst du die Kataloge kostenlos.

Griffheizung

Als wir noch keine hatten, lachten wir darüber. Dann waren wir nachts mit Nicole unterwegs. Zu Hause brauchte Nicole ihre Hände nicht auf die Herdplatte zu legen. Nicole hatte warme Hände. Eigentlich hätten wir es wissen müssen. Gehörte zu den Standardsätzen unserer Mütter: Warme Hände und warme Mahlzeiten sind das Wichtigste im Leben.

Der nachträgliche Einbau einer Griffheizung erfordert nicht mehr Kenntnisse, als in diesem Buch vermittelt werden. Inzwischen werden viele Motorräder schon ab Werk mit Griffheizung ausgestattet.

Sturzbügel

Es passiert nun mal. An einer Ampel, im Stehen, beim Aufbocken. Das Motorrad kippt – und fällt. Oder es wird von einem kontaktfreudigen, einparkenden Auto überschwänglich begrüßt. Sturzbügel verhindern, dass der Motor in solchen Fällen Schaden nimmt. Bei einer BMW zum Beispiel können die Zylinder undicht werden, die ja seitlich ziemlich vorwitzig herausstehen. Selbstverständlich kannst du an Sturzbügel noch etwas dranschrauben: Scheinwerfer, Hupen, Ölkühler. Beim Fahren eignen sich Sturzbügel hervorragend als Fußablage.

Zigarettenanzünder

Besonders praktisch: Du kannst am Zigarettenzünder auch eine Handlampe anschließen – wenn du zum Beispiel in einer mondlosen Nacht und entlegenen Gegend ganz spontan Lust auf einen Ölwechsel kriegst.

Gepäcksysteme

Es gibt viele Möglichkeiten, Gepäck zu verstauen. Um herauszufinden, was für dich am besten ist, solltest du dir über deine Gewohnheiten im Klaren sein. Unserer Meinung nach bewährt hat sich einmal die Handtaschenlösung für den Alltag: zum Beispiel zwei normal große Koffer oder ein Topcase oder ein Tankrucksack. Zum anderen die Containerlösung: wenn du in den Urlaub fährst und mehr Platz brauchst. Für den Urlaub schnallen wir die Alukoffer auf die Pferde. Erfahrungsgemäß schrumpft der zur Verfügung stehende Platz blitzschnell, sodass wir empfehlen, lieber immer eine Nummer größer zu nehmen.

Es gibt Alukoffer, Plastikkoffer und Ledertaschen. Die Taschen können auf den Tank geschnallt werden oder rechts und links wie Satteltaschen an einem Pferd hängen. Oder ein Koffer ist hoch oben über dem Hinterrad befestigt: Topcase. Für die Taschen und Koffer gibt es verschiedene Befestigungssysteme. Hat dein Motorrad einen Giwi-Kofferhalter, kannst du beispielsweise keine Koffer der Firma Krauser anschließen. Es gibt allerdings Anbieter von Trägersystemen, die für die verschiedenen Koffer Adapter im Programm haben.

Wenn du ein gebrauchtes Motorrad kaufst, wirst du in vielen Fällen ein Koffersystem mit dazu bekommen. Das ist auch gut so und wir raten dir, dieses Angebot anzunehmen. Denn wenn du nachträglich Koffer dazukaufst, ist das eine teure Angelegenheit. Es gibt auch fast keinen Gebrauchtkoffermarkt. Willst du neue Koffer kaufen, erkundige dich nicht nur bei deinem Motorradhersteller. Ein Blick auf die Angebote des Motorradzubehörs lohnt sich, da gibt es preiswerte Alternativen.
Der Preis der Gepäcksysteme sagt übrigens nichts darüber aus, ob ein Koffer wirklich wasserdicht ist. Gehe grundsätzlich davon aus, dass ein Koffer höchstens wasserabweisend ist. Es gibt Nyloninnentaschen für Koffer, die sind aber nicht wasserdicht. Aber es gibt blaue und graue und grüne Müllsäcke in verschiedenen Größen.

Topcase
Eine Art Kosmetikkoffer oder Hutschachtel, die der Beifahrerin im Nacken sitzt. Susa hält nichts davon, obwohl ein Topcase sich vortrefflich als Brotzeitbox eignet. Shirley hat keine Meinung, gibt aber zu bedenken, dass es sehr praktisch ist, den Helm dort zu verstauen. Das Topcase macht das Motorrad nicht breiter, beeinträchtigt es also nicht bei seiner Stadtflitzerei.

Tankrucksack
Tankrucksäcke sind sehr praktisch. Heutzutage werden sie nicht mehr angeschnürt, sondern halten durch Magneten auf dem Tank. Auch vorbei sind die Zeiten, wo ein Tankrucksack alle fünf Minuten zur Seite wegrutschte. Tankrucksäcke lassen sich mit einem Handgriff vom Motorrad nehmen und wieder befestigen. Oben haben sie eine Plastikklarsichtfolie, in der die Landkarte praktisch verstaut werden kann. Oder das Foto von deinem Hund, der wieder mal zu Hause bleiben musste, weil du noch keinen Beiwagen hast. Tankrucksäcke sind ebenfalls nur bedingt wasserdicht, deshalb gibt es überziehbare Regenhauben, die auch als Duschhauben genutzt werden können.

Sitzbänke
Es gibt extra dünn gepolsterte Sitzbänke, die – weil schmaler – eine tiefere Sitzposition ermöglichen. Außerdem bieten manche Hersteller höhenverstellbare Sitzbänke an für Menschen mit normaler Beinlänge.

Brems- und Kupplungshebel
Für Menschen mit klosettdeckelgroßen Händen sind die original Brems- und Kupplungshebel oft zu klein. Dafür gibt es nun im Zubehörhandel verstellbare Hebel. Inzwischen haben viele Motorradhersteller schon ab Werk Verstellmöglichkeiten an den Hebeln angebracht, damit sie auch dieser vorwiegend männlichen Käufergruppe gerecht werden. Aber im Ernst: Verstellbare Hebel sind prima.

Puschelgriffe
Die Gummigriffe am Lenker haben öfter ein härteres Profil als dein Hinterreifen. Das

Ob kleine oder große Hände: Mit verstellbaren Hebeln hast du die Maschine perfekt im Griff

hinterlässt unschöne Druckstellen und wir finden es auch nicht besonders angenehm. Deshalb haben wir uns Griffe aus weichem Schaumgummi besorgt. Die fühlen sich schön an und sehen gut aus (Chromrand). Es gibt sie in bunten Farben und mit oder ohne Langhaarfrisur. Leider nicht als Heizgriffe.

Windshield

Wir müssen zugeben, dass Windshields sehr komfortabel sind, weil sie den Fahrtwind abhalten und der Kopf nicht mehr so unkontrolliert abknickt. Auch sind sie theoretisch leicht zu montieren. In der Praxis brauchst du auf jeden Fall Geduld und Gelassenheit und solltest Erfahrung mit dem Zusammenbauen von Ikeamöbeln gesammelt haben. Wir können uns mit dem Image von Windshields nicht identifizieren und verzichten darauf, im Windschatten zu sitzen. Aber wir werden ja auch älter. Was übrigens nichts besagt: Wir kennen junge Frauen, die mit Windshield unterwegs sind. Kann sein, wir sind einfach zu verklemmt für so was.

Vorhängeschloss

Kann nicht schaden, hilft aber auch nicht viel. Beruhigt die Nerven und sorgt für einen gesunden, erholsamen Schlaf. Nicht rezeptpflichtig.

Navigationsgerät

Für alle, die lieber Karten legen als Karten lesen, empfehlen wir Tom Tom Rider, ein wasserdichtes Navigationssystem für Auto und Motorrad mit Touchscreen, der sich auf Dickfinger einstellen lässt.

A Weib! A Weib! A Weib fährt –
Von den Pionierinnen zu den Rennfahrerinnen von heute

Toll, dass Frauen sich mittlerweile mit der gleichen Selbstständigkeit auf Motorräder setzen wie in Autos. Was hat die Emanzipation nicht alles gebracht! Was haben sich Frauen nicht alles erobert ... tatsächlich?
Die wenigsten Menschen wissen, dass Frauen von Anfang an dabei waren. Frau und Motorrad – das ist genauso alt wie Motorrad allein. Nicht als Sozia! Als Fahrerin. Und was für Fahrerinnen! Weltrekordfrauen. Frauen, die die USA durchquerten (1907). Oder Afrika (1934). Lange bevor es die Rallye Paris–Dakar gab. Unter Bedingungen und auf Straßen, die wir heute nicht mal als Trampelpfad bezeichnen würden. Da die Geschichte immer nur an jene erinnert, die sich besonders hervorgetan haben, wissen wir wenig von den

Kaminkehrerin auf Motorrad

Frauen, die einfach so Motorrad fuhren – ohne Rekorde zu brechen. Aus Spaß. Oder weil es extravagant war: Marlene Dietrich fuhr Harley. Oder weil sie schlicht und einfach ein Fortbewegungsmittel brauchten. Um die Oma zu besuchen. Um als Hebamme zu einer schwangeren Frau oder Wöchnerin zu kommen. Oder als Kaminkehrerin zu einem Schornstein, bzw. – in Berücksichtigung des innerautorinnenschaftlichen Nord-Süd-Gefälles – als Schornsteinfegerin zu einem Kamin.
Wir kennen lediglich die Namen von Rennfahrerinnen und Weltrekordhalterinnen. Aber es muss auch motorradfahrende Frauen wie wir es sind gegeben haben. Schließlich setzten sich die Zeitungen mit diesem skandalösen Thema auseinander. Eine Frau mit gespreizten Beinen in der Öffentlichkeit – an und für sich schon undenkbar – aber dann noch auf einem motorisierten Sattel! Das ging entschieden zu weit! Hatte das Radfahren doch schon zur öffentlich-männlichen Empörung geführt. Hätten sie halt ein Damenfahrrad entwickelt, das es den Frauen ermöglichte, gesittet, nämlich mit geschlossenen Beinen zu radeln (vergleiche Damenreitsattel). Was das alles mit Sitte zu tun hat? Da müssen wir gar nicht in den Benimmbüchern der vergangenen Jahrhunderte blättern. Eine anständige Frau sitzt nicht mit gespreizten Beinen. Haben wir noch gehört. Von Tante Adele zum Beispiel – vor rund zwanzig Jahren. Auch heute noch gibt es Tante Adeles. In öffentlichen Verkehrsmitteln sitzen sie gehäuft.

Eine anschauliche Schilderung, wie es einer Motorradpionierin in der Großstadt erging, stammt von der »Wanderfahrerin« Ilse

Ilse Thouret auf ihrer Horex

Lundberg. Im Jahr 1927 schreibt sie in der Zeitschrift »Das Motorrad«: »... zieht (sie) den Plan von Berlin heraus und will diesen gerade um Rat fragen, da stürmt schon eine Horde Kinder hervor – Jungens und Mädels –, die johlen und schreien, als sie erkennen, dass es kein männlicher Herr ist.« »Kiek doch mal, en Mannweib mit Hosen«, oder »Mensch, Dicke, bleib doch man lieber zu Hause an de Kochtöppe«, und »Fräulein, dass Ihnen nur keene Masche an den Wickelgamaschen runterfällt«, sind noch ganz harmlose Stilblüten. Trotz energischen Protests der alleinstehenden Dame rütteln die Rangen am Hinterrad – und wenn sie die hintenstehenden davon wegtreiben will, tuten die anderen ganz schnell und wenig schonungslos vorne an der Ballhupe. Der eine hat den Gashebel erwischt – Flucht – ein Tritt auf den Kickstarter – die Landkarte wandert ganz schnell in die Tasche der Windjacke zurück – da sieht sie gerade noch rechtzeitig, wie einer der Jungens ein paar Reißzwecken vor den Vorderreifen legt. Eine wohlgezielte Ohrfeige – das Hindernis wird kunstgerecht umfahren – weiter.«

Auch die legendäre Ilse Thouret konnte von solchen Begegnungen berichten. Als sie auf einem schweren 750-ccm-Motorrad durch das damalige Deutsche Reich reiste, um Nachwuchs-Hockeyspielerinnen zu finden, sprangen auf den Straßen und Bordsteinen kleine Jungs wie Hüpfbälle auf und ab und konnten sich gar nicht mehr beruhigen: »A Weib! A Weib! A Weib fährt!« Und manche Passantin mag wohl gestammelt haben: Jessasmariaundjosef!

Sitte und Anstand – Frauen in Fesseln

Anfang des letzten Jahrhunderts hatte eine Frau weder ein Recht auf ihren Körper noch eines auf Sexualität. Eine anständige Frau hatte schlicht und einfach keine Sexualität. Da die Männer aber doch Angst hatten, sie könnte heimlich eine haben – schließlich war der weibliche Unterleib das große schreckliche Geheimnis, vor dem sogar Freud kapitulierte –, musste er (der Unterleib) mit aller zur Verfügung stehenden Aufmerksamkeit ignoriert werden. Besonders Ärzte taten sich hervor, den Frauen immer wieder einzutrichtern, dass sie einen gefährlichen Krankheitsherd in sich trügen: ihren Unterleib. Alles, was dieses Pulverfass zum Explodieren bringen könnte, wie zum Beispiel Radfahren, Reiten etc., müsste unter allen Umständen vermieden werden.

Einmal abgesehen davon, dass jeder Mensch, der Anfang des 20. Jahrhunderts Motorrad fuhr, gleichzeitig Töffmech sein musste, hatten sich fahrende Frauen nicht nur mit ihren Motorrädern, sondern noch wesentlich intensiver mit ihrer Umwelt auseinander zu setzen, die wenig Verständnis für solche unzüchtigen und ordinären »Mannweiber« aufbrachte. Da Motorradsport sich aus Motor und Sport zusammensetzt, konnten die Pionierinnen des Motorradfahrens an den Eroberungen anknüpfen, die die Pionierinnen des Frauensports geleistet hatten: Sie brauchten nicht im Korsett und mit Riechsalz zu fahren ...

Weltberühmte Herren Philosophen des 18. Jahrhunderts beschäftigten sich hingebungsvoll mit der Frage weiblicher Bildung und weiblichen Benehmens. Rousseau vertrat Mitte des 18. Jahrhunderts die Auffasssung, die Bildung eines Mädchens verfolge den Zweck, dass »ein Mann Gefallen an ihr findet«; Frauen seien von Natur aus dazu geschaffen, sich unterzuordnen. Rousseaus Frauen sind höflich und bescheiden und lesen keine geistig anspruchsvollen Bücher, denn dies würde ihren Geist verdunkeln. Unzählige Regeln der Schicklichkeit und Sittlichkeit beschränkten den Lebens- und Erfahrungsbereich der Frauen aus dem Bürgertum. Hinzu kam eine Kleiderordnung, die mit Knebelordnung treffender bezeichnet ist. Bis zu 15 Pfund schwere Fesseln machten die Frauen zu dem, was sie sein sollten: unbeweglich, passiv, »ans Haus gebunden« und zwangen ihnen ein Dasein voller Einschränkungen und Entbehrungen auf. Das beengende Korsett mit Stäben aus Fischbein oder Stahl führte zu einer hoheitsvollen Haltung und kleinen »weiblichen« Bewegungen. Unbedeutender Nebeneffekt: schwere, gesundheitsschädigende Folgen. Die geschnürten Damen konnten sich kaum vorbeugen, nicht einmal tief Luft holen. Von irgendeiner körperlichen Ertüchtigung, die versehentlich zu einem Gefühl der Lebensfreude führen könnte, ganz zu schweigen. Hatten sie auch kein Recht drauf. Ihre Lebensaufgabe war die Erquickung des männlichen Auges. Eine Dame kam sowieso nicht außer Atem. Je nach Stil der Zeit und Entschlossenheit seiner Trägerin konnte ein Korsett bis zu 80 Pfund Druck ausüben. Bekannt sind die traurigen Schicksale von jungen Frauen, die ihre Taillen auf 48 Zentimeter schnürten: Liebreizend lächelnd sanken sie irgendwann entseelt zu Boden – eine gebrochene Rippe hatte die Leber durchbohrt. Wenige medizinische Meinungen sind publiziert, die das Korsett und den dadurch erzwungenen Bewegungsmangel als gesundheitsschädlich anpranger-ten. Die Mehrzahl der Ärzte versuchte, ihre Patientinnen davon zu überzeugen, dass der Fortpflanzungsapparat einer Frau durch körperliche Anstrengung und/oder intellektuelle Stimulation aus dem Gleichgewicht geraten könnte. Kinderkriegen ist selbstverständlich keine Anstrengung, sondern eine Freude. Und außerdem die gerechte Strafe für den Apfel.

Anfang des 19. Jahrhunderts betrat Turnvater Jahn die Szenerie. 1810 billigte er in seinem Werk über das »Volksthum« den Mädchen, die sich auf ihre verantwortungsvollen Aufgaben als Schöpferinnen häuslichen Glücks und als opferbereite Mütter und Gattinnen vorbereiteten, mäßige und vor allem weibliche Leibesübungen zu – nicht aber sein auf Männer ausgerichtetes Turnen. In den 30er-Jahren des 19. Jahrhunderts wurden erste Turnkurse für Mädchen angeboten, die der Vermittlung von Grazie und Anstand dienten. Alle Veröffentlichungen zu den Leibesübungen propagierten allerdings lediglich die körperliche Ertüchtigung der Mädchen. Dass erwachsene oder verheiratete Frauen »es« tun könnten, wurde nicht einmal in Erwägung gezogen. Das Mädchenturnen orientierte sich selbstredend an der herrschenden Prüderie und an den Vorurteilen über die angeblichen körperlichen Defizite der Frauen. Ein Schreckgespenst war die negative Auswirkung, die das Turnen auf die Weiblichkeit haben könnte. Auf keinen Fall dürfe die Eigentümlichkeit des weiblichen Körpers gefährdet sein, sprich: die Gebärfähigkeit beeinträchtigt werden. Der harten körperlichen Alltagsarbeit der weiblichen Landbevölkerung unterstellte übrigens niemand schädliche Auswirkungen. Stattdessen wurde mit großer Entschiedenheit darauf hingewiesen, dass Turnübungen gegen den weiblichen Sinn für Wohlanständigkeit verstießen. Gegen Ende des 19. Jahrhunderts – zu einer Zeit, als das erste Motorrad fuhr (1885) – begann die Konkurrenz des deutschen Turnens mit dem aus

England importieren »Sport«. Frauen und Mädchen beteiligten sich an einigen der neuen Sportarten – obwohl die hierzu geforderten Eigenschaften wie Ausdauer, Kraft und Durchsetzungsfähigkeit allgemein immer noch als unweiblich beurteilt wurden. Vor allem exklusive Sportarten wie Tennis oder Golf boten sich für die Frauen der Ober- und Mittelschicht an, wobei die Turniere auch das Ambiente eines gesellschaftlichen Ereignisses hatten und die Frauen in ihrer dekorativen Rolle brillieren konnten. Wohlgemerkt: Diese altmodisch verklemmt erscheinenden Vorurteile argumentieren genauso, wie in den letzten Jahren zuweilen über Fußballspielerinnen gesprochen wird.
Die Moral verlangte eine so unpassende Kleidung von den Sportlerinnen der ersten Stunde, dass die Damen sich oftmals in ernste Gefahr brachten. Hosen tragende Sportlerinnen waren als Dirnen oder Mannweiber verschrien. Also schwammen sie in Strümpfen und unförmigen Badeanzügen (ins Wasser stiegen sie unter einem Anstandsbaldachin), spielten Federball im Korsett unter langem Rock, immer lächelnd um Gleichgewicht und sittsame Haltung ringend. Für Radfahrerinnen war der lange Rock nicht nur hinderlich, sondern auch gefährlich. 1903 riet der Arbeiter-Turnerbund den Turnschwestern, in Hosen zu turnen. Die Beteiligung an Wettbewerben galt übrigens als so anrüchig, dass die Presse vom ersten Leichtathletik-Damensportfest in Berlin (1904) nur die Vornamen der Siegerinnen nannte, weil sie der Ansicht war, »dass wir es trotz des zweifelhaften Unternehmens mit anständigen Damen zu tun haben, deren Familien es unmöglich angenehm sein kann, wenn ihre Namen in dem Bericht öffentlich genannt werden«. Solche Verschleierungstaktiken erschweren es natürlich ungemein, etwas über diese Frauen herauszufinden. Ein Name wie Anna oder Elisabeth hilft herzlich wenig bei der Recherche, wenn der Familienname fehlt, der aber fehlen musste, weil die Familienehre sonst beschmutzt worden wäre. In Deutschland, wohlgemerkt.

Dass die ersten motorradfahrenden Frauen nicht die ersten in Beinkleidern waren, verdanken sie – außer mutigen Frauen durch die Jahrhunderte wie etwa Piratinnen oder George Sand, die allerdings den Künstlerinnenbonus hatte – auch den sportbegeisterten Frauen. Die breite Öffentlichkeit war nicht so schnell bereit umzudenken, was ein Fall aus dem – was Sport und insbesondere Motorsport betraf – sehr fortschrittlichen England belegt: Dort wurde eine Motorradfahrerin wegen ihrer Kleidung aus dem Gastzimmer eines Lokals verwiesen. Ihre Ehrenbeleidigungsklage hatte keinen Erfolg. Der Richter sprach den Wirt frei. Das Gerichtsurteil wird zitiert als Antwort auf den Brief einer Leserin an die Zeitschrift »Das Motorrad« aus dem Jahr 1903: »In unserer aufgeklärten Zeit muss es doch möglich sein, Damen in Beinkleidern zu sehen.«

Mit ähnlichen Hindernissen hatte auch die außergewöhnliche Ilse Thouret zu kämpfen – und nahm alle Hürden. »Outstanding Women«, so wurden Frauen wie sie seinerzeit bezeichnet. Auch die Fliegerin Hanna Reitsch oder Leni Riefenstahl gehörten zu diesen besonderen Frauen. Ilse Thouret bekam noch ein weiteres Prädikat: very shocking!
Schon als Kind erregte Ilse Thouret Aufsehen. Mit elf Jahren war sie Hamburger Turnmeisterin. Anfang der 1920er-Jahre errang sie dreimal die deutsche Kanumeisterschaft, 1921 war sie dabei sogar schwanger. Dann begeisterte sie sich für den Hockeysport. Und als sie sich aus dem aktiven Sport verabschiedete und sich um Nachwuchsspielerinnen kümmerte, entbrannte ihre Liebe zum Motorsport. Wieder einmal musste Ilse Thouret jede Menge

Ilse Thouret 1937 bei den Six Days

Widerstände überwinden. Aber das war diese Frau gewöhnt. Für Frauen war damals die Teilnahme an Straßenrennen untersagt. So wurde Ilse Thouret 1932 am Start eines Rennens aus dem Verkehr gezogen und per Lautsprecher wurde verkündet: *Damen dürfen nicht starten.* Für Geländefahrten galt das nicht. Man dachte wohl, die Härte der Rennen würde das schwache Geschlecht ganz automatisch ausschließen. Doch die Herren der Schöpfung hatten nicht mit Ilse Thouret und Konsortinnen gerechnet. Ilse Thouret gewann eine Medaille nach der anderen. Unter ihren 200 Pokalen, Medaillen und Auszeichnungen findet sich auch die Goldmedaille der »Six Days«, den Weltmeisterschaften der Geländefahrer.

Ilse Thouret durchquerte übrigens auch Afrika. Und sie war Fliegerin. Und Mutter von zwei ebenfalls außergewöhnlichen Töchtern: Anneliese und Elga, die die Tradition ihrer Mutter fortsetzten. Besonders

Ilse, Anneliese und Elga Thouret

Elga Thouret, die dann sogar eine eigene Modekollektion für Rollerfahrer kreierte, lebte wie ihre Mutter. Sie war Rennfahrerin, Hockeyspielerin, Fliegerin, Sportlehrerin und Journalistin.
Und sie profitierte von den Outstanding Women, wie ihre Mutter eine gewesen war. Schon 20 Jahre später gestaltete sich vieles einfacher, einige Vorurteile waren beseitigt. Und so geht es uns ja auch. Immer gibt es irgendwelche Frauen, die irgendetwas zum ersten Mal tun. Und die nachfolgenden haben es dann leichter ... und können sich neue Herausforderungen suchen. Und sie können staunen, was ihre Vorfahrerinnen so alles schafften: Über Ilse Thouret gibt es endlich ein Buch: »Die Faszination des Erfolges – Das Sport-Leben der Ilse Thouret«, erschienen 2004 im Rheinischen Mobilia Verlag, verfasst von Mika Hahn, www.tornax.de, das mit vielen Bildern illustriert den Geist dieser bewegten Zeit auferstehen lässt. Unbedingt zu empfehlen!!!

Der weibliche Unterleib war nicht so einfach aus den männlichen Köpfen zu vertreiben. Schadet das Motorradfahren der weiblichen Gesundheit, lautete die Frage an die Herren Professoren. Nun ja, sagten die. Wenn man es vorsichtig und mit Bedacht betreibt. Wobei unterleibskranke Frauen – innere und äußere Geschlechtsorgane, Darm, Blase, Leber, Milz, Nieren, Magen – nicht Motorrad fahren sollten. Auch Frauen, die zu Hysterie neigen, sollten es bleiben lassen. Ein auch in Deutschland bekanntes Mittel zur Behandlung der Hysterie, die übrigens bis in die Neuzeit irrtümlich als auf das weibliche Geschlecht beschränkt betrachtet wurde – griechisch hystera = Gebärmutter –, war übrigens die Entfernung der Klitoris. Dass das Krankheitsbild der Hysterie eine Folge der zur Stick- und Häkeldeckchen-Monotonie versklavten Frauen des Bürgertums darstellt, ist inzwischen sogar bis zur Schulmedizin vorgedrungen. Selbstverständlich sollten die Frauen nicht während der Periode Motorrad fahren. Oder gar während der Schwangerschaft. Oder nach schweren Geburten.
1927 widmete die Zeitschrift »Das Motorrad« den motorradfahrenden Frauen ein ganzes Heft, in dem all diese Unterleibsprobleme ausführlich diskutiert wurden. Prinzipiell wird empfohlen, vorher einen Frauenarzt aufzusuchen. Klingt voll daneben? Hat aber doch eine Berechtigung. Denn das, was wir heute unter Motorradfahren verstehen, hat fast nichts mit dem Motorradfahren von damals gemein. Zum einen liegt das am technischen Aufwand, der jeden Motorradausflug zu einem Wartungsabenteuer machte. Einmal abgesehen von den permanenten Platten, mit denen schon allein wegen der überall herumliegenden Hufnägel der Pferde zu rechnen war – ohne Montiereisen, Flickzeug und Luftpumpe ging nichts. Zündkerzenreinigen vor und während der Fahrt gehörte zum Fahralltag wie Einstellen der Unterbrecherkontakte, Ventile ölen und vor allem permanentes Nachschmieren aller möglichen Teile wie Kette etc. Wenn du Oldtimer-Motorräder betrachtest, findest du die obligatorischen Halter für Ölkanne und Luftpumpe. Klar, dass es früher ein bisschen mehr geschüttelt und gerüttelt hat, denkst du vielleicht. Jetzt stell dir das Ganze aber mal ohne Federung vor. Nur die Fahrerin hatte einen halbwegs bequemen Sitz – im Gegensatz zum Soziussitz – dem weitaus häufigeren Platz der Frauen. Wie sich das wohl angefühlt haben mag – direkt auf einem ungefederten Hinderrad zu sitzen. Vielleicht gerade mal auf einem als Satteldecke übergeworfenen Kissen, das Kilometer für Kilometer dünner wurde. Und schlimmstenfalls nicht einmal Fußrasten für die Beine zu haben. Keine Chance, Stöße abzufangen. Und das bei Straßen, die mit Schlaglöchern gepflastert waren. Eigentlich müssten vernunftbegabte Männer den

Frauen zugeraten haben, selbst zu fahren. Nachfolgend zwei zeitgenössische Meinungen, beide aus der Zeitschrift »Das Motorrad«: »Wer nicht eine schlanke jugendliche und womöglich über das weibliche Mittelmaß hinausragende Figur besitzt ... wird auf dem Herrenrade nur einen unschönen Eindruck machen, schon darum, weil die unbefangene Natürlichkeit der Bewegungen, die der Trägerin sonst wohl in ihrem Straßenkleide eigen ist, hier unter den neugierigen Blicken, den spöttischen Bemerkungen des gebildeten wie ungebildeten Pöbels, unsicher wird, zumal da die Fahrerin sich doch ganz unvermeidlich nicht nur auf der Maschine, sondern auch neben ihr gehend und auch ohne sie im Restaurant etc. zeigen muss ...«. (1903)

»... Schließlich aber sind doch auch sie in erster Linie Weiber; und das Weib ist nach natürlichen Gesetzen gefallsüchtig oder vielmehr von der Natur bestimmt zu gefallen und durch Anmut oder Schönheit zu reizen. Die Technik, die ja auch mit ihren eignen Naturgesetzen sich abzufinden hat, kann dieses Naturgesetz nicht aus der Welt schaffen und darum halte ich es für unwahrscheinlich, dass jemals Frauen in größerer Menge ohne Mechaniker einen Wagen besteigen werden, solange der Motor ebenso launenhaft ist wie angeblich sie selber es sein sollen, und solange die Beschäftigung mit dem Benzinmotor alles andere als eine kosmetische ist ... Bei dem geringen technischen Interesse der Damen würde alles zur tödlichen Panne, was der kundige Fahrer in einer Minute spielend repariert. Mitfahren, ja, das haben sie jetzt schon gern, aber selbst Hand anlegen, eventuell meilenweit entfernt von anderer Hilfe, das trauen wir ihnen nicht zu. Und darum glauben wir vorläufig noch an keine Zukunft des Damen-Motorrades«, schreibt ein Herr Richard Koehlich im Jahr 1906. Hat er nicht gelesen, was Marie Reuschel drei Jahre vorher in derselben Zeitschrift ausführte? Thema: Wie starte ich mein Motorrad: »Nachdem ich meinen Motor mit Benzin versehen, geölt, nach Kompression und Zündung gesehen und sonst alles in Ordnung gefunden habe, nehme ich meinen Treibriemen, ziehe damit den Motor an und lasse ihn leer laufen. Geht derselbe nun wie er muß, was man ja im Gehör hat, bringe ich ihn wieder mittels des Auspuffhebels zum Stehen, lege meinen Riemen auf, und fort geht es.«

Heute kann jeder Mensch Motorrad fahren, ohne das geringste Interesse an Technik aufbringen zu müssen. Ein Knopfdruck und das Motorrad springt an. Der Sitz könnte bequemer sein, was sich allerdings meistens erst nach einigen hundert Kilometern herausstellt. Die Straßen sind geteert, eine Reifenpanne ist sehr, sehr selten. Am Straßenrand warten allzeit einsatzbereit die gelben Engel.
In den ersten Jahrzehnten des Motorradfahrens handelte es sich dabei nicht um eine elitäre Freizeitbeschäftigung für Menschen mit einer 35-Stunden-Woche, freiem Wochenende und 30 Tagen Jahresurlaub. Natürlich mag die eine oder andere im Fahrtwind Freiheit und Abenteuerlust verspürt haben. Gefühle, die wir auch kennen. Aber vielen wäre ein Automobil lieber gewesen. Nur war das eben zu teuer. Geradezu unerschwinglich in einer Zeit, in der es mehr Pferdedroschken als Automobile gab. Im Jahr 1907 gehörte es zu den größten Gefahren des Motorradfahrens, sich wegen scheuender Pferde ein Strafmandat oder gar einen Prozess einzuhandeln. Der Kampf zwischen Führerinnen und Führern von Pferdedroschken, Fahrrädern und Automobilen füllte die Zeitungen. Der Ausbau des Wege- und Straßennetzes ist im Wesentlichen auf den Boom des Fahrradfahrens zurückzuführen. Die Automobilist(inn)en und Motorradfahrer/-innen waren

zunächst nur Mit-Benutzer/-innen. 1926 übertraf die Zahl der Motorräder erstmals die der Automobile. Während der dann einsetzenden Motorisierungswelle in Deutschland behaupteten die Krafträder deutlich ihre Spitzenposition unter den Motorfahrzeugen. Bis zum Zweiten Weltkrieg übertraf der Motorradbestand den Automobilbestand um ca. 30 %. Motorradfahren war bis in die frühen 1950er-Jahre hinein für die wenig verdienenden Bevölkerungsschichten die einzig erschwingliche Möglichkeit zur Mobilität. Von den Frauen, die »professionell« Motorrad fuhren, das heißt an Rennen teilnahmen, Rekorde brachen und über die die Presse in groß aufgemachten Artikeln berichtete, gehörten wahrscheinlich die wenigsten zur unteren Bevölkerungsschicht.

Bei unserer Recherche stießen wir auf einige »anonyme« Frauen (Leserinnenbriefe etc.), die oft durch ihre Männer zum Motorradfahren gekommen sind und eindringlich versichern, das Selbstfahren habe ihnen (und ihrem Unterleib) nicht geschadet. Sie halten es für genauso selbstverständlich wie die populäre, in Deutschland lebende Engländerin Gertrude Eisenmann, die ihre Motorenbegeisterung allerdings ihrer Nationalität zuschreibt: »Die vielen Lobspenden, mit denen ich überschüttet werde, sind nicht berechtigt. Es wundert sich doch niemand

Gertrude Eisenmann: Fototermin am Gartenzaun

Dispatch Rider mit Kanister

darüber, wenn eine Ente schwimmt, und ebenso wenig darf er sich wundern, wenn eine Repräsentantin des schwachen Geschlechts Englands auch etwas im Sport leisten kann. Mit dem Esel fing ich an, dann bekam ich ein Pony, ein Pferd, zwei Pferde, vier Pferde, dann ein Dreirad, ein Zweirad, Motordreirad, ein kleines Automobil, großes Automobil und zuletzt kam ich aufs Motorzweirad. Außerdem habe ich gerne Schwimmen, Tauchen, Turnen, Tennis und Laufen getrieben« (»Das Motorrad«, 1905).

Die Engländerin Muriel Hind gilt als erste weibliche Motorradrennfahrerin. 1901, im Alter von 21 Jahren, fuhr sie eine 2HP Singer: »Ich wurde angesehen wie ein Freak und die Leute zeigten mit dem Finger auf mich«. Welche Energie es Pionierinnen wie Muriel Hind gekostet hat, trotz der ablehnenden Haltung der Gesellschaft im Sattel zu bleiben, können wir uns aufgrund der Sorge um den weiblichen Unterleib lebhaft vorstellen. Muriel Hind ist nicht nur ein bisschen Motorrad gefahren. Sie galt als

Dispatch Riders ...

... beim Smalltalk

sachverständige Mechanikerin, exzellente Fahrerin und verfasste Kolumnen für Motorradzeitschriften. Ihre Rennerfolge errang sie im gemischten Feld. Damals gab es noch keine Damenrennen. Fünf Goldmedaillen gewann Muriel Hind allein beim London-Edinburgh-Rennen, das mit Motorrädern, Autos und Tri-Cars (Dreiräder) gestartet wurde. Ob der Leserbrief aus dem Jahr 1912 an eine englische Zeitung von einem der Männer stammt, die ihren Staub schlucken durften, wissen wir nicht: »Ich bin prinzipiell gegen Frauen, die das tun! Die Ambition eines Mädchens hat grundsätzlich die zu sein, schön auszusehen!« Zwei Jahre später, nämlich 1914, war das wohl plötzlich nicht mehr so. Denn im Ersten Weltkrieg wurden in England so genannte Dispatch Riders (Depeschenfahrerinnen) auf sperrigen 350er/600er BSA, Norton und AJS-Seitenventilern eingesetzt. Die Dispatch Riders fuhren nicht nur, sie warteten ihre Motorräder auch.

Ihr Dienst war so erfolgreich, dass in Deutschland fieberhaft daran gearbeitet wurde, ein ähnliches Depeschennetz motorradfahrender Frauen aufzubauen. Das Ende des Krieges verhinderte deren Einsatz. Mit Kriegsende hatten die Frauen natürlich nichts mehr auf Motorrädern zu suchen. Diese Art der Gleichberechtigung findet sich auch im und nach dem Zweiten Weltkrieg: Sind die Männer an der Front, stehen die Frauen »ihren Mann«. Sind die Männer zurück, stehen die Frauen hinter dem Herd. Das Bild eines englischen Offiziers spricht Bände. Titel seines Kunstwerkes mit der fahrenden Frau und dem Mann im Beiwagen und Fond: »Dignity and Impudence« (Würde und Unverschämtheit).

Muriel Hind arbeitete wie später viele ihrer Nachfolgerinnen mit einer Motorfirma zusammen. Nach Muriel Hinds Anregungen brachte die Rex Company ein Frauenmotorrad auf den Markt. Für damalige Verhältnisse sehr spät, nämlich im Alter von 32 Jahren, heiratete Muriel Hind einen Motorradfreund und fuhr keine Motorradrennen mehr, sondern Tri-Car-Rennen. Muriel Hind starb 1954 in Coventry/England. Was aus ihrem »Frauenmotorrad« geworden ist, wissen wir nicht. Wir sind jedoch sehr beeindruckt, dass die Fragen, die

»Dignity and Impudence«

wir uns beim Schreiben dieses Buches stellten, damals schon aktuell waren. Welche Anforderungen sollte zum Beispiel ein Frauenmotorrad erfüllen? Schon 1912 wagte es ein Hersteller mit einer Frau im Badeanzug, also in zeitgenössischer Reizwäsche, für ein Motorrad zu werben. Diese Seite der PR gab es also auch schon. Aber eben auch die andere, die wir heute leider so sehr vermissen.

In der Verpackung eines Damenpreisausschreibens heißt es da: »Durch dieses Preisausschreiben soll in erster Linie bezweckt werden, auch bei unserer Damenwelt das Interesse für den herrlichen Motorradsport zu wecken. Kann es doch der heutigen Stellung, welche die Frau im Sport einnimmt, nicht entsprechen, dass sie nur als Sozia am Motorradsport teilnimmt. Gerade die günstigen Ratenbedingungen der Zschopauer Motorenwerke (Wochenraten in 10 M.) ermöglichen es auch dem größten Teil der Frauenwelt, von ihrem Einkommen oder Taschengeld eine DKW zu erwerben. Im übrigen ist das DKW-Motorrad durch seine einfache Bedienungsweise, durch sein sicheres Liegen auf der Straße, durch sein geringes Gewicht und sein nahezu erschütterungsfreies Fahren in erster Linie für die Dame geeignet.« Für Damen wohl. Nicht aber für Pionierinnen wie Hanni Köhler – eine Vorzeigefrau des deutschen Motorsports.

Als zehnfache Weltrekordinhaberin, 1928 zuerkannt, hat sie nicht nur für das Bild der Frau in der Öffentlichkeit, sondern auch für den deutschen Motorradsport insgesamt einiges getan. Gelang es ihr doch, zum ersten Mal nach dem Ersten Weltkrieg, Deutschland wieder in die Liste der Weltrekord-Länder zu bringen. Hanni Köhlers Rekorde lesen sich abenteuerlich. Zum

Hanni Köhler

Beispiel: 7 Stunden 328,5 km, 8 Stunden 376,5 km, 9 Stunden 424,5, 10 Stunden 460,5, 11 Stunden 503,5, 12 Stunden 550,5, 24 Stunden 1.081,5 km. Auf den ersten Blick wird klar, dass diese Rekorde nichts mit denen gemein haben, wie wir sie heute kennen. Bei damaligen Motorradrennen ging es nicht um Zehntel- oder Hundertstelsekunden, sondern um Geschicklichkeit, Durchhaltevermögen und immer wieder: technisches Können. Stell dir einen Military-Ritt auf einem Motorrad anstatt Pferd vor, dann hast du die ungefähren Bedingungen dieser Wettbewerbe. Oftmals umfassten die Rennen einen Zeitraum von mehreren Tagen. Die Route eines 6-Tage-Rennens führte beispielsweise von München nach Genf. Nicht nur das Ankommen entschied über den Sieg – der Ausfall der Teilnehmer war beachtlich. Es ging auch um das »Wie«. Für Steckenbleiben am Berg wurden beispielsweise Strafpunkte vergeben. Da die Motorräder technisch und straßenbedingt oft versagten, musste jede Fahrerin ihr Motorrad schnell wieder flott kriegen, um weiterfahren und gewinnen zu können. Egal ob in der Nacht, bei strömendem Regen oder sonstigen schweren Bedingungen. Eine, die sich durch die widrigsten Bedingungen nicht abschrecken ließ, war Hanni Köhler. Sie bekam von ihrem Vater eine Evans geschenkt und trat mit ihm zusammen einem Motorradklub bei.

Leider wissen wir von den wenigsten Frauen, wie sie zum Motorsport kamen. Da die meisten in den Gewinnlisten als »Fräulein« bezeichnet werden, ist auszuschließen, dass sie durch ihre Gatten inspiriert wurden. Kaum im Motorradclub, gewann Hanni Köhler den ersten Preis bei einem kleinen Rennen. Von da an war sie nicht mehr aufzuhalten. Als 17-Jährige nahm sie an der Nord-Süd-Express-Nachtfahrt von Leipzig nach Frankfurt teil. Die Distanz: 420 km. Nach 5 km Fahrt fiel das Licht aus. Es regnete in Strömen. Das Rennen verfuhr sich. Sechs Stunden schob Hanni Köhler die Maschine durch Dreck und Lehm. Nach 17 Stunden erreichte sie ihr Ziel – als einzige ihrer Klasse –, gewann den ersten Preis und hatte vielleicht die Genugtuung, dass ein Großteil des Teilnehmerfeldes unterwegs aufgegeben hatte.

In einem Interview (1927) mit der Zeitschrift »Das Motorrad« antwortet Hanni Köhler auf die äußerst beliebte Frage: Ist Motorradfahren für Frauen schädlich? »Ich fahre jetzt seit fünf Jahren eigentlich ununterbrochen. Sommer und Winter und wirklich nicht sehr rücksichtsvoll ... Wenn ich nur ins Warenhaus zum Einkaufen fahre, hole ich schon mein Pferd aus dem Stall. Und sehe ich aus, als ob ich gesundheitlich dadurch geschädigt bin? (Der Berichterstatter mußte an dieser Stelle eingestehen, als er das wettergebräunte lustige Gesicht und die schlanke, sehnige Figur Fräulein Köhlers betrachtete, dass sie wirklich keinen »geschädigten« Eindruck machte.) Eine Fahrt von zehn Stunden empfinde ich heute bereits nur noch als Spazierfahrt. Ich kann jeder Frau nur den aktiven Motorradsport raten.« Unter aktivem Motorradsport versteht Hanni Köhler: »Dass eine Frau selbst auf dem Sattel sitzt und mit ihrem Rade verwachsen ist. Nichts ist schlimmer, als als »Klammeraffe« durch die Gegend zu gondeln. Ich hasse nichts mehr als diese Soziusfahrerei! Sie sollte von der Polizei verboten werden! Ich habe vor gar nicht langer Zeit eine Fahrt von nur 150 km auf dem Soziussitz mitgemacht. Ich bilde mir ein, allerhand vertragen zu können, aber ich war hinterher müder, als wenn ich zehn Stunden auf meiner Mabeco gefahren wäre. Es ist aber auch toll, wenn man so ein Motorrad betrachtet und zusieht, wie das ungefederte Hinterrad über die Straße springt und dann überlegt, dass all diese Stöße die Sozia aus allererster Hand senkrecht von unten aushalten muss.« Wenn wir daran denken, dass wir manchmal nach

nur vier Stunden auf dem Motorrad jammerten, steigt uns die Schamesröte ins Gesicht ... Hanni Köhler, auf die Frage, ob Motorradfahren auch psychische Einflüsse habe: »Zweifellos! Besonders auf den Charakter. Es erzieht die Frau zur Selbstständigkeit. Wenn man den Sport, wie ich, aktiv betreibt, ist man oft ganz auf sich angewiesen. Man muss seine Maschine verladen, muss auf der Landstraße flicken und reparieren, sich mit Bauern und Fuhrleuten herumschlagen und muss manchmal recht erfinderisch werden, um sich von der Stelle zu helfen. Aber auch als Sozia hat man Gelegenheit, sich zur Tatkraft zu erziehen. Der »beleidigte Kletteraffe«, der am Straßenrand aus der mitgenommenen Bonboniere nascht, während »er« im Schweiße seines Angesichts baut, hat Gelegenheit genug, statt dessen eine tüchtige Arbeitsgenossin zu werden, welche hilfreich zupackt. Gerade das Motorradfahren entwickelt oft eine kameradschaftliche Stellung zwischen Mann und Frau, die die Grundlage jeder wirklichen Freundschaft und, meiner Meinung nach, auch jeder Ehe ist.«
Leider wissen wir nicht, ob Hanni Köhler nach ihrer Heirat als Freifrau von Skal und Schloss Elguth weiter Motorrad gefahren ist. Aber dass diese für damalige Verhältnisse revolutionäre Ansicht einer freundschaftlichen, gleich gestellten Beziehung zwischen Mann und Frau nicht auf offene Ohren stieß, versteht sich von selbst. Wir vermuten, die Pionierinnen des Motorradfahrens, die dies oftmals gegen den Widerstand der Gesellschaft betrieben, stellten auch im Privatleben andere Ansprüche, als die Zeit, in der sie lebten, ihnen zubilligte.

1928 fand das erste Motorradbahnrennen für Damen auf der Brooklands Rennbahn bei London statt. Die Durchschnittsgeschwindigkeit der Siegerin Miss Russell betrug 125 km/h. 1929 veranstaltete der Londoner Damen-Motorrad-Club eine Zuverlässigkeitsfahrt, die hauptsächlich für männliche Fahrer bestimmt war. Nur wenige Damen waren unter den Teilnehmern, während sämtliche Funktionärs- und Leiterposten von Damen besetzt waren.

Marjorie Cottle (1932)

Die Engländerin Marjorie Cottle – das englische Gegenstück zu Ilse Thouret –, 1900 in England geboren, kam wie Hanni Köhler durch den Vater zum Motorsport. Er war Chairman des Liverpool Motor Club und nahm Marjorie schon als kleines Kind mit zu Rallyes. Zu ihrem vierzehnten Geburtstag schenkte er Marjorie ihre erste Maschine, eine Premier. Marjorie Cottle fuhr mit Vorliebe Long-Distance-Trials, einmal 5600 Kilometer in zwölf Tagen. Einen ihrer größten Erfolge – und sie hatte viele – errang sie zusammen mit Mrs. Louie McLean und Miss Edyth Foley. Die drei Frauen bildeten das erfolgreiche English Ladies Team, mit dem sie im Jahr 1927 die Silver Vase gewannen. Der Preis wurde der besten Performance eines Teams auf drei Motorrädern während des International Six Days Trial zuerkannt. In sechs Wochen und bei meistens sehr schlechtem Wetter durchquerte das Trio zehn Länder: Belgien, Frankreich, Italien, Schweiz, Deutschland, Schweden, Norwegen, Dänemark, Holland und England. Ohne

Elga Thouret bei der Westdeutschen Zuverlässigkeitsfahrt 1951

Mechanikertross, ohne Versorgungsjeep. Reparaturen erledigten die drei Frauen selbst. Die Firma Shell stellte auf der 8200 Kilometer langen Strecke Benzin und Öl zur Verfügung. »Wo immer wir auch auftauchten – wir wurden bestaunt wie Jahrmarktsgestalten,« berichtete Marjorie Cottle einem Reporter der Daily Mail. In Pisa/Italien musste die Polizei den Frauen einen Weg durch die Menge bahnen. In Holland wurde das Trio zu einem Motorradrennen eingeladen und während der Pause genötigt, eine Runde zu fahren – zur Belustigung von 8000 Zuschauern. Ein wichtiger Punkt in der Berichterstattung der Presse über die Leistung der drei kuriosen Ladys war jener, dass das Gepäck des Trios auch die passende Garderobe zum Nachmittagstee und Abend beinhaltete.

Teil eines ganz besonderen Trios war auch Ilse Thouret. Mit ihren beiden Töchtern Anneliese und Elga fuhr sie als Familien-Damentrio (Foto Seite 38). Zuerst auf NSU Lambretta-Autorollern. Dann wurden die drei 1951 von den Hoffmann-Werken angeworben, die die Vespa in Deutschland rollen ließen. Vespafahren hatte damals nichts mit einem kleinen Ausritt zur Eisdiele gemein. Die ADAC-Deutschlandfahrt ging über 2600 km und war keine Spazierfahrt, sondern eine Herausforderung, die den Fahrerinnen und Fahrern alles abforderte. Über Stock und Stein, durch Schlamm und Matsch, nachts und bei peitschendem Regen stundenlang »im Sattel«. 1952 bestritten die drei Thourets die Trophée de Monaco, die von Ilse Thouret gewonnen wurde. Gleich danach fuhren sie zur Rallye Madrid, auch die wurde gewonnen. Für den Sieg bei der Trophée de Monaco war Ilse Thouret 1580 km gefahren. Nonstop. Tag und Nacht. Hier ein Auszug aus einem Artikel, den die Gewinnern für die Vespa-Nachrichten verfasste:

»... Der Regen schlug mir ins Gesicht, die Straße war spiegelglatt, und ich blinzelte unter dem Schirm meines Sturzhelms angestrengt in die dunkle Nacht. Erst im letzten Moment sah ich den umgestürzten Baumriesen, der die ganze Straße versperrte. Mit Händen und Füßen bremste ich und rutschte quer an dem Stamm entlang in gespensterhafte Äste. Ein kräftiger Fluch, klar: Das muss nun mal so sein. Und dann einen Weg durch den Graben gesucht. Und weiter über abgerissene Zweige durch den peitschenden Regen ... Endlich wird es hell, es dämmert der Tag. Bis ich die erste Kontrolle erreiche, sind die Straßen wieder trocken und die Sonne peilt mich an, als wenn sie von nichts eine Ahnung hätte ... Kaum bin ich in Frankreich, will die Sonne mich verlassen. Es ist, als wenn ein guter Freund scheidet. »Also bis morgen«, rufe ich ihr zu, »bis morgen, und wer weiß, was mir in der Nacht noch alles blüht!« Sie geht dahin, und die Nacht senkt sich über die Straßen Frankreichs. Nur nicht müde werden! Unaufhörlich singt die Vespa ihr kleines Lied. Es ist unwahrscheinlich – 20 Stunden schon rollt sie unermüdlich dahin. Ich unterhalte mich mit ihr in den einsamen Stunden der Nacht ... Diese Freude, als wir uns wieder sehen! Die Sonne und ich! »Hallo«, rufe ich laut, »hallo Sonne, sieh doch nur, ich lebe noch! Und noch bin ich ohne Strafpunkte, wie findest du das?« Sie stieg höher und lachte mich an und ich fuhr ihr entgegen – Briançon. In die gefürchteten Meeralpen. Nun wurde es sozusagen ernst. Pässe rauf bis zu den Schneefeldern, Tausende von Serpentinen auf Geröll und Schotter. Schmale Passwege – gähnende Abgründe. Mir wurde schwindlig und ich zwang mich, nicht in die Tiefe zu sehen ...«

Auch in Amerika gab es aktive Pionierinnen. In den Staaten gründete Linda Dugeau 1932 den Motorradclub »Motor Maids«. Andere Pionierinnen fuhren quer durch die USA: Clara Wagner, 1916; die Schwestern von Buren, 1916; Dot Robinson, 1928, die insgesamt 2,4 Millionen Kilometer auf Harleys zurücklegte; oder brachen gleich zu einer Weltreise auf wie Renee Lees 1931. Louise Scherbyn war die erste Präsidentin der WIMA in den USA, Hazel Mayes die erste WIMA-Frau in Australien. Sie war eine Brieffreundin von Louise Scherbyn und war dann von 1945 bis 1951 Präsidentin des Sydney Women's Motorcycle Club. Weitere europäische Pionierinnen: Fräulein Hatschek, Thea Hanzal, Claire Elste, Ellen Pfeiffer, Charlotte Loewener, Mizzi Nahmer, Frau Skorpil und Juliette Steiner aus der Schweiz. Sie fuhren nicht nur Rennen, Motocross und Rallye. Viele von ihnen brachen auf zu spektakulären Touren, Weltreisen sogar.
Eine Weltreise sah damals natürlich anders aus als heute. Staubwege, Schlammpfade, Sandpisten. Reifenpannen, Rahmen-, Speichen- und Felgenbrüche, Motor- und Getriebeschäden gehörten zu den unkalkulierbaren Risiken. Und kein ADAC in der Nähe. Und keine Lufthansa, die schnell ein Ersatzteil einfliegt. Kein Handy, kein Laptop, keine Gore-Tex-Jacke. Natürlich gab es auch reisende Männer. Und natürlich hatten sie kein James-Bond-Wundermotorrad im Gepäck. Doch die Pionierinnen des Motorradfahrens hatten zusätzliche Hemmnisse zu überwinden. Schließlich waren nicht alle Länder, die sie bereisten, so fortschrittlich, frauenfreundlich und aufgeklärt wie Europa. So hatten sie in Afrika beispielsweise mit großen Problemen zu kämpfen, überhaupt Motorrad fahren zu dürfen: Die beiden Engländerinnen Florence Blenkiron und Theresa Wallach (Testfahrerin für AJS, Norton, BSA und Triumph) starteten 1934 zu einer Afrika-Nord-Süd-Durchquerung auf fünf Rädern: ein Gespann mit Anhänger. Florence und Theresa hatten schon viele Motorradabenteuer gemeinsam bestanden. Afrika erschien ihnen als besondere Herausforderung. Das Unternehmen ließ sich gut an. Ihre Suche nach einem Sponsor hatte Erfolg. Die englische Firma Phelon & Moore stellte ihnen zu Testzwecken für die extremen afrikanischen Bedingungen eine 600er Panther Redwing zur Verfügung. Den Seitenwagen bekamen sie von der Firma Watsonian. »Venture« (Wagnis) nannten Florence Blenkiron und Theresa Wallach ihr Gespann.
Am 11. Dezember 1934 starteten sie ihr Wagnis von London aus. Kaum am Hafen in Algier angekommen, schien es, als wären alle Vorbereitungen umsonst gewesen: Eine Reiseerlaubnis für zwei »allein« reisende Frauen? Durch die Sahara? Bestimmt nicht! Florence und Theresa gaben nicht auf. Wir können uns vorstellen, wie sie gezittert, getobt und gekämpft haben – mit Erfolg. Nach sechs Tagen hatten sie alle erforderlichen Stempel. Und fuhren los. Und kamen nicht weit. Ein paar Kilometer hinter der Stadt wurde die Straße fast unbefahrbar. Wie die

Frau Skorpil auf BMW R 47

Perlen einer Kette reihten sich Reifenpannen aneinander. Die Beine der Pionierinnen flogen förmlich durch die Luft, so wurde das Gespann auf der mit Spurrillen und Schlaglöchern übersäten Piste durchgeschüttelt. Der gebrochene Seitenwagenanschluss war vorprogrammiert. Theresa und Florence hatten viele Ersatzteile im Gepäck. Nicht aber die Beiwagenschelle. So feilten sie sich einen improvisierten Anschluss. Und mussten nachts noch weiterfahren, denn sie hatten einen strengen Zeitplan einzuhalten. Mit den Behörden war eine Suchaktion abgesprochen, sollten sie die Meldestationen nicht zur verabredeten Zeit passieren. Die Kosten für diese sehr teure Aktion hätten die beiden Frauen tragen müssen. Sie fuhren also. Und schoben. Und gruben ihr Gespann immer wieder aus dem Sand. Und froren in eisigen Wüstennächten. Und schwitzten tagsüber. Und blieben schon wieder im Sand stecken. Strapazen über Strapazen. Nach einem Motorschaden mitten in der Wüste mussten sie auch noch sechs Wochen Wartezeit in Kauf nehmen, bis die Ersatzteile eintrafen. Am 11. März 1935 kamen sie an die nigerianische Grenze. Das erste Gespann der Welt, das Kano von Algerien aus erreichte. Die nächste Etappe führte 5000 km durch Zentralafrika nach Nairobi. Unterwegs brach das Vorderrad zusammen. Da die nächste Ortschaft über 200 km weit entfernt lag, kürzten Florence und Theresa als erste Maßnahme die täglichen Essensrationen. Und dann warteten sie. An Schlaf war nachts nicht zu denken – dafür sorgte schon das Gebrüll der Löwen. Nach einigen Tagen entdeckten sie einen Lastwagen, dessen Fahrer das Vorderrad mit ins nächste Dorf und später wieder repariert zurückbrachte. Durch die in diesem Umfang nicht kalkulierten Verzögerungen und die schlechten Straßenverhältnisse erreichten Florence und Theresa Zentralafrika zur Regenzeit. Lehmige Urwaldpisten, die sich stellenweise in schlammige Rinnsale aufgelöst hatten, waren die nächste Herausforderung. Florence und Theresa meisterten auch diese. Von Nairobi aus war die Tour ein »Kinderspiel«. Denn die letzten 6500 km führten nicht mehr durch »weiße Flecken auf der Landkarte«, sondern durch englisches Kolonialgebiet. Dort wurden die Pionierinnen überall begeistert gefeiert. Am 29. Juli 1935 erreichten Florence und Theresa Kapstadt. Da Theresa an Malaria erkrankte und den Heimweg per Schiff antreten musste, startete Florence im September 1935 allein zur Süd-Nord-Durchquerung Afrikas. Die Wüstenstrecke musste sie allerdings mit dem Lastwagen zurücklegen: Die französischen Behörden untersagten ihr die Durchquerung der Sahara im Alleingang. Im März 1936 kehrte Florence nach London zurück.

Aus der Zeit des Nationalsozialismus konnten wir wenig bis nichts über Motorrad fahrende Frauen in Erfahrung bringen. Leni Riefenstahl soll Motorrad gefahren sein. Motorradfahren passte nicht zum Ideal des deutschen Mädels. In den 1950er-Jahren ging es dort weiter, wo es schon einmal aufgehört hatte – bis zum Ende der 1950er-Jahre, als der Auto-Boom Deutschland überrollte. Viele traditionsreiche Motorradhersteller wie DKW oder NSU mussten ihre Pforten schließen. Firmen, für die auch Ilse Thouret gefahren war. 1933 war sie auch als Werksfahrerin für Puch tätig gewesen und es gelang ihr, bei der ADAC-Reichsfahrt 1933 strafpunktfrei zu bleiben. Ilse Thouret erhielt wieder einmal einen Pokal. Und die goldene ADAC-Medaille. Ihre größten Erfolge feierte Ilse Thouret auf DKW-Maschinen. Den Anfang machte eine wassergekühlte 600er DKW, die sie wahlweise mit Seitenwagen oder als Solomaschine einsetzte. Später stieg auch Ilse Thouret wie so viele andere auf das Automobil um.

Von den großen Firmen »überlebten« BMW und Zündapp nahezu als einzige, indem sie ihr Sortiment spezialisierten und rigoros einschränkten (BMW: groß, Zündapp: klein). Von den Straßen verschwanden die Motorräder deshalb noch nicht. 1965 waren immerhin noch über 700 000 Motorräder unterwegs. Der absolute Tiefstand ist im Jahr 1972 verzeichnet, mit einem Motorradbestand von knapp 200 000 Stück. Das sind weniger als die Hälfte der Motorräder, die jetzt in Deutschland auf Frauen zugelassen sind. In den 1980er-Jahren suchte die voll durchautomobilisierte Freizeitgesellschaft neue Herausforderungen und fand sie auch im Motorradfahren. Tendenz: steigend. Besonders auf Frauenseite. Deshalb wirst du auch nicht mehr wie eine Jahrmarktsfigur begafft, wenn du Motorrad fährst. Außer du fährst vielleicht auf einem Oldtimer-Motorrad. Oder mit Seitenwagen. Oder du machst richtig Tempo. Wirst Rennfahrerin. Davon gibt es nämlich noch nicht so viele.

Nina Prinz ist 1982 geboren und seit ihrem 10. Lebensjahr ziemlich schnell unterwegs. Sie begann ihre Karriere als Rennfahrerin auf einem Pocket Bike, natürlich mit der Unterstützung ihrer Eltern. Nach der Schule absolvierte sie als solide Basis eine Lehre zur Zweiradmechanikerin. Und an den Wochenenden ist sie unterwegs, denn da finden die Rennen statt. Nina Prinz ist in der 4-Takter-Szene längst keine Unbekannte mehr. Ihre größten Erfolge: Europameister-Titel im European Women's Cup 2007 mit Siegen in allen Läufen, 2006 Umstieg auf die 1000 ccm Superstock-Klasse, 2005 der 9. Gesamtplatz in der IDM Supersport. Nina Prinz fährt derzeit eine Ducati 1098S in einem komplett italienischen Team. Ende 2006 hat Nina sich vom Y2K-Ducati Team für 2007 verplichten lassen und konnte einige Siege für das italienische Team einfahren. Wer schon einmal ein Motorradrennen gesehen hat, weiß, was Nina Prinz leistet. In ihrer Klasse liegt die Spitzengeschwindigkeit bei zirka 290 km/h. 170 bis

Nina Prinz

190 PS haben die Maschinen. Kurvenlage mit schleifenden Knien, waghalsige Bremsmanöver, Beschleunigung bis ans Limit. Deswegen findet es Nina Prinz schwierig, auf normalen Straßen unterwegs zu sein. Und der Winter ist für sie die härteste Jahreszeit. Da ist es ihr langweilig. »Grätig«, nennt sie das. Sehnsüchtig wartet sie auf den Beginn der Saison. Wenn sie endlich wieder »Benzin atmet« und im Pulk des Feldes am Gasgriff dreht. Und dann geht es los. Angetrieben vom Rennfieber. Die Rennen sind für Nina Prinz überhaupt das Schönste an diesem Sport. Es gibt nur noch das Rennen. Alles andere ist ausgeblendet. Was zählt, ist der Moment. Höchste Konzentration. Können. Technik. Hier ist Nina Prinz zu Hause. Und eines Tages will sie in der Königsklasse mitfahren. Bei der Straßen-Weltmeisterschaft. In der MotoGP-Klasse. Da geht es dann noch ein bisschen schneller. Um die 320 km/h. Vielleicht ist das dann das Tempo, mit dem Nina Prinz so richtig glücklich wird ...

Wer an Frauen und Motorrad denkt, denkt häufig an die Siegerin der Rallye Paris–Dakar Jutta Kleinschmidt, auch wenn sie auf vier Rädern gewann. Nicht nur bei den Pionierinnen war es gang und gäbe, auch heute wechseln Rennfahrerinnen und Rennfahrer öfter mal das Gefährt. Jutta Kleinschmidt ist auch schnell unterwegs. Aber nicht nur. Als Profi-Marathon-Rallyefahrerin meistert sie noch ganz andere Herausforderungen. Ihr Kurs ist nicht festgesteckt. Den muss sie

Jutta Kleinschmidt bei der Pharaonenrallye und ...

sich selber suchen. Zum Beispiel in der Wüste. Jutta Kleinschmidt war schon 23 Jahre alt und hatte ihr Physikstudium fast abgeschlossen, als sie das erste Mal von einer Wüstenrallye hörte. Das interessierte sie. Und mehr noch: Es faszinierte sie. Sie wollte unbedingt dabei sein. Zwei Jahre später klappte es. 1987 startete sie parallel zur Rallye Paris–Dakar mit einer HPN-BMW. Damit dürfte sie wohl so ziemlich die einzige Zuschauerin gewesen sein, die die Rallye vor Ort »verfolgte«. Und sie wollte mehr. Ein halbes Jahr später fuhr sie die Pharaonen-Rallye in Ägypten.

Und dann ging es Schlag auf Schlag weiter. Zuerst hatte Jutta Kleinschmidt keine Werkstatt, um ihr Motorrad vorzubereiten. Also musste sie sich etwas einfallen lassen. In der Wohnung war doch eigentlich Platz ... Jetzt galt es nur noch, dem Hausmeister unter einem Vorwand den Schlüssel für den Lastenaufzug zu entlocken – und schon konnte die BMW ... nein, konnte sie nicht. Der Boxermotor eben. Immer ein bisschen breiter. Kurz entschlossen schraubte Jutta einen Zylinder ab. Auch in der Küche stapelten sich bald interessante Backformen und andere Accessoires. Ein Motorrad im Haushalt erfordert nun mal Kompromisse. Und so mussten sich Geschirr, Kaffeekanne und Besteck den Platz mit Zylinderköpfen, Dichtungen und anderem Allerlei teilen.

Schon mit ihren ersten Motorrad-Einsätzen hatte Jutta den Grundstein für ihre sportliche Karriere gelegt. Ihr Job in der Entwicklungsabteilung bei BMW in München war dazu eine schöne Ergänzung. 1992 beschloss sie allerdings, ihren Beruf als Ingenieurin aufzugeben und sich ganz dem Motorsport zu widmen.

1992 gewann Jutta Kleinschmidt mit einer serienmäßigen BMW R100 GS Paris–Dakar die Damenwertung der Rallye und belegte Platz 23 im Motorrad-Gesamtklassement. 1992 saß Jutta Kleinschmidt auch zum ersten Mal bei einer Wüstenrallye in einem Auto – als Beifahrerin von Jean-Louis Schlesser. Später fuhr sie selber einen Schlesser-Buggy. Und sie wechselte auch ihre Teams und fuhr weiter ganz vorne mit im Rallyesport. Ein historischer Erfolg gelang 1999: Mit Tina Thörner hielt Jutta Kleinschmidt bei der Rallye Paris–Dakar im Mitsubishi Pajero Evolution als erste Frauen der Welt drei Tage

... ihre gemütliche Küche zuhause

lang die Gesamtführung. Zum Schluss wurden sie Dritte in der Gesamtwertung. Ein Jahr später verpasste Jutta in Tunesien den Sieg um 122 Sekunden! Dafür gewann sie als beste T2-Pilotin den Vizetitel in der Gesamtwertung des Marathon-Weltcups. 2001 gewann sie zusammen mit ihrem Copiloten Andreas Schulz die legendäre Paris–Dakar. Und kurz darauf die Baja Italia. Vielleicht wurde sie zu Beginn ihrer Karriere von manchen belächelt, denn sicher gibt es Männer, die sich fragen, was Frauen bei Rallyes eigentlich wollen. Jutta Kleinschmidt hat es oft genug vorgemacht: den ersten Platz! Als Jutta die Rallye Paris–Dakar gewann, war es für sie klar, dass sie gern ein Patenkind in Dakar betreuen wollte. Das Mädchen, das Jutta mittlerweile auch zweimal besucht hat, ist nicht ihr erstes Patenkind, sondern ihr fünftes, das über das Kinderhilfswerk Plan International in Hamburg vermittelt wurde.

Achtung, jetzt kommt der Werbeblock:
Es gibt viele Kinderhilfswerke, die Patenschaften vermitteln. Für einen Betrag von etwa 25 Euro monatlich kann ein Kind in Not dafür essen, eingekleidet werden und zur Schule gehen. Die Patenschaft ist unverbindlich und kann jederzeit gekündigt werden. Du kannst einen Briefwechsel mit deinem Patenkind unterhalten oder es besuchen.

- *www.plan-international.de*
- *www.worldvision.de*
- *www.unicef.de*
- *www.sos-kinderdoerfer.de*

Es gibt noch viele mehr. Einmal weniger tanken im Monat, um einem Mädchen einen halbwegs fairen Start ins Leben zu ermöglichen ...

»Solange Männer das Gefühl haben, sie sind haushoch überlegen, sind sie väterlich-fürsorglich, wenn sie merken, sie kriegen Konkurrenz, werden sie ätzend«, sagt die

Jutta mit Awa 2002

Journalistin und Rallyefahrerin Katrin Lyda. 2003 holte sie sich den Women's Cross Country Rallies World Cup. Mit ihrem Sieg in Ägypten bei der Pharaonen-Rallye sicherte sie sich den größten Erfolg ihrer sportlichen Laufbahn. Zur Wertung gehören die Rallyes Optic (Tunesien), Orpi (Marokko), Rallye de Orient (Türkei), Australian Safari und neben der Pharaonen-Rallye auch noch die Desert Challenge (Dubai).

Katrin Lyda, wie Jutta Kleinschmidt 1962 geboren, lebte als Studentin in einer WG, in der es ein paar Motorradfahrer gab. So fuhr sie einige Male mit und merkte schnell: Das gefällt mir. Der Motorradführerschein musste her. Einen Autoführerschein hatte sie noch gar nicht. In der Fahrschule wurde sie bestaunt, als sie sagte, sie interessiere sich nur für den Motorradführerschein. Die Lizenz fürs Auto machte sie dann trotzdem mit. Der Vollständigkeit halber. Gleich nach der Prüfung kaufte sie sich eine gebrauchte Straßenmaschine, eine Suzuki GSX 250. Nach zwei Jahren wechselte sie zu einer Yamaha SR 500, dann landete sie endgültig bei den Enduros. Mit einer Suzuki DR 250 entdeckte sie das Offroadfahren für sich. Zwei lange Touren in der Sahara ließen ihre

Katrin Lyda

Begeisterung weiter wachsen. Katrin Lyda bereiste ganz Nordafrika. Der Saharavirus hatte sie infiziert. Und dann kam der Rallyevirus dazu. Katrin Lyda startete in den Jahren 1993 bis 1995 bei Amateurrallyes. Schließlich bei der Tunesienrallye. 300 Wüstenkilometer am Tag. Navigieren. Ständig am Limit. Und das in der Weite der Wüste. Katrin Lyda war angekommen. »Der Atem wird gleichmäßiger«, sagt sie. »Das Herz klopft ruhiger. Man kommt mit sich ins Reine und in den Takt. Auch beim Wettbewerb. Obwohl man unter Strom steht. Man pendelt sich aus. In dieser Weite und Ruhe. Dieser riesengroße Platz. Und abends die Stille. Dieser phänomenale Sternenhimmel über der Wüste. Ein unvergleichliches Erlebnis.«

Leider lässt sich die Teilnahme an einer Rallye nicht aus der Portokasse finanzieren. Selbst bei den sogenannten Amateurrallyes summiert sich alles zusammen – Startgeld an die 3500 Euro, Ausrüstung, Notsender-Leihgebühr, Anreise etc. – leicht zu einem fünfstelligen Betrag. Wer sich für dieses Hobby entscheidet, kann meistens außerhalb der Wüsten keine großen Sprünge machen. »Alles zugleich kann man halt nicht haben«, sagt Katrin Lyda. Ihre Augen funkeln. Sie hat die richtige Entscheidung getroffen. Das ist deutlich spürbar.

Katrin Lyda fährt in der Damenwertung. 2005 hat sie die WM-Ralley in Dubai gefahren und gewonnen. Zwar fahren alle Teilnehmer die gleiche Strecke, aber Frauen fahren nicht mit Kraft, sondern mit Technik, das müssen sie auch, denn die Männer sind ihnen, was die Kraft betrifft, überlegen. Die Wettbewerbe fährt Katrin Lyda auf KTM-Rallyemotorrädern, die von dem Rosenheimer Händler Sebastian Griesser vorbereitet werden. »Es ist nicht so einfach, eine Werkstatt zu finden, die sich mit den speziellen Anforderungen an ein Wüstenbike auskennt – GPS, große Tanks, Moosgummi-Montage und so weiter.« Privat ist Katrin Lyda mit einer Suzuki DR Z 400 unterwegs. Auf Straßen fährt sie nicht so gern. Sie lädt das Motorrad auf den Hänger und dann ab ins Gelände – am liebsten natürlich gleich richtig weit weg: in die Wüste. Mit den Füßen kommt Katrin Lyda übrigens nicht auf den Boden – obwohl sie 1,68 m groß ist. Aber das spielt heute keine Rolle mehr für sie. Ihre erste 250er war sehr niedrig. »Für eine Anfängerin ist diese Sicherheit auch wichtig«, meint Katrin Lyda. »Aber je besser man fährt, desto uninteressanter ist es, ob man mit dem Fuß auf den Boden kommt. Im Gelände setzt man beispielsweise sowieso keinen Fuß.« An Ampeln nutzt Katrin Lyda einen Randstein oder rutscht eben ein bisschen seitlich, damit sie Bodenkontakt hat. Ihr Tipp: »Der BMW-Fahrlehrgang in Hechlingen. Da versteht man, warum man den Fuß nicht setzen braucht und lernt, mit Situationen umzugehen, wo man vorher glaubte, man müsste ihn setzen, und sich deshalb aus dem Gleichgewicht gebracht hat. Auch wenn das Training in einem Steinbruch stattfindet – es ist eine optimale Vorbereitung auf die Straße und steigert den Fahrspaß ungemein.«

Wenn es den Titel einer Motorrad-Wüstenkönigin bei Marathon-Rallyes gäbe, wäre

Andrea Mayer eine der Favoritinnen. Dabei sind ihre Erfolge nicht allein auf das Motorrad beschränkt. Sie gewann zwar in der Damenwertung 4-mal die Rallye Dakar, 5-mal die UAE Desert Challenge, 5-mal die Rallye Optic 2000 Tunesien, 3-mal die Rallye Atlas Marokko und 2-mal die Rallye of Egypt, aber auch bei den Autos fährt sie ganze vorne mit – zum Beispiel mit dem 5. Platz bei der Rallye Dakar und dem 3. Platz Kategorie T2 oder dem 5. Platz in der Tunesien-Rallye 2003 und dem Sieg in der Kategorie Diesel und so weiter und so fort.

Andrea Mayer wurde 1968 in Kaufbeuren geboren. Die Rallyefahrerin, Instruktorin und Reiseleiterin startete mit 21 Jahren mit ihrem damaligen Freund zu einer halbjährigen Reise durch Afrika. Mit ihrer XT durchquerte Andrea Mayer dabei Tunesien, Algerien, Niger, Benin, Togo, Ghana, die Elfenbeinküste, Mali und fuhr über die legendäre Tanezrouft-Piste wieder zurück. Mit ihren Fahrkünsten war Andrea Mayer damals nicht zufrieden, deshalb begann sie nach ihrer Rückkehr mit dem Training auf einem nahe gelegenen Moto-Cross-Parcours. Parallel dazu arbeitete sie beim Motorrad-Magazin MO in Stuttgart und später bei der Zeitschrift Enduro. Erste Erfolge bei regionalen und internationalen Rennen waren die Früchte des Cross-Trainings. 1992 bestritt Andrea Mayer ihre erste Rallye, die Transitalia. Dabei lernte sie Tripmaster und Roadbook kennen. Und es war klar: Sie wollte mehr. Ein Jahr später fuhr sie die Raid de l'Amitié, eine Einsteigerrallye durch Marokko, und ein weiteres Jahr später die erste Tunesien- und Atlas-Rallye. Andrea Mayer wollte noch mehr. Sie kündigte ihren Job, kratzte alles Geld zusammen und bestritt ihre erste Rallye Paris–Dakar. Ein Traum ging in Erfüllung! Und was für ein Traum – denn sie gewann die Damenwertung. Die nächsten zwei Jahre waren fast so hart wie eine Rallye. Andrea Mayer trainierte weiter, arbeitete als Journalistin, Instruktorin und Reiseleiterin und fuhr natürlich die Rallyes, die sie sich leisten konnte. Außerdem gehörte sie zu den Herausgeberinnen der legendären Motorradzeitschrift für Frauen »Weib on Bike«, die es leider nicht mehr gibt. 1997 erhielt sie ein verlockendes Angebot von BMW für den werksseitigen Einsatz. Die Rallye Paris–Dakar 2001 war die letzte, die BMW bestritt. Andrea wechselte zu KTM. Und später von den Zweirädern auf die Vierräder.

Andreas Leben ist temporeich, sehr bewegt und voller Termine. Das hielt sie nicht davon ab, uns spontan zu einem Gespräch zu sich einzuladen. Um 15 Uhr wurde am Telefon besprochen, dass wir um 17 Uhr bei ihr sein sollten. »Ihr wohnt ja um die Ecke.« Für Andrea Mayer ist um die Ecke, was für andere ein schöner Sonntagsausflug wäre – vom Ammersee Richtung Kaufbeuren. Andrea wohnt mit ihren acht Motorrädern in einer umgebauten Scheune. Nur eine Schotterstraße führt zu ihrem Haus. Die Frau, die uns die Tür öffnet, sieht aus, als hätten wir einen Jahrhundertaugust. Ärmelloses T-Shirt, dünne Hose, barfuß. Aber das ist es nicht allein. Da sind auch ihre Augen. Diese Frau, das merken wir auf den ersten Blick, trägt viel Sonne in sich. In der Wohnung ist es warm. So mag Andrea Mayer das und wir sind ganz einverstanden damit. Draußen frieren unsere Autoscheiben schon wieder zu.

Andrea bestreitet keine Wettkämpfe mehr mit dem Motorrad. Sie ist endgültig aufs Auto umgestiegen. Wie auch viele der Pionierinnen. Damals lag das zum Teil daran, dass Autos ja erst erfunden worden waren. Und heute? »Im Auto hast du als Frau die Chance, die Dakar zu gewinnen«, erklärt Andrea knapp und lässt keinen Zweifel daran aufkommen, was ihr Ziel ist. »Wenn die Strecke einfach nur schnell durch den Sand geht, gibt es keine Unterschiede zwischen Männern und Frauen. Da konnte ich immer nach vorne fahren. Aber im felsigen Gelände oder bei Sprüngen zeigt es sich dann doch, dass Männer über mehr Kraft verfügen als Frauen. Ich kann kräftemäßig nicht mit einem 1,95 m großen Muskelpaket mithalten. Beim Fahren ist es egal, ob das Motorrad 100 oder 200 kg wiegt. Aber gerade in der Wüste musst du darauf gefasst sein, im Sand stecken zu bleiben. Es kostet Kraft, das Motorrad wieder aufzurichten, inklusive dem Gewicht der Benzinreserve. Oder wenn man zum Beispiel schnell auf Hindernisse zufährt, die man spät sieht, muss man Gas geben, das Vorderrad anheben, springen, das Motorrad in der Luft stabilisieren, ausgleichen, landen. Diese Kraftanstrengung ist nicht mit Technik auszugleichen. Und selbst wenn, auch was die Technik betrifft, haben viele Männer einen Vorsprung. Manche fangen mit fünf, sechs Jahren schon mit dem Motorsport an. Frauen fahren meistens erst Motorrad, wenn sie ihr Leben selbst in die Hand nehmen.

Die Dakar mit dem Motorrad zu fahren ist ein unvergleichliches Abenteuer. Ich bin nicht nur in Länder, sondern auch in Gegenden gekommen, wo ich als normale Touristin niemals gewesen wäre. Wie auch? In der Zentralsahara gibt es keine Tankstellen und Restaurants. Das ist ein unglaublicher logistischer Aufwand, der bei Rallyes betrieben wird. Und mit dem Motorrad bist du ja alleine unterwegs. Da gibt es keinen Beifahrer, der für dich navigiert. Du bist ganz allein. Du und die Wüste. Die Dakar, das ist ... Leben wie im Zeitraffer. Am Start freust du dich wie ein Kind, dass es endlich losgeht, aber da ist auch die Spannung: Hoffentlich klappt alles, hoffentlich komme ich gut durch. Alles ist so offen. Und dann geht es wirklich los. Absolute Konzentration. Nach ein paar Tagen bin ich dann in diesem Rhythmus. Früh aufstehen, den ganzen Tag im Auto oder eben auf dem Motorrad. Man ist nur noch auf ein Ziel fixiert. Alles andere ist wie weggeknipst. Es interessiert nicht mehr, was zu Hause los ist. Dazu kommt diese außergewöhnliche Anstrengung. Die Müdigkeit. Das gibt einen ganz eigenen, unverwechselbaren Rhythmus, ein tolles Lebensgefühl. Ich empfinde das als sehr meditativ. Und all die glücklichen Momente. Oben auf einem Plateau stehen und über ein Dünenmeer blicken. Wie Wellen steigen die Dünen 100 Meter hoch, fallen ab. Tage puren Glücks. Und dann wieder läuft gar nichts mehr. Wie im »echten« Leben eben auch. Von einer Sekunde auf die andere kann sich alles ändern. Eben noch hat der Motor gesurrt und alles lief wie geschmiert, auf einmal dieser Stein ... und jetzt ...«

Andrea Mayer ist sichtlich glücklich mit ihrem Leben. Durch den Motorsport reist sie sehr viel, und das war es ja ursprünglich einmal, was sie zum Motorsport gebracht hat. Sie würde sich sehr freuen, wenn es mehr Frauen im Rallyesport geben würde, besonders auch im Motorradbereich. Dort fehlt dringend eine Nachfolgerin für Jutta Kleinschmidt und Andrea Mayer. Klar gibt es Frauen, die damit liebäugeln. Aber die wenigsten sind bereit, alles dafür zu geben. Und das muss man, wenn man ganz vorne mitfahren möchte: Hart trainieren, leiden, die ganze Energie darauf verwenden. Wenn mehr Frauen dabei wären, ist Andrea sicher, wäre auch die Stimmung anders: »Der Rallyesport ist eine Männerwelt. Du musst lernen, über ihre Witze lachen zu können – sie haben nun mal einen anderen Humor, eine andere Art zu denken. Besonders fällt mir das immer im Team auf. Alle sind nett und freundlich und die Stimmung ist gut, aber spätestens nach zwei Wochen Training merke ich doch deutlich, dass mir etwas fehlt. Die normale Kommunikation unter Frauen. Da wird einfach anders gesprochen und es gibt andere Themen. In Marokko gibt es übrigens eine reine Frauenrallye. Ich bin nie mitgefahren, aber bestimmt geht es dort anders zu!«

Was sie auszeichnet, wollen wir wissen. Ob sie besonders mutig ist.
Andrea Mayer überlegt einen Moment. Ihre sehr blauen Augen blitzen. »Ich bin ehrgeizig«, sagt sie. »Ich bin überzeugt davon, dass man das schafft, was man sich vornimmt, wenn man 100 % Einsatz bringt. Und ich finde es wichtig, dass Frauen, die die Dakar fahren, sich wirklich engagieren. Man kann die Dakar nicht so ein bisschen nebenbei fahren. Das ist verantwortungslos und viel zu riskant.«
Andrea erinnert sich gut an ihre erste Rallye. Obwohl sie hart trainiert hatte, war sie viel zu langsam – und dann wurde es dunkel. Mit höchstens 30 km/h konnte sie weiterfahren. Keine Straßenlaternen, die den Weg wiesen. Erst recht kein Straßenschild. Allein. In der Wüste. Natürlich hat sie es geschafft. Kam irgendwann im Morgengrauen an. Und wusste: Sie würde ihr Trainingsprogramm erhöhen. Immer wieder Springen üben. Besser werden. Die Kurven noch schneller fahren. Und noch schneller. Und natürlich würde sie wiederkommen. Denn schon beim ersten Mal Sahara spürte sie: Das ist es.
Die Faszination Afrika ist geblieben. Fast ein bisschen wie nach Hause kommen, nennt sie das, und verbessert sich dann: »Ich bin dort oft glücklich.« Natürlich kennt sie die Kritik an der Dakar, am Motorsport insgesamt. Was die Dakar betrifft, meint Andrea, wird diese Kritik oft von Leuten geäußert, die noch nie in Afrika waren. »Für die ist Afrika ein Entwicklungsland. Sie spenden vielleicht einmal in der Adventszeit und damit hat es sich. Aber die Menschen, die in Afrika leben, sehen ihre Heimat nicht als Entwicklungsland. Die Dakar ist ein Riesenevent. Sie sind stolz darauf, dass dieses Ereignis bei ihnen stattfindet. In ihrem Land. Vielleicht kann man das mit einer Olympiade bei uns vergleichen. Besonders in Dakar sind die Menschen unglaublich stolz.« Andrea wird nachdenklich: »Es gibt schon Strecken, da wird mir das Herz schwer. Besonders in Mauretanien. Da haben sie wirklich fast nichts. Sie freuen sich sogar über die weggeworfenen Plastik-Wasserflaschen. In Mali sieht es dann schon wieder ganz anders aus. Was für eine Farbenpracht in den Kleidern der Frauen. Wenn die Rallye durch Mali fährt, singt es dir überall entgegen »Le rallye! Le rallye!« Ein großes Fest ist das. Ich habe in Afrika noch nie ein negatives Erlebnis gehabt. Kein Afrikaner, keine Afrikanerin hat mir signalisiert, ich wäre nicht willkommen, ganz im Gegenteil. Dass wir nicht willkommen sind, das hört man nur zu Hause. Von solchen, die meinen, sie würden sich ganz besonders gut auskennen.«

Andrea Mayer hat vor einigen Jahren ein Reiseunternehmen gegründet, wo du lernen kannst, offroad zu fahren. Im letzten Jahr hat sie dieses Unternehmen an ihre langjährige Mechanikerin Uta Baier übergeben. Bei Teambuctou lernst du angstfrei und locker über unbefestigte Wege und Pisten fahren, gelassen Flussdurchfahrten oder Sandpassagen meistern oder du kannst ganz einfach mit viel Spaß an einer Enduroreise in Frankreich oder Tunesien teilnehmen. Und wer weiß, vielleicht zündet in einem solchen Urlaub auch bei dir der Funke und du gehörst zu jenen Frauen, die Andrea sich zur Bereicherung der Rallyeszene wünscht.

Andrea Mayer, Rallye Aras-Madrid-Dakar

Andrea Mayer liebt den Wüstenstaub

Im Ziel, mit Mechanikerin Uta Baier

So wie die vorgenannten Frauen gibt es noch einige. Mariola Cichon, Carla King, Jeanette Sabus – bekanntere und weniger bekannte Frauen, die an ihrer Motorsportkarriere basteln – wie auch die Schweizer Meisterin im Supermoto Angela Haag – und andere, die nur »für sich allein« in den Wüsten dieser Welt unterwegs sind. Die Slowenin Benka Pulko hat in 2000 Tagen 75 Länder bereist, dabei fünf Kontinente durchquert und mehr als 180000 km sowie zwei Guinness-Weltrekorde eingefahren. In Kürze erscheint ein Buch »Gypsy on a Motorcycle« über diese Tour. Wir sind gespannt darauf. Auch die Japanerin Makiko Sugino hat sich viel vorgenommen: Die 1972 geborene Besitzerin von neun Motorrädern und aktive Crosserin sparte durch diverse Jobs das Geld für ihre Weltreise, zu der sie am 6. August 2002 aufbrach. Drei bis fünf Jahre Zeit hat sie veranschlagt. Ihre Reisegefährtin: eine Suzuki DR 250 XC Djebel, 17 PS stark. In Russland, das sie 2003 durchquerte, nannte man sie übrigens Kamikaze. An ihrem Motorrad kann das nicht liegen – vielleicht schon eher daran, dass sie immer in Jeans fährt, und zwar immer in derselben. Sie hat noch eine weite Reise vor sich und keinen Platz für überflüssiges Gepäck.

Bei den Frauenmotorradclubs gibt es viele Frauen, die abenteuerliche Geschichten von ihren Motorradreisen erzählen können. Und so manche Frau bekommt einen ganz eigenen Glanz und ihre Augen wirken, als blicke sie in die Weite der Wüste. Sie weiß, wovon gesprochen wird. Sie war auch einmal dort. Und wird wieder dorthin reisen. Oder quer durch Amerika, Australien, Neuseeland – wohin auch immer die Sehnsüchte sie rufen.

Wer gern im Internet surft, findet hier weltweit auch eine Reihe von Frauen, die den Mut hatten, ihren Traum zu leben. Sie reisten durch die Vereinigten Staaten oder Asien, allein oder mit Freundin – und viele von ihnen haben spannende Reiseberichte ins Netz gestellt. Es macht Spaß, dort zu schmökern und zu erfahren, wie ein solches Unternehmen geplant wird. Von der ersten Idee zur Verwirklichung. Von der Kündigung eines festen Arbeitsplatzes, den Zweifeln, den ersten Tagen unterwegs – und dann im Groove des Auspuffsounds über die Landstraßen. Da kann es leicht passieren, dass ein Wintertag zu Hause zu einer Weltreise wird ... und vielleicht legt die eine oder andere die ersten paar Seelenkilometer zurück zur Verwirklichung ihres eigenen Traums ...

Zum Schluss unserer Reise von den Pionierinnen zu den Motorsportlerinnen von heute zur Erbauung noch eine Empfehlung aus dem Jahr 1927 aus der Zeitschrift »Das Motorrad«: »Gegen Blutarmut und eine gewisse Zartheit ist der schöne Motorradsport eine wohlschmeckende und bekömmliche Medizin und kann nur empfohlen werden. Ist doch auch das Wandern auf dem Motorrad für die Frau, falls sie Lust dazu hat, besonders geeignet, allen bedrückenden Ballast, der sich durch die Sorge des Alltags angehäuft hat, abzuwerfen, um erfrischt und mit frohem Sinn die neue Woche zu beginnen.«

Spielregeln

Bevor es nun so richtig losgeht, noch ein paar Spielregeln.

Der theoretische technische Teil hat Allgemeingültigkeit. Es ist völlig egal, wie dein Motorrad heißt und welche Farbe es hat. Herz, Lunge, Nieren haben alle.

Im Wartungsteil haben wir ein breites Spektrum von gängigen Motorrädern berücksichtigt. Es kann natürlich vorkommen, dass dein Motorrad eine Schraube an einem Ort versteckt hält, wo sie laut dieser Anleitung nicht zu sein hat. Beschwerden richte bitte an deinen Hersteller.

Da jedes Motorrad trotz aller Ähnlichkeiten stets auch ein bisschen anders ist, empfehlen wir dir die passende Motorradreparaturanleitung zu deinem Motorradtyp. Falls es keine Ausgabe für dein Motorrad gibt, hast du die Wahl zwischen deiner Bedienungsanleitung, in der meistens mehr Informationen viersprachig versteckt sind als allgemein vermutet, und dem Werkstatthandbuch. Das ist allerdings teuer. Dafür steht alles drin. Leider nicht unbedingt verständlich. Genau das ist der Grund, warum dieses Buch geschrieben wurde.

Unsere Anleitung zu Wartungsarbeiten geht davon aus, dass du noch nie selbst Wartungsarbeiten durchgeführt hast. Andere Reparaturbücher gehen davon aus, dass du dich prinzipiell auskennst. Nur noch nicht mit diesem speziellen Modell. Sie bauen auf eine gewisse Schrauberfahrung auf. Diese Erfahrung verschaffst du dir mit diesem Buch. Nach der Lektüre kannst du auch das anwenden, was in den Büchern steht, die

Ilse Thouret repariert Kette

speziell für die Wartung deines Motorrades geschrieben sind. Sollte es kein Buch für dein Motorrad geben, kannst du mit dem Wissen, das dir dieses Buch vermittelt, den Rest auch selbst herausfinden. Trau dich!

Nach jeder Arbeit solltest du unbedingt eine Probefahrt machen. Dabei sei kritisch und selbstbewusst. Auch wir hören nach Reparaturen Geräusche, die vorher nicht da waren. Stimmt nicht – die wir vorher nicht gehört haben. Weil wir vorher nicht hingehört haben. Trau dir!

Übrigens: Pippi Langstrumpf hat das damals alles mit einem PS gemacht. Und auch bei 75 PS heißt es immer wieder nur: Hufe auskratzen, striegeln, füttern, ausreiten ...

Grundbegriffe

Schrauben
Durch Schrauben werden Verbindungen hergestellt, die, ohne dass dabei etwas zerstört wird, wieder gelöst werden können.

Die Schraube besteht aus einem Kopf, der wahlweise

Sechskant flache Spitze Torx Pozidriv Philips

➔ einen Außensechskant
➔ einen Innensechskant
➔ einen Schlitz
➔ einen Torx
➔ einen Kreuzschlitz
➔ einen Innenvielzahn
hat, und einem Gewinde.

Außentorx, recht selten

Am Schraubenkopf wird das Werkzeug angesetzt, mit dem die Schraube bewegt werden soll. Unterhalb des Kopfes beginnt das Gewinde. Schrauben haben ein Außengewinde, das in ein Innengewinde, z. B. in eine Mutter, hineingeschraubt wird. Die Verbindung hält dadurch, dass sich die Gewindegänge von Innen- und Außengewinde ineinander verklemmen. Je nach Steigung, Form und Tiefe der Gewindegänge – und nicht zuletzt nach der Drehrichtung – werden die Gewinde unterschieden.

Im Allgemeinen finden wir bei Autos und Motorrädern metrische Rechtsgewinde. Rechts heißt, die Schraube wird rechtsdrehend festgezogen und nach links geöffnet. Dabei gilt: Du stehst vor der Schraube und schaust auf ihren Kopf. Oder du stellst dir einfach vor, du öffnest ein Marmeladenglas. Oder, wenn dir das lieber ist, ein Gurkenglas. Rechts heißt im Uhrzeigersinn.

Zu jeder Schraube gibt es ein passendes Gewinde. Schön für die Schraube, denkst du jetzt, aber sei getrost – oft läuft es auch für Schrauben, wie im wirklichen Leben, auf eine Mutterbindung hinaus. Ob zwei Gewinde ineinander passen, merkst du daran, dass die Schraube sich in einer Stellung, nämlich wenn sie ganz gerade angesetzt ist, leicht einschrauben lässt. Da gibt es endlich mal kein Vielleicht, sondern nur Ja oder Nein – jedenfalls in der Theorie.

Schrauben heißen auch. Sie haben lange Namen. Ich kenne eine, die nennt sich »Dreizehner-Sechskantschraube«. Und das ist schon ihr Spitzname, denn eigentlich heißt sie »Außensechskantschraube mit Schlüsselweite 13 mm (SW13) und einem metrischen ISO-Rechtsgewinde mit dem Nenndurchmesser 8 mm (M8)«. Wenn du eine Schraube aufmachen willst, interessiert dich zuerst einmal, welches Werkzeug du brauchst – und dazu reicht der Spitzname. Wenn du Schrauben kaufen möchtest, stelle dich darauf ein, dass der Verkäufer sich ungefähr so blöd stellt, wie er in Wirklichkeit ist. Mit 13er-Schraube kann sowohl die Schlüsselweite als auch der Gewindedurchmesser bezeichnet werden.

Es sollte dich unbedingt interessieren, wie herum das Gewinde aufgeschraubt wird. Ich weiß, es interessiert dich nicht, aber du wirst bestens klarkommen, wenn du davon ausgehst, dass alle Schrauben nach links aufgehen. Bevor du aber loslegst, orientiere dich über deine Position im Hier und Jetzt. Vergiss nicht zu atmen! Kläre unbedingt die Grundbegriffe von rechts und links und entscheide dich dann für auf (links) oder zu (rechts). Da die Schraube festgeklemmt ist, fällt sie dir nicht gleich entgegen, wenn du dich ihr näherst. Je nach Größe der Schraube brauchst du mehr oder weniger Kraft. In den Jahren meiner intensiven Kommunikation mit Schrauben verschiedenster Gesinnung habe ich herausgefunden, dass sie viel weniger auf Kraft reagieren als auf Entschiedenheit. Sag »Ich will!«, und sie liegt dir quasi schon zu Füßen ... Du setzt also deinen Schlüssel an, und – alter Kampfsporttrick – mit dem Ausatmen tust du es dann: Gewicht aufs Werkzeug, es ist toll, schwer zu sein! Knack macht es, und die Schraube ist locker oder du hast sie in der Hand. Dann ist sie abgerissen und du weißt jetzt, dass du stark bist und links doch andersrum ist. Aber verzage nicht! Du musst dein Motorrad deshalb nicht wegwerfen. Jede Schraube geht irgendwie raus. Und nur, weil du eine abgerissen hast, heißt das nicht, dass du dieses kleine Missgeschick dazu benutzen sollst, dich mal wieder dick und hässlich zu fühlen. Das tust du wahrscheinlich eh viel zu oft, auch wenn du nichts falsch gemacht hast. Also Schluss damit! Auf zur nächsten Schraube – es kann ja nur besser werden. Wie herum geht noch mal eine Schraube, das Marmeladen-, das Gurkenglas auf?

Bolzen sind Schrauben ohne Kopf, auch Stiftschrauben genannt.

Muttern sind die zu Schrauben gehörenden Gegenstücke mit Innengewinde.
Es gibt *Vierkant-Muttern*, *Sechskant-Muttern*, *selbstsichernde Muttern* – gehen schwer aufs Gewinde, sobald der Plastikring eingeritzt wird.
Hutmuttern – hübsch! (für verchromte Teile)
Kronenmuttern mit Splint – kommen auf Gewinde, die eine Bohrung (Loch) haben, durch das der Splint gesteckt wird, z. B. Achsmuttern

Flügelmuttern
Werden von Hand festgezogen und zum Einstellen benutzt (Bremsgestänge)

Rändelmuttern
Als Kontermutter bei verstellbaren Schrauben (Kupplungsspiel, Gaszug)

Sicherungen
Sicherungen sollen verhindern, dass sich Verbindungen lösen (vgl. Ehe). Es gibt:

Schraubensicherungen, die die Verklemmung der Gewinde unterstützen – entweder

durch Spannung, Klebstoff (z. B. Loctite) oder dadurch, dass die Muttern mechanisch festgehalten werden.
Schraubensicherung mit Spannkraft – hier verspannt sich ein Gewinde gegen das andere.

Das geschieht z. B. durch *Unterlegscheiben*, umgebogene Sicherungsbleche am Kettenritzel oder die oben genannte *Kronenmutter* mit Splint.

Des Weiteren gibt es *Sicherungen für Wellen und Bohrungen*.

Diese Sicherungen rasten in eine Aussparung auf der Welle oder in der Bohrung ein. Um sie herauszunehmen, musst du sie erstmal finden und dann entweder zusammendrücken oder spreizen.

Sicherungsring für Wellen – Spreizen mit Seegerringzange, das ist eine Spezialzange, deren Spitzen in die Löcher des Seegerringes passen.

Welle
Runde Stange, drehbar gelagert, die eine Antriebskraft weiterleitet. Kommt auch als flexible Welle vor, z. B. Drahtseil, die »Seele« bei der Tachowelle.

Achse
Runde Stange, an die z. B. ein Rad angeschraubt ist, dessen Belastungskraft über die Achse auf ein Lager übertragen wird. Dreht sich nicht.

Lager
Ringförmiges Teil zur Führung von sich drehenden Wellen.

Nut – Längliche Aussparung auf einer Welle oder in einem Balken zur Führung und Befestigung anderer Teile, z. B. mit Hilfe eines Stiftes.

Splint
Sicherungsstift, der durch ein Loch in einen Schraubenbolzen gesteckt wird, um zu verhindern, dass der Bolzen sich löst. Die offenen Enden werden umgeklappt. Zum Lösen müssen die Enden gerade gebogen oder mit einem Seitenschneider abgezwickt werden. Die Schlaufe muss ebenfalls mit dem Seitenschneider herausgehebelt werden. Meist Einwegsplinte. Bei Motorrädern gibt es an der Hinterachsmutter wiederverwendbare Splinte, auch Dauersplinte genannt.

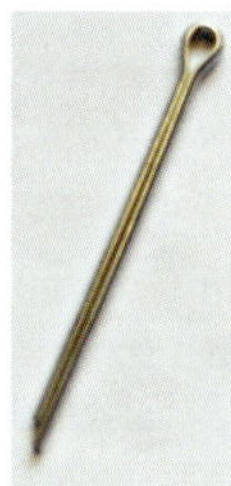

Bohrung
Ein rundes Loch in einer Schraube oder in einem Stück Holz, Blech, Eisen – egal wo drin. Es kann durch etwas hindurchgehen oder nur ein Stück hineinragen. Bohrung heißt es, weil es mit einem Bohrer hergestellt wurde.

Drehmoment
Technische Größe für das, was du dir allgemein unter Kraft vorstellst. Rechnerisch ist es das Produkt aus Kraft und dem Hebelarm, der verwendet wird. Also dein Körpergewicht multipliziert mit der Länge des Schraubenschlüssels. Das Drehmoment wird angegeben in Newton-Meter (Nm). Es ist die Kraft, die du brauchst, um eine Schraube auf- oder zuzumachen. Dabei dient die Messung der Aufmachkraft nur deiner persönlichen Eitelkeit oder der des

jungen oder alten Herrn, der sich da gerade beflissen ins Zeug legt. Das Anzugsdrehmoment einer Schraube spielt jedoch eine ganz große Rolle, wenn es darum geht zu gewährleisten, dass eine Schraube sich weder selbstständig lockern noch überdreht werden soll. Bei Achsmuttern, Bremssattelschrauben und Zündkerzen z. B. werden Anzugsdrehmomente angegeben. Bei Zylinderkopfschrauben müssen sie auch unbedingt eingehalten werden.
Wie fest z. B. 50 Nm sind, bekommst du im Lauf der Zeit ins Gefühl. Wenn du mit diesem Gefühl Schwierigkeiten haben solltest, gibt es ein Werkzeug, mit dem du bestimmte Drehmomente einstellen kannst: Den Drehmomentschlüssel, der leider nicht für die Einstellung aller anderen Gefühle taugt, gibt's in Werkstätten und bei Tankstellen. Du brauchst ihn eigentlich nur selten und dazu würde es genügen, ihn kurz auszuleihen, um einzelne Schrauben nachzuziehen. Hast du allerdings vor, eine aktive Schrauberin zu werden und fehlt es dir bisher an Erfahrung, wie fest fest eigentlich ist, kauf dir ruhig einen und probiere verschiedene Drehmomente aus (siehe Werkzeuge).

Lösen

Als Lösen wird der Vorgang des »Knacks« bezeichnet, und zwar in Richtung »auf«. Im Gegensatz zum Abschrauben wird die Schraube beim Lösen nur gelockert. Irgendwann später wird sie dann meist doch noch abgeschraubt, aber eben erst später, weil sonst alles unkontrolliert auseinander fällt – und genau das wollen wir ja vermeiden.

Dichtungen

Dichtungen sind aus Gummi, Asbest, Papier oder flüssigem, klebrigem Kunststoff. Sie

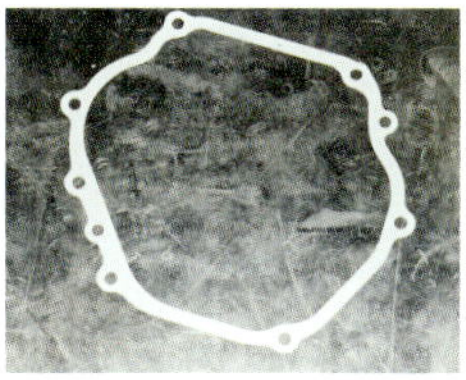

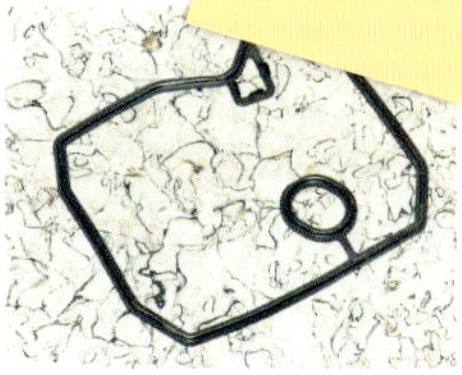

werden verwendet, um miteinander verbundene Teile an den aufeinander liegenden Flächen abzudichten; beispielsweise gegen Öl (Motorgehäuse, Ventildeckel), Benzin (Vergasergehäuse), Wasser (Thermostat), Luft (Ansaugstutzen).
Am bekanntesten ist wohl die Zylinderkopfdichtung, die gegen alles oben Genannte abdichten muss und sich zwischen Zylinderkopf und Motorblock befindet.
Zerlegst du etwas und taucht dabei eine Dichtung auf, sollte diese grundsätzlich ersetzt werden. Wichtig ist, dass die Dichtflächen ganz sauber – sprich fettfrei! – und plan (ohne Kratzer und Riefen) sind. Werden dann die Befestigungsschrauben angesetzt, ziehe sie gleichmäßig und über Kreuz etappenweise fest, damit die Dichtung nicht ungleichmäßig gequetscht wird. Da versteht sie nämlich keinen Spaß, die Dichtung. Einmal falsch gequetscht und gleich wieder undicht!

Spiel

Hat nichts mit Spaß zu tun. In der eher humorlosen Technik bezeichnet das Spiel den Abstand zwischen zwei Teilen. Wenn etwas ein Spiel hat, wackelt es. Das kann sehr wohl beabsichtigt sein (vgl. Ventilspiel). Wie sehr etwas wackeln soll, ist meist in Millimetern angegeben.

Zylinder

Entweder ein Hut oder eine runde Dose. Im Kraftfahrzeugbereich aus irgendeinem Metall.

Kolben
Noch eine runde Dose, die in einen Zylinder passt und sich darin auf und ab bewegt.

Düsen
Die Düse kommt aus Tschechien und heißt eigentlich Schlauch. Gemeint ist damit aber eine Rohr- bzw. Schlauchverengung, die z. B. dazu dient, eine Flüssigkeit über die erhöhte Strömungsgeschwindigkeit an der Verengung in einen gasförmigen Zustand zu bringen oder zu zerstäuben.

Zerstäuben
Eine Art Kompromiss zwischen flüssig und gasförmig - vergleichbar mit Nieselregen.

Bowdenzug
Ein Drahtseil, benannt nach Herrn Bowden. Es läuft in einer starren Führungshülle und soll etwas bewegen. Eine Bremse oder Kupplung oder einen Gaszug.

O-Ring
Wird Oh-Ring gesprochen und ist ein runder, schwarzer Gummiring, mit dem etwas abgedichtet wird.

Hydraulik
Eine ziemlich nasse Angelegenheit. Da hat jemand irgendwann herausgefunden, dass sich Flüssigkeiten nicht zusammenquetschen lassen, sofern keine Luft drin ist. Daraufhin haben sich alle daran gemacht, vielfältige Anwendungsmöglichkeiten auszuprobieren. In der Motorradtechnik wird dieses technische Verfahren angewandt, um mittels einer Flüssigkeit in einem geschlossenen Leitungssystem Kraft zu übertragen (z. B. hydraulische Bremse, hydraulische Kupplungsbetätigung).

Desmodromisch
Das ist ein sehr wichtiges Wort, wenn du schlau mitreden möchtest. Es heißt auf deutsch »zwangsbetätigt« und das wird dieser Begriff meist auch. Selbst der Brockhaus findet ihn anscheinend unter seinem Niveau. Ansonsten fliegt er herum wie Konfetti und landet nicht immer passend. Bei Motorrädern gibt's zwangsbetätigte Gasschieber und Ventile. Wenn du dich bewaffnen möchtest, schau im Kapitel Motor wegen der Ventile und beim Gasseil und bei den Vergasern wegen des Schiebens.

Federn
Wenn sie nicht bunt und puschelig sind, dienen sie nur unbeabsichtigt der Flugtechnik. Sie sind aus Metall und haben eine Spannung. Entweder sind es Ringe, die an einer Stelle offen sind und vielleicht auch verbogen, z.B. Federringe und Kolbenringe. Oder es sind Spiralen, die zusammengedrückt oder auseinander gezogen werden können, so genannte Zug- und Druckfedern. Am Federbein der Hinterradaufhängung siehst du ein schönes, großes Exemplar.

Werkzeuge

Die Benutzung von Werkzeug will gelernt sein wie das Essen mit Hammer und Sichel. Wenn du die Wahl hast, verwende lieber einen Ring- als einen Gabelschlüssel, denn beim Ringschlüssel verteilt sich die Kraft auf den ganzen Schraubenkopf und er rutscht nicht so leicht ab. Die Gefahr, dass die Schraube beschädigt wird und du auch, ist geringer.

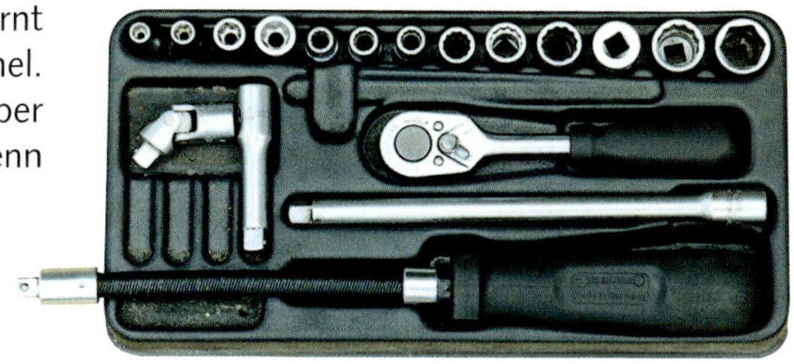

Bei **Sechskantschrauben** und Muttern nimm den kleinsten Schlüssel, der gerade noch passt. Bei einer Schlüsselweite größer verkantet der Schlüssel und rundet die schönen Ecken des Sechskants ab. Ich habe beobachtet, dass die Qualität von Schrauben meistens überschätzt wird. Gerade bei Motorrädern werden sehr weiche Schrauben verbaut.

Bei **Inbusschrauben** ist besonders wichtig, dass der Schlüssel tief im Sechskant oder Vielzahn sitzt. Oft ist die Schraube verschmutzt, deshalb schlag das Werkzeug zuerst mit dem Hammer fest in den Schraubenkopf.

Bei **Schlitzschrauben** ist der größtmögliche Schraubendreher der beste. Damit der Schraubendreher nicht abrutscht, verwende die meiste Kraft auf den Druck. Bei Kreuzschlitzschrauben kannst du notfalls (!) auch einen Schlitzschraubendreher verwenden, wenn er besser passt.

Der **Ratschenkasten** bietet tolle Kombinationsmöglichkeiten. Die Ratsche ist der Griff, an dem die Drehrichtung eingestellt wird. In die jeweils andere Richtung dreht die Ratsche leer durch und macht dabei Ratschgeräusche. (Sie möchte sich mit dir unterhalten.) Du musst das Werkzeug also nur einmal ansetzen und kannst dann losschrauben. Auf die Ratsche kannst du so genannte Nüsse aufstecken, die es in Sechskant-, Vielzahn- und Inbusausführung gibt. In kleinen Ratschenkästen befinden sich oft auch Schlitz- und Kreuzschlitzaufsätze, die taugen aber meistens nichts. Ein Vorteil der Ratsche ist, dass du zwischen die Ratsche und die Nuss Verlängerungsstücke stecken kannst. Das erleichtert das Schrauben enorm, wenn die Schraube schwer zugänglich ist. Dabei kann auch das im Ratschenkasten befindliche Gelenk helfen. Das soll aber nicht dazu dienen, im 90-Grad-Winkel oder noch steiler zu schrauben. Ratschenkästen gibt es in verschiedenen Größen und in sehr unterschiedlicher Qualität.
Beim Motorrad brauchst du vor allem:
Sechskant-Nüsse: 8, 10, 11, 12, 13, 14, 15, 16, 17, 19, 22, 24, 27, 30 mm
Inbus-Nüsse: 4, 5, 6 , 8, 10 mm
Es gibt drei Anschlussgrößen sowie Adapter. Empfehlen würde ich die kleine Größe, weil sie am ehesten ins Bordwerkzeug integrierbar ist. Du kannst jede Nuss auch einzeln kaufen – so wie alle Schraubenschlüssel, Schraubendreher und Zangen. Inbusschlüssel und Durchschläge gibt's üblicherweise im

Set. Kaufhäuser und Baumärkte bieten günstiges Werkzeug an. Markenwerkzeuge gibt's in Werkzeuggeschäften oder Autozubehörläden. Zu jedem Motorrad wird vom Hersteller ein Bordwerkzeug mitgeliefert. Es lohnt sich, dieses auszuprobieren und ggf. um dieses oder jenes zu ergänzen: Gute Zangen fehlen meistens. Japanisches Bordwerkzeug wirst du nach der ersten Benutzung wahrscheinlich sowieso erneuern ...

Taschenlampe

Das wichtigste Werkzeug überhaupt! Sie ermöglicht dir, deine Baustelle erst einmal genau zu betrachten. Sehr beliebt sind zurzeit Schlüsselanhänger, sogenannte LED-Lenser, auch Photonenpumpen genannt. Sie leuchten sehr hell und ausdauernd. Die kleinen für die Handtasche werden mit teuren Knopfzellen gefüttert, die für den Tankrucksack fressen Babyzellen.

Schlüssel

Gabelschlüssel für Vier- und Sechskantschrauben

(Gerader) *Ringschlüssel* für Sechskantschrauben.

Benutze den kleinstmöglichen Schlüssel und lieber Ring als Gabel. Es gibt beide Varianten auch kombiniert als *Gabelringschlüssel*.

Außerdem gibt es *gekröpfte Ringschlüssel*. Hier empfehle ich: SW 8, 10 (2x), 11, 12, 13 (2x), 14, 15, 17, 19, 22, 24 mm

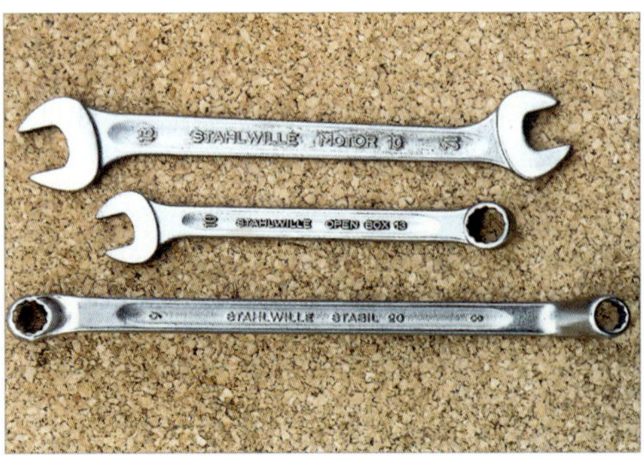

Gabel-, Gabelring- und (gekröpfter) Ringschlüssel

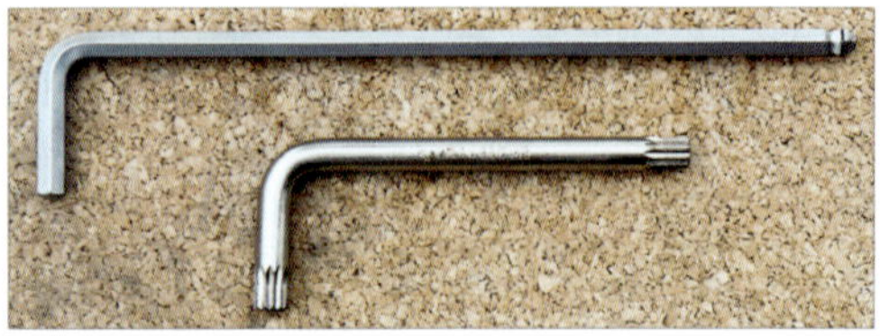

Inbusschlüssel für Innensechskant - benutze den größtmöglichen Schlüssel; und Innenvielzahn

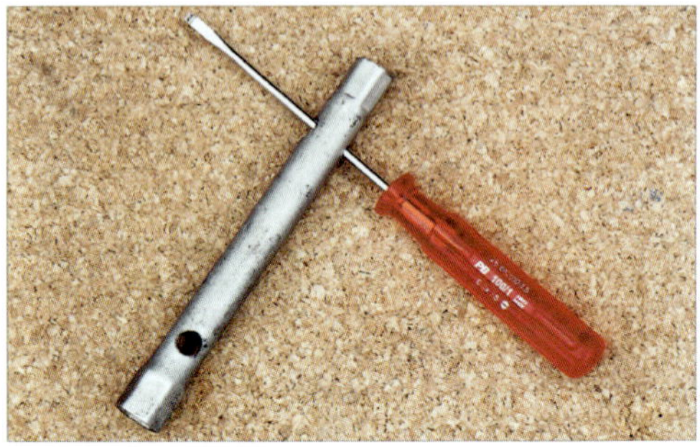

Zündkerzenschlüssel - im Bordwerkzeug, sonst als Ratschen-Nuss in verschiedenen Größen vorhanden

Schraubendreher

Es gibt zwei *Kreuzschlitzsysteme:* Philips-Rexcess, das verbreitetste System, unter »Kreuzschlitz« bekannt.

Pozidriv oder Supadriv: Zusätzlich zum Kreuzschlitz ist noch ein diagonaler Schlitz eingeritzt. Kommt im Fahrzeugbau bisher kaum vor, eher im Holzbereich.

Befinden sich in deiner Kiste Werkzeuge verschiedenster Quellen - geerbt, geklaut, gefunden, gekauft -, kann es passieren, dass sich auch ein Pozidriv in die Kiste verirrt hat. Achte darauf, dass du zur Schraube passende Schraubendreher verwendest. Kreuzschlitzschrauben kommen wie Vulkanetten schon beleidigt auf die Welt. Sei also lieb zu ihnen.

Von links: Torx-, Schlitz-, Schlitz-, und Kreuzschlitzschraubendreher

Lüsterklemmenschraubendreher sind kleine Schlitzschraubendreher für die so genannten

Lüsterklemmen (links), mit denen elektrische Leitungen verbunden werden, z. B. bei der Küchentischlampe zu Hause.

Schlagschraubendreher – Dieses Spezialwerkzeug kann mit verschiedenen Schraubendreheraufsätzen, Bits, versehen werden und eignet sich hervorragend zum Öffnen zu fest gezogener oder festgerosteter Schlitz- und Kreuzschlitzschrauben: Du setzt das Gerät auf die Schraube und schlägst mit einem Hammer kräftig drauf. Durch einen Mechanismus im Schlagschraubendreher wird bei jedem Schlag gleichzeitig eine Drehbewegung ausgeführt. Funktioniert prima.

Zangen

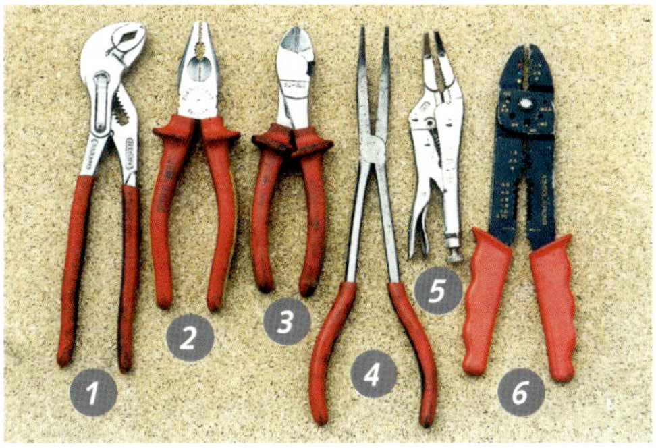

1 *Wasserpumpenzange* – zum Festhalten oder Zusammendrücken
2 *Kombizange* – zum Festhalten, Verbiegen
3 *Seitenschneider* – zum Durchtrennen
4 *Spitzzange* – zum Festhalten
5 *Gripzange* oder *Feststellzange* – zum noch stärkeren Festhalten oder Schlauch abklemmen
6 *Kabelzange* – zum Abisolieren von Kabeln, zum Durchschneiden von Kabeln/Drähten und zum Zusammenklemmen von Kabelschuhen

Hammer

Bei der Benutzung gilt die Regel: Der Werkstoff, auf den du schlägst, sollte härter sein als der Hammer.
Eisenhammer: für massive Stahlteile oder zum Blechbiegen
Kupfer/Aluhammer: für Schrauben, Achsbolzen
Gummihammer: für Gussteile

Durchschläge und Körner

Gibt es als Set. Mit ihnen kannst du Stifte herausschlagen, die einen kleineren Durchmesser haben als deine Schraubendreher (z. B. beim Bremsklotzwechseln).

Der Körner ist ein spitzer Durchschlag, mit dem du Markierungen in Teile schlagen kannst, die du später wieder in einer bestimmten Stellung zueinander einbauen willst. Außerdem eignet er sich hervorragend dazu, vor dem Bohren mit der Bohrmaschine einen Körnerschlag in das zu bohrende Material zu setzen, der verhindert, dass der Bohrer abrutscht.

Fühlerlehren

Das sind dünne Stahlstreifen, so wie Mundspachtel, aber in verschiedenen Dicken. Mit ihnen kannst du zwar fühlen, aber nicht lehren, sondern messen: wie groß ein Spalt zwischen zwei Teilen ist, und zwar in 500stel-mm-Abständen. Fühlerlehren sind nicht gern allein, deshalb gibt es sie als Set. Du brauchst sie, um den Elektrodenabstand der Zündkerzen zu kontrollieren oder zum Ventile- und Unterbrecherabstand messen. Bevor du ein Fühlerlehren-Set kaufst, erkundige dich, ob dein Motorrad schon Hydrostößel hat beziehungsweise mit Einstellplättchen ausgestattet ist und ob es eine kontaktlose Zündung hat. Sollte das nämlich der Fall sein, gibt's da nix mehr einzustellen, oder du kannst es zumindest nicht selbst

machen. Nur um die Zündkerzen zu kontrollieren, würde ich keine Fühlerlehre kaufen, sondern lieber öfter mal Zündkerzen. Ist das Motorrad gesund, freut sich die Frau.

Prüflampe

Lust auf elektrische Fehlersuche? Dann ist der Besitz einer Prüflampe Voraussetzung. Da heute alle Motorräder mit elektronischen Bauteilen ausgestattet sind, empfiehlt sich die Anschaffung einer *Diodenprüflampe*. Die ist teurer als die gute alte *Fadenlampe*, verhindert aber, dass bei Fehlmessungen elektronische Bauteile zerstört werden.

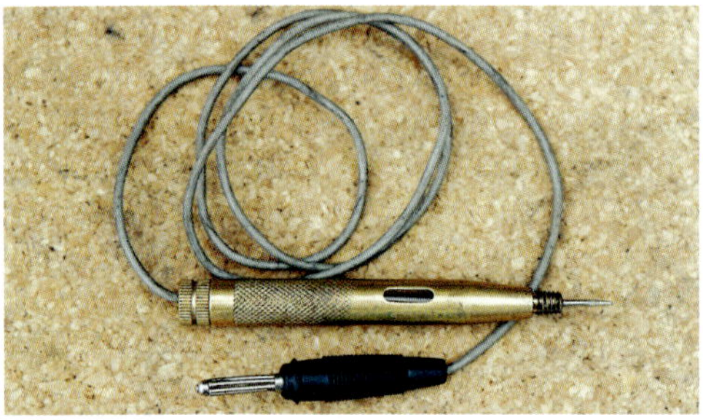

Drehmomentschlüssel

Für alle, die noch keine Erfahrungswerte haben und weder über das Abreißen von Schrauben lernen wollen, was zu fest ist, noch ihrem Vater oder ersatzweise Freund das letzte Wort überlassen wollen, ist ein Drehmomentschlüssel eine gute Hilfe. Es gibt Drehmomentschlüssel in verschiedenen Längen für verschiedene Drehmomentbereiche. Fürs Motorrad reicht ein Drehmomentschlüssel im Bereich von 20 Nm bis 50 Nm; das ist eine kleine, handliche Ausführung. Die zwei Schrauben, die in diesem Buch mit stärkerem Drehmoment angegeben sind, kannst du einfach mit »voller Kraft« anziehen. Ansonsten geben wir bei der Beschreibung der Wartungsarbeiten als Orientierungshilfe Drehmomentmittelwerte an.

Rostlöser

So eine Art Rescue-Tropfen für traumatisierte Schrauben, die sich total blockiert fühlen. Gibt es auch im 21. Jahrhundert immer noch in Sprühflaschen. Oder in Kanistern zum Nachfüllen für Handpumpen – allerdings in ziemlich großen Abfüllmengen. *Caramba, Sonax, WD 40, das blaue Wunder*, so heißen die gängigen Zaubermittel.

Kontaktspray

Eine Art Mundwasser für elektrisierende Situationen. Das kannst du auf elektrische Anschlüsse und in Stecker sprühen, um Oxidationen zu beseitigen, die den Stromfluss behindern. Wirkt gleichzeitig imprägnierend gegen Feuchtigkeit, was erneuter Oxidation vorbeugt. Viele Rostlöser sind auch als Kontaktspray zu verwenden.

Unsichtbarer Handschuh

Keine Magie, sondern Schutzcreme für die Hände, die verhindert, dass sich der Dreck in die Haut frisst. Gibt es in Baumärkten und in Drogerien.

Handwaschpaste

Sieht aus wie Weizenkleie, schmeckt aber noch fader. Mischung aus grobkörnigem Sand und Seife, die außerordentlich gut reinigt. Überall da erhältlich, wo es auch den unsichtbaren Handschuh gibt.

Führerscheine

Waren vor einigen Jahren die weiblichen Motorradführerscheinanwärter noch deutlich in der Unterzahl, kann davon heute nicht mehr gesprochen werden. In manchen Fahrschulen erwerben fast genauso viele Frauen wie Männer die begehrte Lizenz zu Freiheit und Abenteuer. Dennoch sind es allgemein immer noch mehr Männer als Frauen, die Motorradfahren lernen. Ob das daran liegt, dass es zu wenig Fahrlehrerinnen gibt? Fahrlehrerinnen sind rar. Wenn du Wert auf eine Fahrlehrerin legst, musst du vielleicht eine etwas längere Anfahrt zu deiner Fahrschule in Kauf nehmen. Laut Fahrlehrerverband gibt es zirka 3 bis 5 % Fahrlehrerinnen in Deutschland. Dies ist eine Schätzung. Genaue Daten liegen nicht vor. Bekannt ist allerdings, dass es in den neuen Bundesländern mehr Fahrlehrerinnen gibt als in den alten. Warum das so ist? Hier kann wiederum nur munter interpretiert werden.

Lust auf FF – Führerschein in den Ferien? 1992 gründeten Ute Wolf und Ellen Bach die erste FrauenFerienFahrschule in Deutschland. Seit 1995 werden zwei- bis dreiwöchige Wochenkurse für die Motorradausbildung angeboten. Um das Urlaubsgefühl in Rheinhessen perfekt zu machen, können die Frauen in einem hübschen Holzhaus wohnen. Ute Wolf und Ellen Bach sind überzeugt davon, dass Fahrlehrerinnen über besonders gute soziale und pädagogische Kompetenzen verfügen. Vor allem glauben sie, dass Fahrlehrerinnen mit ihren Fahrschülerinnen »eine Sprache sprechen« – und ihre tägliche Praxis gibt ihnen Recht.
Kontakt: auto-mobile-Frauen.de,
FrauenFerienFahrschule.de;
auto-mobile-frauen@t-online.de

Mittlerweile gibt es noch eine Reihe anderer Frauenfahrschulen. Am besten du machst diesbezüglich einen Ausflug ins Netz.

Viele der von uns befragten Motorradfahrerinnen haben ihren Führerschein »in einem Aufwasch« zusammen mit dem Autoführerschein gemacht. Fast genauso viele haben den Führerschein zu einem anderen Zeitpunkt gemacht. Mit 46 oder 32, mit 29 oder 58. Für viele Frauen bedeutete dieser »späte« Führerschein auch etwas Besonderes. War ein Symbol. Das mögen Frauen ja. Symbole setzen im Leben. Bei der einen war es ein Schritt in die Selbstständigkeit, eine andere wollte sich – und/oder anderen – etwas beweisen, wieder eine andere hatte keine Lust mehr darauf, ewig in der zweiten Reihe zu sitzen und nahm den Motorradführerschein auch zum Anlass, ihr ganzes Leben unter diesem Aspekt zu verändern. Oftmals erfüllen sich Frauen mit dem Motorradführerschein einen großen Wunsch, holen einen Traum in die Wirklichkeit.
Natürlich gibt es auch eine Menge Frauen, die den Führerschein schlicht und einfach aus dem Grund machen, weil sie Lust darauf haben. Wir glauben, dieses Motiv ist bei Männern das am meisten verbreitete. Wir glauben nicht, dass der Motorradführerschein für Männer symbolhaften Charakter hat. Sie machen ihn einfach. Weil sie Bock drauf haben. Basta. Sie stoßen auch auf weniger Widerstand innerhalb der Familie als junge Frauen. Immerhin hat sich hier in den letzten Jahren einiges getan: Bei unserer Fragebogenaktion vor rund zehn Jahren hieß es noch: »Jessasmariaundjosef, ein Einser!«
Als wir 1968, Susa war damals vier, mit der

APO auf den Straßen demonstrierten, begegneten wir nur selten einer Motorradfahrerin, und das war immer dieselbe. Genau genommen hatte sie ein Trike. Heute gehören motorradfahrende Frauen genauso zum Straßenbild wie Vierjährige auf Buggys. Was haben Frauen und Vierjährige gemeinsam? Eltern, die sich Sorgen machen!
Eine Frau, die den Führerschein vor mehr als 20 Jahren gemacht hat, schrieb: »Als ich den Motorradführerschein durchgesetzt hatte, musste ich ab sofort zu Hause Kostgeld zahlen. Mein Bruder übrigens nicht.« Was für Brüder selbstverständlich ist, gilt nicht unbedingt für Schwestern. Damals wie heute. Andererseits haben viele ältere Brüder den Weg für ihre Schwestern geebnet. Wir stellen jedenfalls fest: Heute scheinen die meisten Eltern den Motorradführerschein ihrer Töchter gelassener wegzustecken. Liebe Eltern, weiter so!

Interessant finden wir, dass sich fast alle frisch gebackenen Motorradführerscheininhaberinnen sofort nach der bestandenen Prüfung ein Motorrad zulegen. Die meisten Frauen aus unserer Fragebogenaktion starteten mit einem gebrauchten Motorrad. Nach einer Weile Fahrpraxis wechselten sie dann oft zu einer neuen Maschine. Hier kommen auch wieder die Brüder ins Spiel. Sie nämlich leihen ihren Schwestern oft Motorräder, wenn diese nicht gleich nach dem Führerschein die finanziellen Möglichkeiten dazu haben. Und natürlich Freunde. Viele Frauen erlangen ihre erste Fahrpraxis auf den Motorrädern ihrer Freunde/Partner/Lebensgefährten/innen oder wie auch immer sie sie nennen: Bärli, Schatzi, Liebling, Hobbel, Hase, Mäuserich, Katerchen, womit wir wieder bei der Zoologie wären.

Wir haben den Eindruck, dass sich heute wesentlich mehr Frauen als noch vor zehn Jahren direkt nach der Führerscheinprüfung ein neues Motorrad kaufen. Das mag daran liegen, dass die Frauen inzwischen besser verdienen und mehr Spielraum haben, Geld auszugeben – oder die Bereitschaft größer ist, sich an Prestigeobjekten und Statussymbolen zu erfreuen.
Manche Frauen, die wir befragten, haben sehr lange gewartet, ehe sie sich den Traum vom eigenen Motorrad erfüllten. 10, 20, in einem Fall sogar 25 Jahre! Dafür ist die Liebe nun umso größer und wird auch bei Schnee und Eis heiß ausgelebt.

Fahrsicherheitstrainings

Ein abwechslungsreicher Tag! Du wirst mit Gefahrensituationen vertraut gemacht und trainierst, deine Reaktionsweise in eine klinisch getestete Reihenfolge zu bringen. Genussvolles Kurvenfahren, Schräglage, Ausweichmanöver, Einlenkpunkt und richtige Kurvenlinie gehören zum Übungsprogramm. Und natürlich das optimale Bremsen. Unbedingt zu empfehlen. Gemischte Kurse werden häufig angeboten – vor allem von den Automobilclubs. Kurse für Frauen sind schwerer zu finden. Am besten, du wendest dich an die Frauenmotorradclubs.

In Europa gibt es enorme Unterschiede bei der Führerscheinregelung. Italienerinnen dürfen bereits mit 14 Jahren 50-ccm-Mopeds fahren, und der Schein ist vielleicht sogar vom gesparten Taschengeld erschwinglich – er kostet zirka 200 Euro. Wenn die Italienerin dann mit 18 Jahren einen Autoführerschein hat, braucht sie für den Motorradführerschein (Klasse »A2«, bis 34 PS) lediglich eine praktische Prüfung abzulegen, was das Taschengeld nur geringfügig über- oder belastet – mit etwa 300 Euro.
Auch in Griechenland oder Großbritannien gibt es den Führerschein günstig – im Gegensatz zu Deutschland, wo 16-jährige Mopedfans, beziehungsweise deren Omas, tief in die Tasche greifen müssen. Je nachdem, wo sie wohnen, kann es noch ein

bisschen tiefer werden, denn die regionalen Abweichungen sind enorm. Eine 45-minütige Motorrad-Fahrstunde kostet in einer deutschen Fahrschule zwischen 30 und 60 Euro. Hinzu kommen Grundgebühr, Prüfungsgebühren, Lernunterlagen sowie die Kosten für den Erste-Hilfe-Kurs und den Sehtest. Es ist nicht möglich, kurz ins günstigere Ausland auszuweichen, um den Führerschein zu machen. Er ist dort zu erwerben, wo die Fahrerin ihren Wohnsitz hat.

In Luxemburg ist übrigens ein Fahrsicherheitstrainig vorgeschrieben, was wir für sehr sinnvoll halten.

Übrigens: In Schweden wurde 1998 vom Parlament ein Gesetz verabschiedet, wonach es ab dem Jahr 2015 untersagt ist, im Straßenverkehr ums Leben zu kommen. Die von Claes Tingval entwickelte Vision Zero besteht aus Maßnahmen, die mit verhältnismäßig wenig Aufwand den Straßenverkehr sicherer machen. Zum Beispiel: gegnerische Fahrbahnen werden voneinander getrennt, Überholen an Bushaltestellen wird verunmöglicht etc. Österreich und die Schweiz haben dieses Gesetz mittlerweile übernommen. Nur unser großer Kanton hinkt etwas hinterher ...

Deutschland

Führerscheinklasse	*Mindestalter*	*Theorieunterricht*	*Fahrstunden*	*Kosten*
M (Kleinkrafträder bis 50 ccm und maximal 45 km/h)	16 Jahre	14 x 90 Min.	Individuelle Grundausbildung	ab ca. 500 Euro
A1 (Leichtkrafträder bis 125 ccm, 15 PS und bis zum 18. Lebensjahr maximal 80 km/h)	16 Jahre	16 x 90 Min.	12 x 45 Min. plus individuelle Grundausbildung	ab ca. 1200 Euro
A »beschränkt« (zwei Jahre lang Motorräder bis 34 PS bei einem Leistungsgewicht von maximal 0,16 kW pro Kilogramm, danach alle Motorräder)	18 Jahre	16 x 90 Min.	12 x 45 Min. plus individuelle Grundausbildung	ab ca. 1500 Euro
A »unbeschränkt« (Direkteinstieg für alle Motorräder)	25 Jahre	16 x 90 Min.	12 x 45 Min. plus individuelle Grundausbildung	ab ca. 1500 Euro
Erweiterung von A1 auf A	18 Jahre	10 x 90 Min.	6 x 45 Min.	ab ca. 800 Euro

Österreich

Führerscheinklasse	*Mindestalter*	*Voraussetzungen*	*Kosten*
Moped 50 ccm, maximal 45 km/h	16 Jahre (Ausnahmeregelung: 15 Jahre)	8 Stunden Theorieunterricht plus Mopedprüfung bei Fahrschule oder Automobilclub oder Besitz eines anderen Führerscheins oder Mindestalter: 24 Jahre	ab 50 Euro
Leichtmotorrad max. 125 ccm, 11 kW	Nur in Verbindung mit Klasse B, 23 Jahre	Mindestens 5 Jahre Besitz einer Lenkberechtigung Klasse B, praktischer Fahrunterricht: 6 Std. in Fahrschule oder Automobilclub, Eintragung des Codes 111 in den Führerschein	ca. 210 Euro
A-Schein Vorstufe, bis 25 kW, max. 0,16 kW/kg Leistungsgewicht	18 Jahre	26 Unterrichtseinheiten Theorie allgemein, 8 für Klasse A, 12 Fahrstunden, Erste-Hilfe-Kurs, Fahrsicherheitstraining, verkehrspsychologisches Gruppengespräch	ca. 750 Euro
Klasse A-Schein für alle Motorräder	20 Jahre	2-jähriger Besitz des Führerscheins Vorstufe Klasse A oder die gleichen Voraussetzungen wie beim Erwerb des Führerscheins Vorstufe Klasse A oder Besitz des Führerscheins B seit 5 Jahren plus 6 Fahrstunden für Klasse A	ca. 750 Euro

Für etwa 330 Euro kann eine Fahrerlaubnis für ein Microcar mit oranger Tafel erstanden werden.
Interessant für Wienerinnen: Bei der Fahrschule u3ver gibt es Motorradkurse von Frauen für Frauen. Wer sich als rechtmäßige Eigentümerin eines neuen Frauenmotorradhandbuches ausweisen kann, bekommt bis zu 10 % Rabatt auf alle Motorradführerscheine!
Kontakt: www.u3ver.at, office@u3ver.at

Schweiz

Führerscheinklasse	*Mindestalter*	*Voraussetzungen*	*Fahrstunden*	*Kosten*
A1, bis 50 ccm, max. 11 kW	16 Jahre	Verkehrskunde-unterricht	8	ca. 1000 Franken
A1 bis 125 ccm, max. 11 kW	18 Jahre	Verkehrskunde-unterricht oder bereits Autoführer-schein vorhanden, trotzdem 8 Fahr-stunden, aber keine Prüfung nötig	8	ca. 360 SFR (+ 640 SFR) falls noch kein Auto-führerschein vorhanden)
A beschränkt, über 125 ccm, max. 25 kW (0,16 kW pro Kilo)	18 Jahre	Verkehrskunde-unterricht	12	ca. 540 (+ 640 SFR) falls noch kein Auto-führerschein vorhanden)
A ohne Leistungsbe-schränkung	25 Jahre	Verkehrskunde-unterricht bzw. zweijähriger Besitz von A1	12	ca. 690 Franken

Lernfahrten dürfen allein gemacht werden. Die Prüfung und die Fahrstunden können im eigenen Fahrzeug absolviert werden. Vom Sehtest sind die Schweizerinnen nicht befreit – allerdings sind unter anderem Schweizer Ärztinnen, Zahnärztinnen und Tierärztinnen vom Erste-Hilfe-Kurs (Nothelferkurs) freigestellt.

Die Theorieprüfung und der Nothelferkurs müssen abgelegt werden, bevor die Fahrerlaubnis (Lernfahrausweis) beantragt werden kann.

Motor – Definition und Einteilung

Ein Motor ist eine Metallkiste, in der sich etwas bewegt. Im Motor wird die chemische Energie des Kraftstoffes über dessen Verbrennung in Wärmeenergie verwandelt, um anschließend in mechanische Bewegungsenergie umgesetzt zu werden. Problematisch ist dabei die Umwandlung von Wärme in Bewegung.
Wenn du für einen Euro tankst, kannst du für 24 bis maximal 30 Cent fahren, der Rest verpufft als Wärme.
Motoren, an denen du dich verbrennen kannst, heißen Verbrennungsmotoren. Unter medizinischen und ökologischen Aspekten betrachtet gehören sie verboten und von der Energiebilanz her sind sie so unrentabel wie die Deutsche Bahn .
Außerdem gibt es noch Dampfmaschinen und Elektromotoren. Sie finden zurzeit im Motorradbau keine Anwendung. Dampfmotorräder gab es aber mal.

Bei den Verbrennungsmotoren wird in einem abgeschlossenen Raum, dem Zylinder, eine Mischung aus Luft und Kraftstoff zur Explosion gebracht. Je nachdem, wie diese Explosion ausgelöst wird, handelt es sich um einen Diesel- oder einen Otto-Motor. Beide sind nach ihren Entwicklern benannt.

Beim Dieselmotor entzündet sich das Kraftstoff-Luft-Gemisch von selbst. Beim Otto-Motor muss die Verbrennung im Zylinder durch einen Zündfunken ausgelöst werden. Die Arbeitsweise beider Motoren ist in etwa gleich, beide sind so genannte 4-Takt-Motoren. Der Unterschied besteht in der Zusammensetzung des jeweiligen Kraftstoffes, wobei anstelle von Benzin auch Erdgas verwendet werden kann.
Des Weiteren werden auch noch 2-Takt-Motoren gebaut. Sie machen das Gleiche wie 4-Takt-Motoren, nur doppelt so schnell.

Anwendungen
Dampfmaschine – Dampflok
Elektromotor – Straßenbahn, Fön, Anlasser
Dieselmotor – Lkw, Pkw, Enfield-Robin Diesel-Motorrad, Schiffsmotoren, Stromaggregate
Wankelmotor – exotische Pkw (RO 80, Mazda RX5)
Otto-4-Takt-Motor – Pkw, Motorräder, große Roller, Bootsmotoren
Otto-2-Takt-Motor – Mofas, kleine Roller, Trabbis, Rasenmäher, Kettensägen, Außenborder-Bootsmotoren

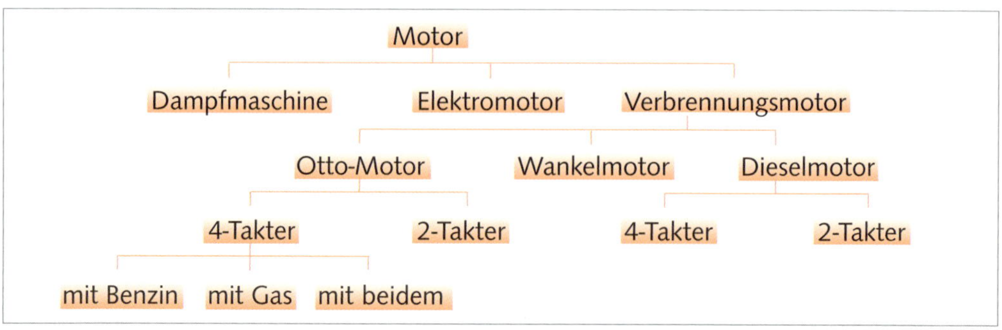

Luftgekühlte Zylinder

Wassergekühlte Zylinder

Verbrennungsmotoren werden durch die Verbrennung sehr heiß und müssen deshalb gekühlt werden.

Beim Kühlsystem wird unterschieden zwischen *luftgekühlten Motoren*, das sind die mit den vielen Kühlrippen, und *wassergekühlten Motoren*, die haben vorne einen Kühler und werden in der norddeutschen Motorradliteratur auch abfällig als Güllepumpen bezeichnet. Je nach Anzahl der Zylinder gibt es bei Motorrädern 1-, 2-, 3-, 4- und 6-Zylinder-Motoren. Das erkennst du an der Anzahl der Auspuffrohre, die aus dem Motor kommen. Für jeden Zylinder gibt es ein Rohr, auch wenn eventuell mehrere Auspuffrohre in einen Schalldämpfer münden. Allerdings gibt es viele Einzylinder-Maschinen, die zwei Auspuffrohre haben. Da kannst du dann nicht mehr erkennen, wie viele Zylinder es tatsächlich sind. Sobald ein Motor mehr als einen Zylinder hat, wird nach der Anordnung unterschieden.

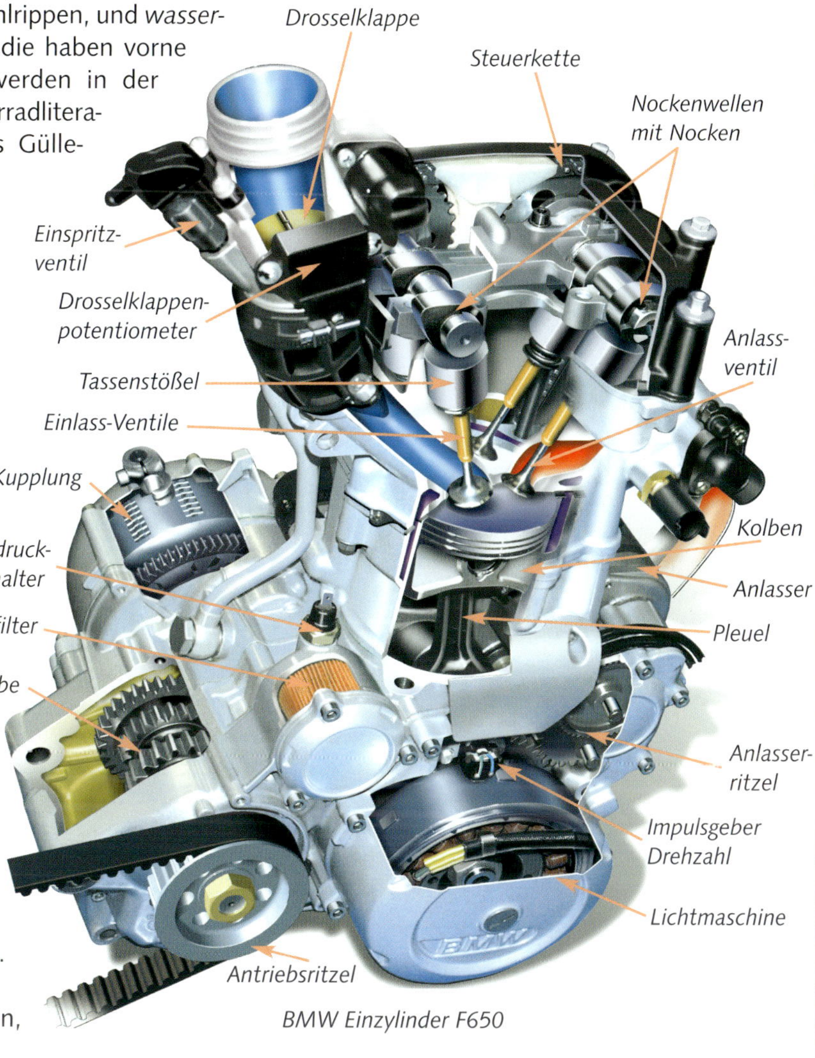

BMW Einzylinder F650

BMW K-Reihe

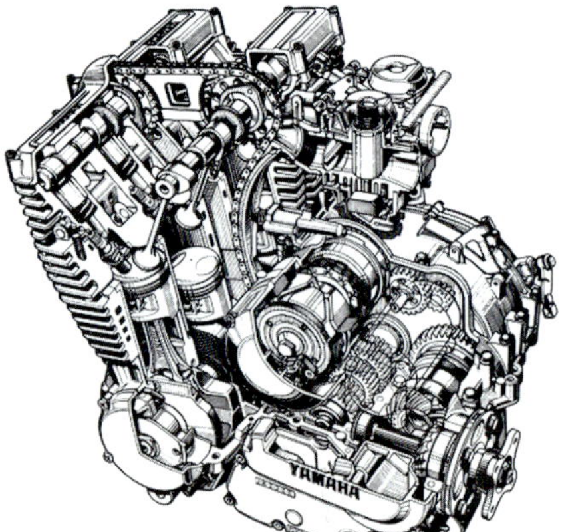

Yamaha 650

V-Motor Harley-Davidson

Reihenmotoren
Die Zylinder befinden sich nebeneinander
- oft wassergekühlt
- *liegend:* BMW K-Reihe
- *stehend:* Yamaha XJ 750

V-Motoren
Die Zylinder stehen in V-Form oben auseinander.
V-Motor – *längs eingebaut,* oft bei Choppern: Suzuki Intruder; Honda Shadow, Yamaha Virago, Harley-Davidson
quer eingebaut: Moto Guzzi, Honda CX

Boxermotoren
Zylinder liegen sich gegenüber.
Boxermotor – BMW R und Honda Gold Wing.

Aufbau des 4-Takt-Otto-Motors
Die Bezeichnung 4-Takt-Motor bedeutet, dass vier Takte notwendig sind, damit einmal gearbeitet wird. Ein Takt ist ein Vorgang im Zylinder und gibt die Zeit an, die der Kolben braucht, um sich von oben nach unten zu bewegen, bzw. von unten nach oben. Arbeiten heißt, es wird Energie freigesetzt, gemeint ist der Takt, in dem das Kraftstoff-Luft-Gemisch explodiert.
Um zu sehen, was da im Motor passiert, musst du ihn zerlegen oder eben aufschneiden. Dann sieht es so aus wie auf der Abbildung.

Arbeitsweise des Otto-Motors
Aufbau
Ein Zylinder ist eine runde, längliche Dose, in diesem Fall aus Metall. Oben im Dosendeckel, dem Zylinderkopf, befinden sich eine Zündkerze und zwei Öffnungen. Durch die eine Öffnung kann das Benzin-Luft-Gemisch in den Zylinder gelangen. Durch die andere verlassen die verbrannten Abgase den Brennraum und werden durch den Auspuff an die bis dato frische Luft gesetzt.
In beiden Öffnungen, dem Einlass- und dem Auslasskanal, befinden sich Ventile, die je nach Anforderung den Kanal öffnen oder schließen. Sie heißen Einlass- und Auslassventil. In ihrer Ruhestellung sind sie geschlossen. Das bewirken die Ventilfedern. Erst wenn der Kipphebel über den an der Nockenwelle befindlichen Nocken bewegt

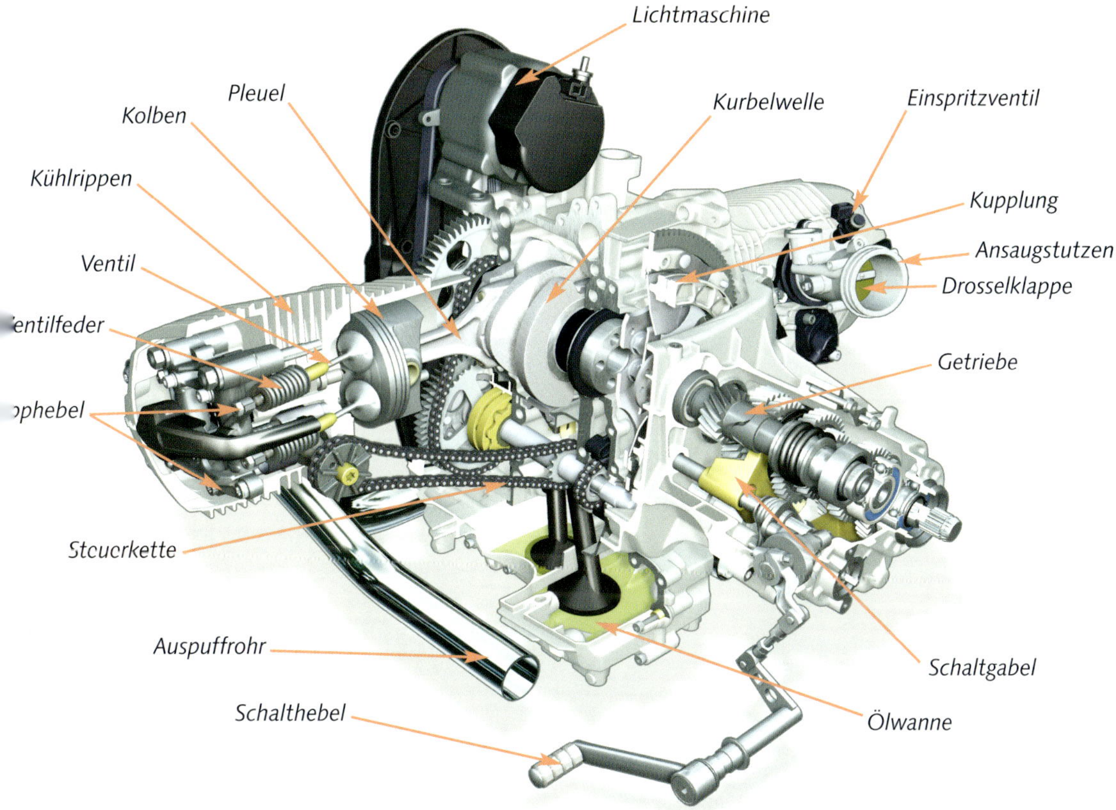

Boxermotor BMW R 1200 GS

wird, drückt er auf das Ventil und es wird in den Zylinder hinein geöffnet. Nocken sind übrigens Kreise mit einer Beule.
Der Kipphebel schleift auf dem sich drehenden Nocken. So lange der Nocken rund ist, passiert gar nichts. Erst wenn die Beule kommt, wird der Kipphebel angehoben. Oft ist es so, dass es keine Kipphebel gibt und der Nocken direkt auf das Ventil drückt (dohc).
Im Zylinder befindet sich ein Kolben. Das ist eine andere runde Dose, die so in den Zylinder passt, dass möglichst kein Zwischenraum besteht, sie sich aber darin bewegen kann. Da sich Metallteile bei Erwärmung ausdehnen, und zwar alle unterschiedlich stark, muss ein kleiner Spalt zwischen Kolben und Zylinder verbleiben. Um den Kolben trotzdem gegen die Zylinderwand abzudichten, ist er mit so genannten Kolbenringen ausgestattet. Das sind federnde Ringe, die sich den Unebenheiten im Zylinder anpassen.
Am Kolben ist eine drehbar gelagerte Pleuelstange befestigt, die am unteren Ende auf die Kurbelwelle geschraubt ist. Die Kurbelwelle wiederum ist ein unförmiges Gebilde, dessen Stangenform fast nicht zu erkennen ist. Das liegt daran, dass die Pleuelstange nicht einfach in der Mitte draufgeschraubt wird, sondern auf den äußeren Radius (s. rechts oben und Abb. Arbeitstakt). Damit die Welle nicht eiert, wird auf der gegenüberliegenden Seite ein Ausgleichsgewicht angebracht (Kurbelwange).
Warum nur dieses Theater, fragst du zu Recht, und da sind wir schon bei der ersten großen Faszination des Motors. Der Kolben bewegt sich im Zylinder herauf und herunter. Anders kann er ja nicht. Nun soll aber an den Rädern unseres Motorrades keinesfalls eine Rauf- und Runterbewegung stattfinden. Die Umwandlung der geradlinigen Kolbenbewegung in eine Drehbewegung ergibt sich daraus, dass die Pleuelstange außermittig auf der Kurbelwelle befestigt ist.

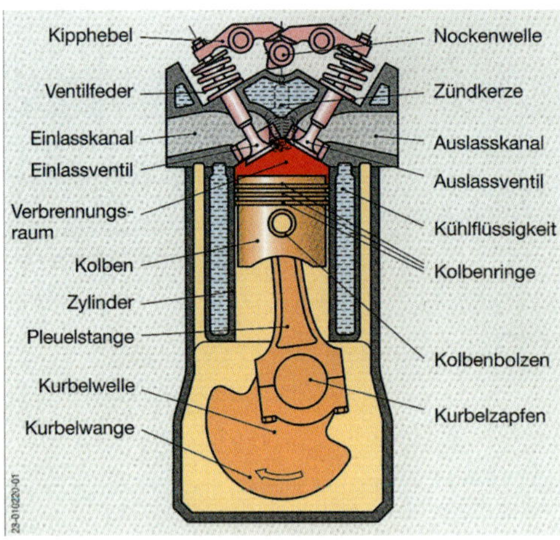

Die vier Takte des Otto-Motors

1. Takt: – Ansaugen
Das Einlassventil (EV) ist geöffnet, das Auslassventil (AV) geschlossen. Der Kolben bewegt sich von oben nach unten. Durch die Vergrößerung des Raumes oberhalb des

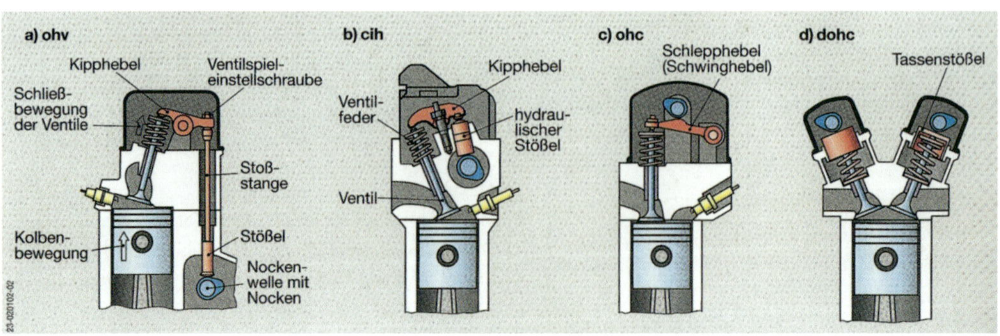

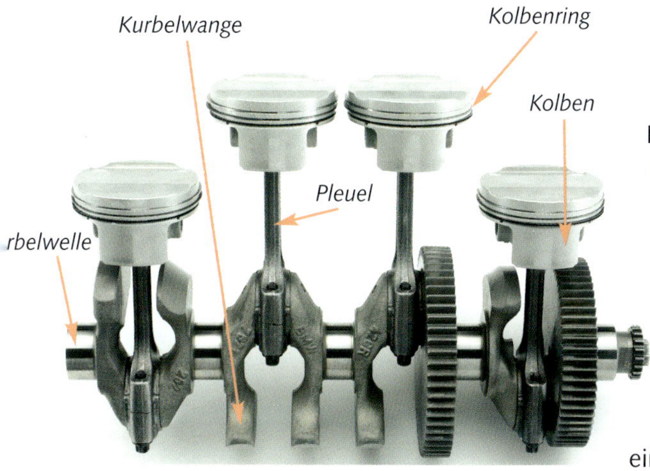

Kurbeltrieb

Kolbens entsteht dort ein Unterdruck und das Benzin-Luft-Gemisch wird angesaugt. Der Motor atmet ein.

2. Takt: - Verdichten
Beide Ventile sind geschlossen. Der Kolben hat seine Richtung geändert und bewegt sich jetzt nach oben. Dadurch wird der Raum oberhalb des Kolbens kleiner, um nicht zu sagen sehr klein. In diesem Raum befindet sich aber das Benzin-Luft-Gemisch. Das wird rücksichtslos auf etwa ein Zehntel des Raumes zusammengepresst und dabei wird ihm ziemlich eng und heiß. Sobald der Kolben oben ankommt, wird das inzwischen äußerst gereizte Gemisch mit Hilfe eines Zündfunkens zur Explosion gebracht.

Die Punkte, an denen der Kolben seine Bewegungsrichtung ändert, also kurz anhält, heißen Totpunkte. Es gibt den oberen Totpunkt (OT) und den unteren Totpunkt (UT). Der Weg dazwischen wird als Kolbenhub bezeichnet; der Raum zwischen OT und UT als Hubraum. Den Gesamthubraum deines Motorrades errechnest du, indem du die einzelnen Zylinderhubräume addierst.

Da in deinem Fahrzeugschein unter der Nr. 8 der Gesamthubraum vom Hersteller bereits ausgerechnet wurde, kannst du den durch die Anzahl der Zylinder teilen (zähle die Auspuffrohre am Motor), dann weißt du die Einzelhubräume pro Zylinder.

3. Takt: - Arbeiten
Beide Ventile sind geschlossen. Durch die Verbrennung des Gemisches im Zylinder entsteht ein hoher Druck, der den Kolben dazu nötigt, nach unten auszuweichen. Dies ist der Moment, in dem Kraft auf den Kolben ausgeübt wird, die dieser über die Pleuelstange auf die Kurbelwelle überträgt. Die Kraft dieses Drucks, der auf den Kolben wirkt, ist für die Berechnung der Leistung des Motors, also KW oder PS, ausschlaggebend.

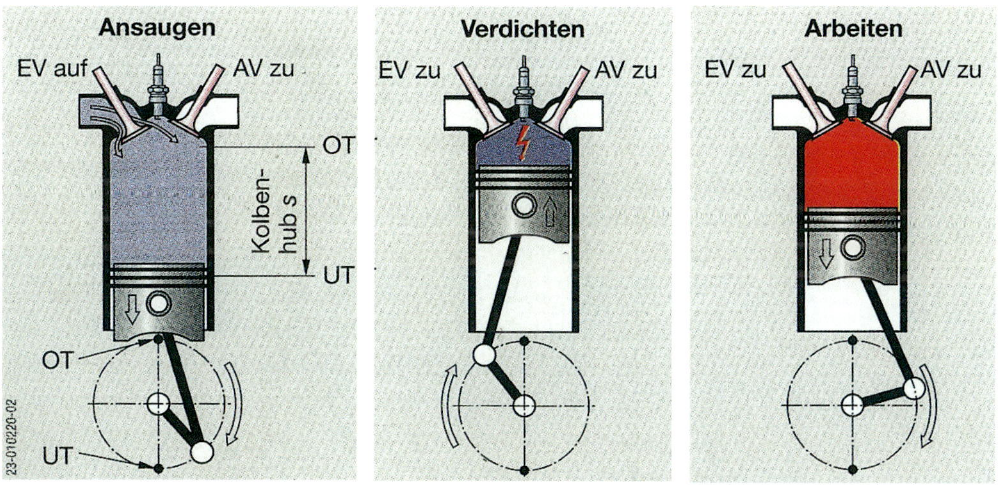

4. Takt: - Ausstoßen
Das Auslassventil ist geöffnet. Das Einlassventil ist geschlossen. Der Kolben ist bei seinem Ausweichmanöver unten an seine Grenzen gestoßen und wird durch den Schwung, den er hat, wieder hochgejagt. Dabei schiebt er die verbrannten Gase durch den Auspuff hinaus. Der Motor atmet aus. Sobald der Kolben wieder oben angekommen ist, schließt das Auslassventil und das Einlassventil wird geöffnet - damit sind wir wieder beim 1. Takt angelangt und das Arbeitsspiel geht von vorne los.

Bei den einzelnen Takten ist es wichtig, dass Einlass- und Auslassventil im richtigen Moment geöffnet und geschlossen werden. Diese Aufgabe hat, wie bereits erwähnt, die Nockenwelle. Nun weiß aber die Nockenwelle nicht, was da unter ihr gerade passiert. Deshalb ist sie mit der Kurbelwelle über eine Kette fest verbunden. Nockenwellen und Kurbelwelle drehen sich also immer im gleichen Verhältnis zueinander. Bei einem Arbeitsspiel mit vier Kolbenbewegungen dreht sich die Kurbelwelle zweimal, die Nockenwelle einmal.
Bei älteren Boxermotoren befindet sich die Nockenwelle im gleichen Gehäuse wie die Kurbelwelle. Die Ventile liegen aber jeweils ganz außen am Zylinderkopf. Die Betätigung erfolgt über Kipphebel, die von so genannten Stösselstangen betätigt werden.
Das funktioniert ganz prima, bedarf aber vieler Bauteile, die alle bewegt werden müssen, und das ist das Problem, weil das dauert: Stell dir vor, ein Motor läuft im Leerlauf mit 1000 Umdrehungen pro Minute - U/min. Damit sind die Kurbelwellenumdrehungen gemeint. Wenn du noch mal das Bild Arbeitsweise anschaust, siehst du, dass sich der Kolben bei einer Kurbelwellenumdrehung einmal herauf und einmal herunter bewegt, also zwei Hübe ausführt. Bei 1000 U/min - 2000 Kolbenhübe in der Minute durch 60 geteilt - sind das etwa 33 Hübe in der Sekunde. Das ist unvorstellbar schnell, bedenkst du, dass der Kolben sich je nach Motorgröße ungefähr vier cm pro Hub bewegt. Jedes Ventil macht pro Arbeitsspiel, also bei vier Kolbenbewegungen (= 2 Kurbelwellenumdrehungen) einmal auf, also 500-mal in der Minute, 8-mal in der Sekunde. Nun dreht ein Motor bei sportlichen Motorrädern bis zu 10 000 U/min. Die Zahlen verzehnfachen sich also. Das ist nicht mehr vorstellbar. Toll, dass es Materialien gibt, die so viel Bewegung aushalten. Aber auch ihnen sind Grenzen gesetzt und deshalb können Motoren, die viele zu bewegende Teile haben, nicht so hohe Drehzahlen fahren, wie kompakt gebaute Leichtmetallmotoren.
Heute werden Motoren gebaut, bei denen es pro Zylinder zwei oder gar drei Einlass- und Auslassventile gibt. Damit soll ermöglicht werden, dass bei sehr hohen Drehzahlen immer noch genügend Luft vom Motor angesaugt werden kann (hoher Füllungsgrad). Die Luft ist nämlich träge und kümmert sich wenig um die teuren Leichtmetalle. Wenn sie nur 1/20 Sekunde Zeit hat, sich in den Zylinder saugen zu lassen, ist das nicht großzügig bemessen für so eine träge Luft. Weil sie sich auch nicht antreiben lässt, wird mit Hilfe mehrerer

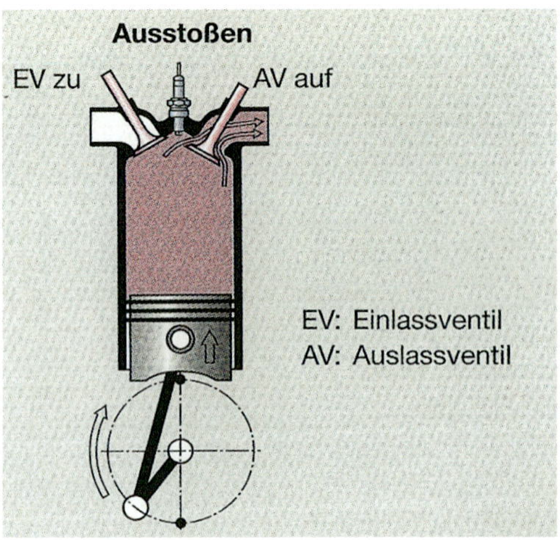

Öffnungen, durch die die Luft einströmen kann, versucht, mehr Luft in gleicher Zeit anzusaugen. Das funktioniert hervorragend – träge Luft ausgetrickst! Ein Vierventil-Motor ist also ein Motor, bei dem pro Zylinder zwei Einlass- und zwei Auslassventile eingebaut sind. What for? Höherer Füllungsgrad (Luftfüllung) heißt mehr Leistung.

2-Takt-Motor

Ebenso wie beim 4-Takt-Motor wird beim 2-Takter ein Benzin-Luft-Gemisch angesaugt, verdichtet und durch einen Funken entzündet. Die bei der Verbrennung der Gase freiwerdende Energie drückt den Kolben nach unten und kann als drehende Kraft von der Kurbelwelle weitergeleitet werden.

Der 2-Takt-Motor braucht, im Gegensatz zum 4-Takter, keine Ventile. Das Öffnen und Schließen des Einlass- und Auslasskanals wird vom Kolben selbst übernommen. Das funktioniert deshalb, weil sich die Kanäle nicht oben im Zylinderkopf befinden, sondern auf unterschiedlicher Höhe an der Zylinderseitenwand.

Durch die Auf- und Abbewegung des Kolbens werden die Kanäle verschlossen oder freigegeben. Während sich beim 4-Takt-Motor die Vorgänge in den vier Takten immer oberhalb des Kolbens abspielen, werden beim 2-Takter die gleichen Schritte (Ansaugen, Verdichten, Arbeiten, Ausstoßen) auf die Räume oberhalb und unterhalb des Kolbens verteilt. Es finden während eines Kolbenhubes zwei Takte gleichzeitig statt, einer im Zylinderkopf und einer im Kurbelgehäuse. Deshalb gelingt es dem Motor auch, ein komplettes Arbeitsspiel mit zwei Kolbenhüben, also in zwei Takten auszuführen.

Dies funktioniert wie folgt:

Voransaugen

Der Kolben bewegt sich von unten nach oben. Oberhalb des Kolbens befindet sich bereits ein Kraftstoff-Luft-Gemisch, welches jetzt verdichtet wird.

Die Oberkante des Kolbens verschließt den Überstromkanal, dadurch entsteht im Kurbelgehäuse unterhalb des Kolbens ein Unterdruck, sodass über den gerade freigegebenen Einlasskanal neues Gemisch angesaugt wird.

Arbeiten und Vorverdichten

Wenn der Kolben oben angekommen ist, wird das verdichtete Gemisch durch den Zündfunken zur Explosion gebracht. Dadurch wird der Kolben nach unten gedrückt. Gleichzeitig wird durch die Kolbenunterkante der Einlasskanal verschlossen, sodass bei der weiteren Abwärtsbewegung der Raum unterhalb des Kolbens kleiner wird. Das dort befindliche Gemisch wird vorverdichtet.

Spülung: Auslassen, Überströmen

Ungefähr gleichzeitig wird der Auslasskanal von der Kolbenoberkante freigegeben. Der Auslasskanal ist auf der Abbildung sehr schlecht zu erkennen, weil er sich auf unserer Seite befindet, die ja bei der Skizze weggeschnitten ist. Trotzdem können die noch unter Druck stehenden Abgase über den

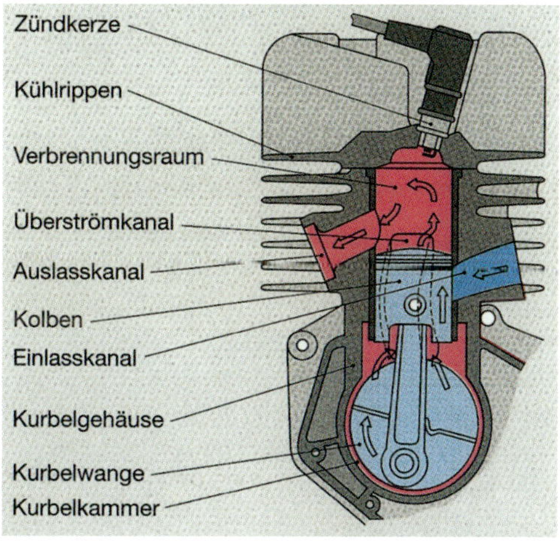

2-Takt-Motor

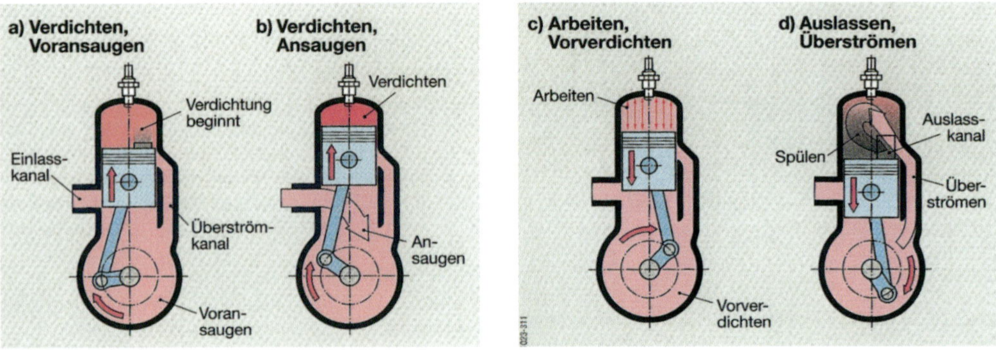

Arbeitsphasen eines 2-Takt-Motors

Auslasskanal entweichen. Kurz darauf wird die Öffnung des Überströmkanals freigegeben und das vorverdichtete Gemisch strömt hinauf – schließlich wird es unten ja auch schon wieder enger. Durch den Druck des überströmenden Gemisches werden die restlichen Abgase aus dem Zylinderkopf herausgespült. Theoretisch jedenfalls. Deine Zweifel sind völlig berechtigt, natürlich gehen dabei auch ein paar unverbrauchte Frischgase hops.

Trotzdem ist der 2-Takt-Motor von seiner Energiebilanz her der bessere, denn für die Durchführung eines Arbeitsspiels werden eben nur zwei Takte benötigt, es wird also viel weniger Energie auf die Bewegung des Kolbens selbst verschwendet als beim 4-Takter, der erst dreimal bewegt werden muss, damit überhaupt mal etwas passiert.

Das Problem mit dem 2-Takter besteht darin, dass sich im Kurbelgehäuse, wo sich die Pleuelstange und die Kurbelwelle befinden, Verbrennungsgase tummeln. Beide Teile sowie die Seitenwände des Kolbens und des Zylinders brauchen aber unbedingt eine Ölschmierung. Deshalb ist es unvermeidlich, dem Benzin Öl beizumischen, das ergibt das so genannte 2-Takt-Gemisch.

Eigentlich ja kein Problem, nur hinterlässt das Öl bei der Verbrennung hässliche Rückstände, die bisher nicht zu vermeiden sind.

Dazu kommt die Verschwendung von Benzin bei der Spülung. Und beides zusammen – Abgaswerte, dass dir die Haare ausfallen und zu hoher Benzinverbrauch – disqualifiziert den 2-Takter, leider immer noch. Mit moderner Einspritztechnologie lässt sich da einiges verbessern.

Schnittmodell eines 2-Takt-Motors

Bekleidung

Auf dem Motorradbekleidungsmarkt gibt es unzählige Angebote für die verschiedensten Ansprüche. Das Styling orientiert sich an den Motorradtypen. Die Chopperfahrerin kleidet sich anders als die Endureuse.

Hier kannst du mitspielen oder nicht. Am wichtigsten ist es mal wieder, dass du selbst weißt, was du willst – und das ist bei der Hülle und Fülle des Angebots gar nicht so einfach. Zudem spielt auch die Hülle und Fülle des Geldbeutels eine Rolle. Hast du wenig im Budget, bist du im Secondhandladen, bei Ebay oder beim Motorradaldi bestens aufgehoben. Bei Letzterem gibt es auch für kleines Geld hübsche Sachen.

Legst du Wert auf wirklich abriebfeste und wasserdichte Schutzkleidung, schaust du bei BMW, Dainese, IXS, Rukka, Stadler oder anderen vorbei. Dort findet sich allerhand zum Staunen. Du kannst mit diesen Produkten nicht nur Motorrad fahren, Ski fahren, Expeditionen unternehmen. Auch intergalaktische Missionen erscheinen machbar; mindestens bis zum Mond. Wohl fühlen und angeben sowieso. Die Kleidung ist aufwändig verarbeitet. Ihre Ausstattung trägt komplizierte Namen und unterscheidet sich in der Art, wie und welches wasserdichte und atmungsaktive Material in ihr verbaut wird, und selbstverständlich ist sie mit den besten Hightech-Materialien ausgerüstet. Oft haben die Produkte fünf oder gar zehn Jahre Garantie, wohlgemerkt: die Produkte, nicht aber die Firmen, bei denen du irgendwann deine Garantieansprüche geltend machen möchtest. Dafür kannst du andere damit verblüffen, dass an einem einzigen Faden Kevlar, das ist ein Stoff, dessen Abriebfestigkeit dem von Leder gleichkommt, ein Motorrad aufgehängt werden kann. Du wirst das wahrscheinlich nicht ausprobieren, aber vielleicht gibt dir dieses Wissen ein gutes Gefühl und du investierst das Geld gerne. Weil du entspannter fährst, wenn du dich in deiner Kleidung sicher aufgehoben weißt.

Die Anschaffung einer Motorradausstattung ist nicht billig, kann über Leben oder Tod entscheiden und da lohnt es, sich in verschiedenen Geschäften beraten zu lassen. Leder oder Hightech? Leder bietet immer noch den besten Schutz gegen Abrieb. Aber Leder ist natürlich nicht gleich Leder. Dünn, dick, Schwein, Rind, Krokodil. Leder ist auch nicht gleich Motorradleder. Nachteil bei Leder: Ist schwer, sehr warm und weist den Regen nur höflich, nicht entschieden ab, erfordert also die Zusatzausrüstung Regenkombi. Achte darauf, dass der am besten zweiteilige Regenkombi Außentaschen hat. Es ist nervig, bei jedem Niesen den ganzen Kombi auszuziehen, um ans Taschentuch zu kommen. Du kannst deinen Regenkombi – den es selbstverständlich in verschiedenen Materialstärken und Preisklassen gibt – auch aufmotzen. Er trägt zwar meistens schon eine Leuchtfarbe, aber gegen reflektierende Leuchtstreifen hat er nichts einzuwenden. Reisegefährtinnen der Regenkombis sind Gummihandschuhe und Gummigamaschen. Bei starkem Regen eine Wohltat. Aber rechtzeitig anziehen. Wie oft haben wir uns schon geschworen, beim nächsten Mal früher anzuhalten – aber wer streift gerne ein Ganzkörperkondom über ... und dann regnet es doch nicht!

Wenn du gerne Leder trägst, wirst du vielleicht nicht lange überlegen müssen, aber damit bist du noch nicht aus dem Schneider.

Maßanfertigung von Schwabenleder oder von der Stange? Wie sieht es mit Protektoren aus? Hartschale oder Gitter? Was ist am besten für dich und deine Freude am Fahren? Um Schlüsselerlebnisse zu vermeiden: Die schönsten Polster und Protektoren nützen nichts, wenn du deinen Schlüsselbund an den Rippen trägst. Oder wenn sie verrutschen. Schutzbekleidung muss gut sitzen! In den hochpreisigen Läden ist es möglich, Anzüge zu testen. Auch Helme können ausgeliehen und auf dem eigenen Motorrad Probe gefahren werden. Motorradzeitschriften testen regelmäßig Helme, Bekleidung und Zubehör. Leider ist wenig darüber zu erfahren, wie umwelt- und gesundheitsgefährdend manche Materialien auf Dauer sind. Umsichtige Menschen können das Tragen solcher Bekleidung genauso wenig mit ihrem ganzheitlichen Weltbild vereinen wie das schnurlose Telefonieren in einem Pelzmantel.
Bisher halten sich Krankenkassen und Gesetzgeber diskret aus der Kleiderfrage heraus. Bloß dein Kopf sollte angemessen bedeckt sein.

Der Helm
Du hast die Wahl zwischen einem Hut und einem Helm. Hüte sind Halbschalenhelme ohne Kinnschutz, mit oder ohne Visier. Susa trägt Halbschale, weil sie damit essen kann. Shirley bevorzugt geschlossene Helme, weil sie nicht nur allergisch auf Essen während des Fahrens reagiert, sondern auch auf Zugluft.

Halbschalenhelm
Abgesehen von unseren persönlichen Vorlieben: Die Schale ist der Kompromiss für alle, die am liebsten ohne Helm fahren würden. Halbschalen schauen cool aus (die Chopperfahrer darunter meistens nicht), sind prickelnd bei Regen und verhindern deshalb Geschwindigkeiten über 80 km/h, sodass ein Aquaplaning ausgeschlossen ist. Wo keine Scheibe ist, kann allerdings was draufschlagen: Insekten und glühende Zigarettenstummel aus vor dir fahrenden Autos. Andererseits: Wo keine Scheibe ist, kann auch nichts beschlagen. Andere Sicherheitsvorteile bietet die Schale nicht.
Sonnenbrillen, Schweißbrillen oder Motorradbrillen steigern nicht nur die Coolness der Schale. Sie eignen sich auch vortrefflich als Aufprallscheibe – wichtig, damit nichts ins Auge geht – für Fliegen, Wespen und sonstiges Getier, das sich trotz fehlenden Führerscheins nicht davon abhalten lässt, den Luftraum über den Straßen unsicher zu machen.

Endurohelm
Bietet viel Sicherheit beim Sturz, hat kein Visier, das beschlagen und beschlammen kann. Ist für höhere Geschwindigkeiten ungeeignet.

Integralhelm
Neben dem Gefühl, in einem engen Auto zu sitzen, das sich der jeweiligen Kopfform nur sehr widerwillig anpasst, bietet der Integralhelm einigen Komfort, vergleichbar mit einem ICE:
- Insekten müssen draußen bleiben.
- Du machst die Tür zu und es zieht nicht mehr: Bindehautentzündung ade.
- Bei Regen das Gefühl, gemütlich zu Hause vorm Kamin zu sitzen.
- Durch die deinem Kopf entsprechende aerodynamische Form kannst du mit hohen Geschwindigkeiten fahren, ohne dass dir, wie beim Schalenhelm, der Kopf nach hinten abknickt, was dich schmerzhaft an ein Körperteil namens Nacken erinnern kann.
- Bei einem Sturz verhindert der Kinnbügel eine eventuelle Verletzung des Gesichts.

Die geschlossene Form des Integralhelms entspricht sozusagen der Knautschzone eines Autos. Das hat Susa mittlerweile auch eingesehen: Seit sie kürzlich eine behalbschalte Frau nach einem leichten Unfall kennen lernte, verzichtet sie bereitwillig öfter aufs Essen und fährt nun gerne mit Klapphelm.

Klapphelm
Aufklappbarer Integralhelm. Sehr praktisch, weil leicht aufzusetzen. Von führenden Klaustrophobikerinnen empfohlen. Auch Brillenträgerinnen freuen sich, da die Brille vor dem Helm sitzen und bleiben kann. Zudem ermöglicht der aufklappbare Integralhelm bei einem Unfall ein relativ ungefährliches Entfernen des Helms vom Kopf.
Für Sonnenbrillenträgerinnen gilt das oben Ausgeführte natürlich ebenfalls. Ansonsten möchte Shirley jetzt noch ein paar Sätze zu ihrem Lieblingsthema Bindehautentzündung äußern: Es gibt Sonnen- bzw. Motorradbrillen, die sind an den Seiten dicht (wie Gletscherbrillen), und wenn du gerne Halbschale, Enduro oder eben Integral mit offenem Visier fährst und zugempfindliche Augen hast, empfiehlt sich eine solche Brille. Shirley ist erst nach zwölf Jahren Motorradfahren auf diese Idee gekommen und war dann so begeistert, dass sie die Brille monatelang auch beim Haarefönen aufsetzte.
Helme werden aus verschiedenen Kunststoffen gefertigt, sie unterscheiden sich nach Preis, Haltbarkeit und Gewicht. Die leichtesten und leisesten sind am teuersten. Pfeifende und rauschende Deckel gibt es bereits für weniger als 100 Euro.

Beim Kauf eines Helms musst du dich – abgesehen von Schale oder Integral – entscheiden, welcher Helm bei deinen Gewohnheiten den meisten Sinn macht. Susa, deren Grobmotorik unschlagbar ist, wirft ihren Helm dauernd vom Moped, manchmal fliegt er schon, wenn sie ihn nur anschaut, also reicht ein Polycarbonat-Helm völlig aus, weil dessen natürliche Lebensdauer durch ihre liebevolle Behandlung nicht ausgeschöpft werden kann.

Für alle, die gerne wissen wollen, was hinter ihnen los ist, gibt es ab sofort Helme mit eingebautem Rückspiegel von der Firma Reevu. Technisch funktioniert das so: Reflektierendes Carbonmaterial am Hinterkopf nimmt das Geschehen hinter dir auf und leitet die Bilder im Helm mittels optischer Hilfsmittel über den Kopf oben in eine Ecke des Visiers.
Beim Helmkauf solltest du dir Zeit lassen. Er sollte das neueste ECE-Prüfsiegel aufweisen und nicht zu fest, aber eben auch nicht zu locker sitzen. Irgendwo haben wir mal folgenden Tipp gelesen: Beim Helmprobieren einen Kaugummi kauen. Passt der Helm optimal, beißt du dir dabei leicht in die Wangen. Nach der Helmprobe: Mund gut ausspülen ... Am besten ist es natürlich, wenn du den Helm Probe fahren darfst. Ist das nicht möglich, behalte ihn im Laden lange auf. Drückt er auch wirklich nicht? Kopfweh unterm Helm ist eine Tortur. Ein Wort zum Outfit: Je bunter, desto besser. Auffällig lackierte Helme werden doppelt so früh von anderen Verkehrsteilnehmern bemerkt als dunkle Helme. Optimale Farben: orange, gelb, weiß. Rot ist in Ordnung. Deine Lieblingsfarben sind Blau und Grün? Tut uns Leid, für einen Helm weniger gut. Und ganz schlecht: schwarz, grau und braun. Sprich mit deiner Farbberaterin darüber. Oder wage beim nächsten Helmkauf mal eine andere Farbe. Der sollte nicht zu lange aufgeschoben werden: Je nach Nutzung sollten Helme alle zwei bis fünf Jahre ersetzt werden. Nach einem Sturz ist ein Helm sofort disqualifiziert. Auch wenn äußerlich nichts zu sehen ist – wie es in seinem Innenleben aussieht, weiß niemand. Und das sollte lieber nicht auf die Probe gestellt werden. Versicherungstechnisch gilt ein Helm, der einmal hinuntergefallen ist, nicht mehr.
Du selbst befindest dich in Gefahr, wenn du mit Helm auf dem Kopf deiner Sparkasse einen Besuch abstattest. Da hilft es auch

nichts, wenn du später in Handschellen behauptest, du hättest den Helm gerade Probe getragen.

Helmpflege
Für Markenhelme gibt es ungefähr zehn Jahre lang Ersatzteile, also Visiere, Schrauben, Verschlüsse. Oft ist ein Visier fast so teuer wie ein neuer Helm; wir würden das schon mal beim Kauf klären. Zerkratzte Visiere sollten ausgetauscht werden. Nachts und bei Nebel wird das Licht von den Kratzern zerstreut und die Fahrerin vom eigenen Visier geblendet. Zum Reinigen des Helms und Visiers eignet sich Geschirrspülmittel. Es gibt aber auch spezielle Helmpflegemittel sowie ein antistatisches Helmpflegetuch. Und es gibt Helme, deren Innenfutter herausnehmbar und waschbar ist.

Nierengurt
Finden wir wichtig. Erstens aus medizinischen Gründen, wobei wir die jetzt nicht so genau wissen. Susa wagt zu behaupten, dass Nieren zug-, kälte- und erschütterungsempfindlich sind. Shirley hat wieder mal die falsche Ausbildung. Neulich trafen wir eine Wanderniere, die sprach aber nicht mit uns. Bei einem Unfall ist es wichtig, die Eingeweide zusammenzuhalten. Nierengurte gibt's aus Leder, auch mit Lammfelleinlage, oder aus Stretchmaterial und natürlich aus Hightech. Sehr angenehm finden wir Nierengurte mit Stützgräten. Bei der Anprobe unbedingt ein paar Turnübungen machen, damit sich die Neuanschaffung später nicht als Wandernierengurt herausstellt.

Fußbekleidung
Wir sind barfuß, in Jesuslatschen und mit Stöckelschuhen gefahren. Aber das ist schon lange her. Längst sind wir vernünftig. Stiefel schützen vor Verletzungen. Da reicht es, wenn das Motorrad im Stehen kippt und den Knöchel erwischt. Je höher der Stiefel, desto mehr Schutz. Es gibt Stiefel mit im Schaft eingearbeitetem Schienbeinschutz. Auch die Schuhspitzen sollten verstärkt sein. Wenn du die Schuhe im Sommer und Winter tragen möchtest, plane etwas Platz für dicke Socken ein.
Zum Glück gibt es nun ein breites Angebot von Motorradstiefeln für Frauen. Wir brauchen also keine Zeitungen mehr zu den Zehen stopfen. Falls du gelegentlich in Turnschuhen fährst, verstaue die Schnürsenkel gut, damit sie sich nicht im Schalt- oder Bremshebel verfangen.

Dessous
Auf keinen Fall Feinstrumpfhosen oder Unterwäsche aus Kunstfaser zum Motorradfahren anziehen. Auch nicht den Regenkombi auf nackter Haut. Bei einem Sturz brennen sich diese Materialien in die Haut ein und müssen operativ entfernt werden. Greife lieber zur guten alten Baumwolle oder zu spezieller Unterwäsche für Motorradfahrerinnen.

Motorradmode für Damen – Frauen und Kinder zuerst
Ja! Es gibt sie! Endlich! Nachdem sie jahrelang die Exoten waren! Und noch schlimmer: gar nicht vorhanden. Es gibt sie nicht mehr nur von BMW und anderen Ausnahmeherstellern. Nein, die Damengrößen haben Einzug gehalten in die Geschäfte. ... Und wir wussten nicht, welche Größe wir haben. Also nicht richtig. Es kostete einige Überredungskünste, Susa in die Damenabteilung zu locken. Susa fühlt sich wohl in ihrer Herrenausstattung. Aber ein Buch zu schreiben ist hart und Selbstversuche gehören dazu. Die Dame bei BMW musterte Susa kurz und sagte dann »80«.
»Was ist das?«, entfuhr es Shirley entsetzt. 38 muss nicht sein. 40, 42, alles okay. Gerne auch drüber. Aber 80!!!
»Das ist eine 40er-Damengröße mit längeren Ärmeln.«
»Affe«, sagte Shirley.

»Dafür habe ich kürzere Beine«, prahlte Susa und beschwerte sich dann: »Bei den Herren waren die Ärmel nie zu kurz.« Sie schlüpfte in die dargereichte Jacke, obwohl sie im Grunde ihres Herzens davon überzeugt war, hier in der falschen Abteilung zu sein.
»Wow!«, rief Shirley, wie immer unerträglich begeistert. »So gut hast du noch nie ausgesehen.«
Susa verzog ihr Gesicht gequält.
»Nein, wirklich! Du siehst aus wie eine Frau. Also ich meine von hinten. Also der Schnitt. Da ist tatsächlich ein Unterschied.«
Susa reichte die Jacke Shirley. »Zieh du doch mal an.«
»Wird mir nicht passen, ich habe keine Affenarme.«
»Nein, Sie brauchen auch keine 80er«, lächelte die kompetente Dame. »Für Sie reicht die normale 40.«
Susa grinst: »Hörst du, du bist nur normal. Alle Anstrengungen waren umsonst. Glatter Durchschnitt, meine Liebe.«
»Aber meine Beine sind lang. Länger als deine. Also habe ich vielleicht eine 80er untenrum?«
... Kurz: Die Autorinnen hatten sehr viel Spaß. Sie lernten auch eine Menge. Zum Beispiel, dass eine 20er Größe nicht unbedingt erstrebenswert ist, obwohl sie fast die Hälfte von 38 ist. »20er sind«, so ein wenig charmanter Verkäufer in einem anderen Geschäft, »für kleine Gwamperte.« Und er bemühte sich, das zu übersetzen: »Mehr oder weniger taillierte Litfaßsäulen.« Diese Beschreibung gefiel Shirley. Fühlte sie sich doch im Grunde ihres Herzens in Motorradbekleidung immer wie eine taillierte Litfaßsäule. Motorradfahren hieß sich unförmig machen.
Dass es auch anders geht, erlebten unsere beiden Heldinnen dann in hohem Alter an einem Nachmittag im Herbst. Sie probierten rauf und runter und lernten viele Verkäufer/-innen kennen. Sehr interessant. Sehr empfehlenswert. Ein heißer Tipp für einen unvergesslich schönen Tag mit der allerbesten Freundin. Besonders, wenn sie an diesem Tag auch noch Geburtstag hat. Da darf die Freundschaft schon mal auf eine Probe gestellt werden. Eine sehr harte Probe. Doch, die Hose ist mir zu weit. Nein, sie ist dir nicht zu weit, das bildest du dir ein. Bei mir sah sie besser aus. Nicht besser, anders. Aber diese Falten hier. Wo? Ja, hier eben. Und ich wusste gar nicht, dass du zu Reithosen neigst. Das sind keine Reithosen, das sind die Hüftprotektoren.

Der Vergaser

Damit der Motor läuft, also Benzin verbrannt wird, muss es ihm in der richtigen Menge zur richtigen Zeit zur Verfügung gestellt werden. Den jeweils richtigen Zeitpunkt gewährleistet das Einlassventil des betreffenden Zylinders (s. Viertakt-Motor) oder die Kolbenstellung im Zylinder beim Zweitakt-Motor. Die richtige Menge bestimmt der Vergaser nach den jeweiligen Fahrzuständen. Damit das Benzin verbrennt, braucht es eine große Menge Sauerstoff. Den gibt es zur Zeit noch umsonst in der Luft. Der Anteil beträgt ca. 21 %, der Rest ist Stickstoff. Das ideale Luftverhältnis heißt Lambda = 1 und bedeutet, dass für 1 kg Kraftstoff 14,7 kg Sauerstoff verbraucht werden, damit im Brennraum eine vollständige Verbrennung stattfindet, ohne dass unverbrauchte Rückstände im Abgas bleiben. Um es anschaulicher zu machen, stelle dir vor, für jeden Liter Benzin, den dein Motorrad verbrennt, werden 8586 Liter Luft angesaugt, verbrannt und als übel riechender Abfall wieder ausgeschieden. Das nur so am Rande.

So, aber wie wird jetzt das Benzin verbrannt?

Als Erstes kommt es in den Tank. Tankdeckel auf, Benzin rein, Tankdeckel zu. Im Tankdeckel befindet sich üblicherweise die Tankentlüftung. Die dient dazu, den Gasen, die bei Erwärmung des Tankes z. B. durch Sonneneinstrahlung entstehen, eine Ausweichmöglichkeit zu geben. Des Weiteren muss, sobald über den Benzinhahn Kraftstoff abfließt, Luft nachrücken, da sonst ein Unterdruck im Tank entsteht, der dazu führt, dass aus dem Kraftstoffhahn nix mehr rauskommt. Ich beschreibe das deshalb so ausführlich, weil es sehr wohl vorkommen kann, dass die Tankbelüftung verstopft ist oder – das kommt noch öfter vor – dass durch das Aufschnallen eines Tankrucksackes die Luftzufuhr behindert wird. Dann fängt der Motor irgendwann zu Spucken an und geht aus.

Dass irgendetwas mit der Tankbelüftung nicht in Ordnung ist, merkst du auch daran, dass beim Öffnen des Tankdeckels ein Geräusch wie beim erstmaligen Öffnen eines Marmeladenglases entsteht.

Benzinhahn

An der Unterseite des Tanks befindet sich der Benzinhahn, der den Zulauf zum Vergaser regelt. Bei älteren Boxermotoren gibt es zwei Benzinhähne. Der Benzinhahn ist entweder von Hand zu betätigen oder funktioniert automatisch. Die meisten japanischen Motorräder haben im Benzinhahn eine Membran, die bei laufendem Motor durch Unterdruck angesaugt wird und dadurch den Benzinkanal freigibt. Sobald der Motor abgestellt wird, entfällt der Unterdruck und die Membran geht in ihre Grundstellung zurück und verschließt die Benzinzufuhr. Diese Hähne können immer geöffnet bleiben. Sie haben neben der Off- und Reserve-Stellung noch eine PRI-Stellung = Priming. Sie ermöglicht den Benzindurch-

Benzinfilter

fluss, falls die Membransteuerung defekt sein sollte. Im Tank und im Benzinhahn befinden sich Benzinfilter, die den Kraftstoff von Rost- und Lackpartikeln sowie sonstiger Verunreinigung befreien sollen. Diese Filter bestehen aus einem Drahtgeflecht, welches du, falls du den Benzinhahn mal ausbauen solltest, reinigen kannst. Bei Fahrten in Gegenden, in denen minderwertiges Benzin verkauft wird, kannst du zusätzlich noch einen Papierfilter zwischen Benzinhahn und Vergaser in die Kraftstoffleitung einbauen. Diese Filter sind Universalfilter, passen in fast alle Motorräder und Autos und kosten etwa 3 Euro. Beim Einbau beachte den Fließrichtungspfeil auf dem Filter.

Vergaser

Die meisten Motorräder sind mit Vergasern ausgestattet. Dabei ist es üblich, für jeden Zylinder einen eigenen Vergaser einzubauen. Dadurch sind die Ansaugwege zwischen Vergaser und Zylinder überall gleich und jeder Zylinder wird seinen individuellen Bedürfnissen entsprechend mit Kraftstoff versorgt. Vorausgesetzt die Vergaser sind richtig eingestellt und arbeiten synchron. Diese Einstellung würde ich alle ein bis zwei Jahre von einer Werkstatt durchführen lassen, da sie sich im Laufe der Zeit verstellt. Man nennt das »Vergaser synchronisieren«, es bedarf dazu keinerlei Ersatzteile und mithilfe eines Synchrontesters und etwas Übung dauert es etwa eine halbe Stunde.

Bei Mehrzylinderreihenmotoren befinden sich hinter den Zylindern so genannte Vergaserbatterien, die gemeinsam auf eine Leiste geschraubt sind und deren Gasbetätigungen miteinander verbunden sind.

In der Motorradtechnik werden Schieber- und Gleichdruckvergaser verwendet. Im Folgenden erkläre ich anhand eines Schiebervergasers die grundsätzliche Funktionsweise.

ssel-
ppe

Vergaserbatterie

Schwimmer-kammer

Ablassschraube

Schiebervergaser

Vergaser haben die Aufgabe, der vom Motor angesaugten Luft Kraftstoff beizumischen. Dabei wird der Sog im Ansaugrohr ausge-

Schiebervergaser vor Moto-Guzzi-Zylinder

nutzt. Durch den Vergaser verläuft ein Rohr (Lufttrichter), durch das die Luft vom Luftfilter zum Zylinder strömt. Dieses Rohr wird vom Gasschieber verengt. Das ist ein beweglicher

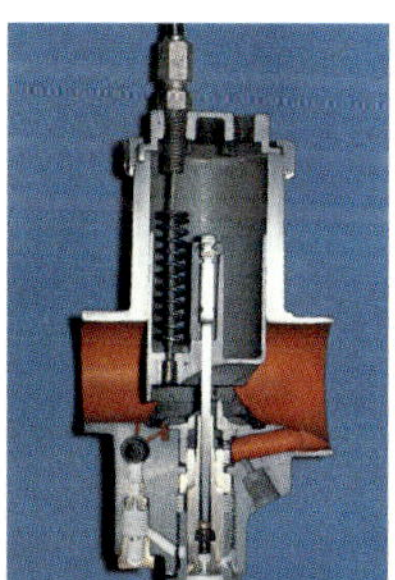

Schiebervergaser im Schnitt

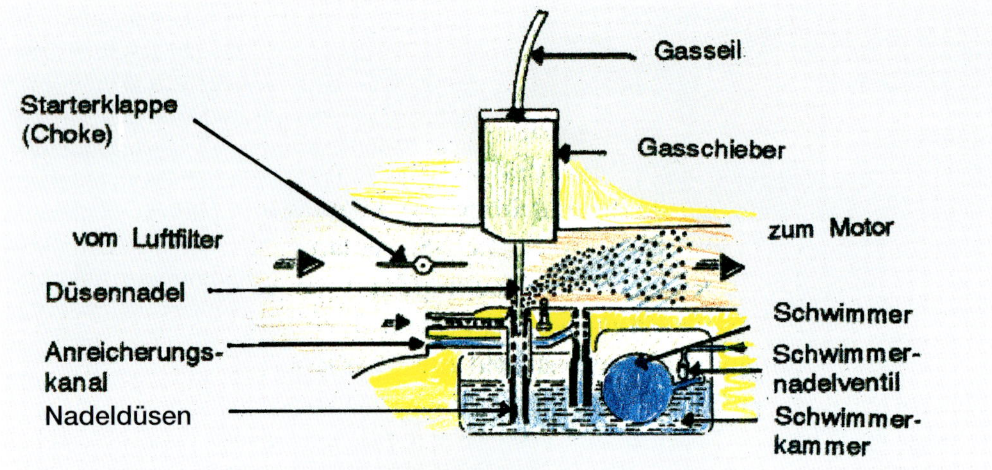

a) Vergaser im Vollast-(Vollgas)bereich. Schwimmerkammer-Ventil läßt Kraftstoff nachfließen

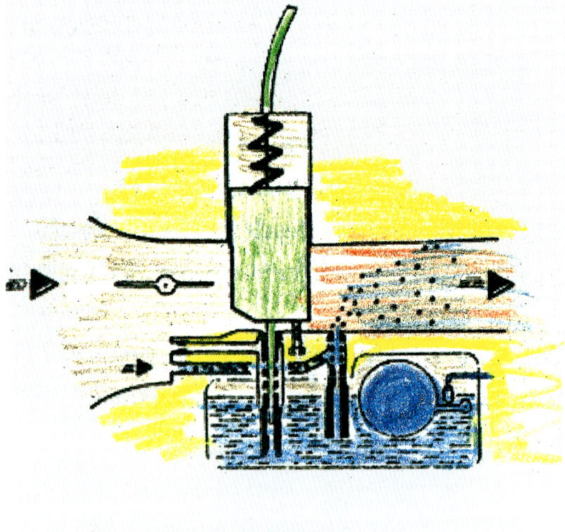

b) Vergaser im Leerlauf (Leerlaufsystem in Funktion)

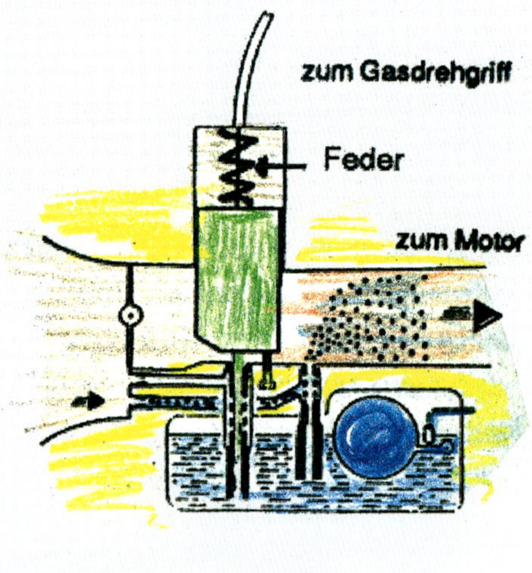

c) Vergaser beim Kaltstart Starterklappe geschlossen (wenig Luft, viel Kraftstoff)

Kolben, der senkrecht in den Lufttrichter ragt. An dieser Stelle des geringsten Querschnittes erhöht die Luft, die davor und dahinter wieder mehr Platz hat, ihre Strömungsgeschwindigkeit. Der Sog ist an dieser Stelle am größten.

Die unten am Schieber befestigte konische Düsennadel ragt in eine so genannte Nadel-

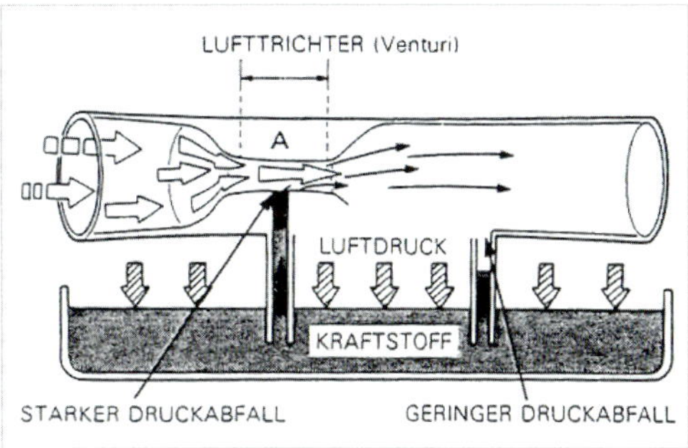

Lufttrichter

düse und öffnet sie mehr oder weniger - je nachdem, in welcher Stellung sich der Schieber befindet.
Die Düse ist eine hohle Schraube mit kleinen Löchern an der Seite, die unten in einen Benzinbehälter ragt. Über den an der Schieberunterseite herrschenden Unterdruck entsteht ein Sog, der aus der Nadeldüse Kraftstoff ansaugt, der über die kleinen Löcher in der Düse mit Luft vorzerstäubt wird.
So gelangt - je nachdem, wie weit der Schieber geöffnet ist - mehr oder weniger Kraftstoff in den Motor. Der Schieber wird direkt vom Gasgriff über ein Gasseil betätigt. Wird der Gasgriff losgelassen, rückt eine Feder den Schieber in seine Grundstellung zurück. Um zu gewährleisten, dass in einer bestimmten Schieberstellung auch immer

Offene Schwimmerkammer mit Düse

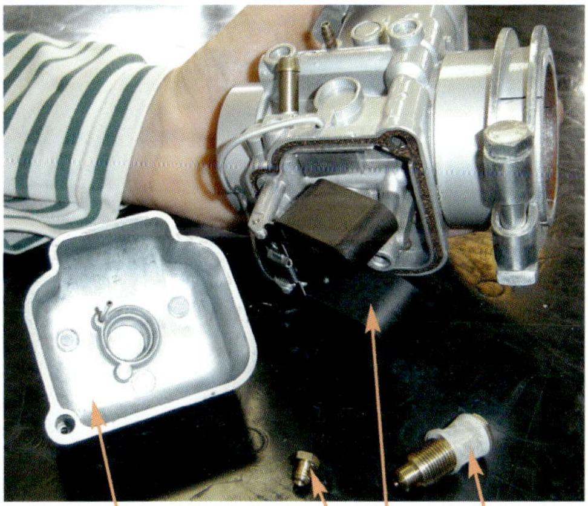

Schwimmerkammer *Düse* *Düsenhalter* *Schwimmer*

die gleiche Kraftstoffmenge angesaugt wird, gibt es eine Einrichtung in dem Benzinbehälter, die dafür sorgt, dass der Flüssigkeitsspiegel immer gleich bleibt. Dies geschieht über einen Schwimmer, der im Kraftstoff schwimmt und bei sich absenkendem Spiegel ein Ventil öffnet, über das Kraftstoff nachläuft, bis sich der Schwimmer so weit gehoben hat, dass das Ventil wieder schließt. Der Schwimmer heißt Schwimmer, der Benzinbehälter Schwimmerkammer und das Ventil Schwimmernadelventil.

Wenn dich das Prinzip interessiert, schau mal in einen Klokasten. Die zur Spülung bereitgestellte Wassermenge wird nach dem gleichen Verfahren geregelt.
Befindet sich das Motorrad im Leerlauf, (S. 88 Abb. b), ist der Gasschieber fast ganz geschlossen, sodass aus der Nadeldüse kein Kraftstoff mehr angesaugt werden kann. Jetzt wirkt der Unterdruck im Lufttrichter vor allem an der rechts neben der Nadeldüse befindlichen Öffnung. Hier befindet sich die Leerlaufdüse, die über einen Kanal mit der Außenluft verbunden ist (links auf dem Bild). Ist der Motor kalt, so sind auch die Wände im Vergaser und Zylinderkopf kalt. Das angesaugte gasförmige Benzin kondensiert dort teilweise und erreicht nicht den Brennraum. Deshalb muss in kaltem Zustand die Kraftstoffmenge so erhöht werden, dass trotz Verlusten immer noch genügend im Motor ankommt. Dies geschieht über die Kaltstarteinrichtung, den Choke (S. 88 Abb. c).

Während im normalen Leerlauf die Luft noch durch einen kleinen Spalt unter dem Schieber durchschlüpfen kann, wird im Kaltstart der Lufttrichter über die Starterklappe ganz geschlossen. Die vom Motor angesaugte Luft muss jetzt den Weg über den Anreicherungskanal nehmen. Dadurch wird die angesaugte Kraftstoffmenge aus der Leerlaufdüse erhöht. Das Gemisch wird fetter. Über den Chokezug kann die Starter-

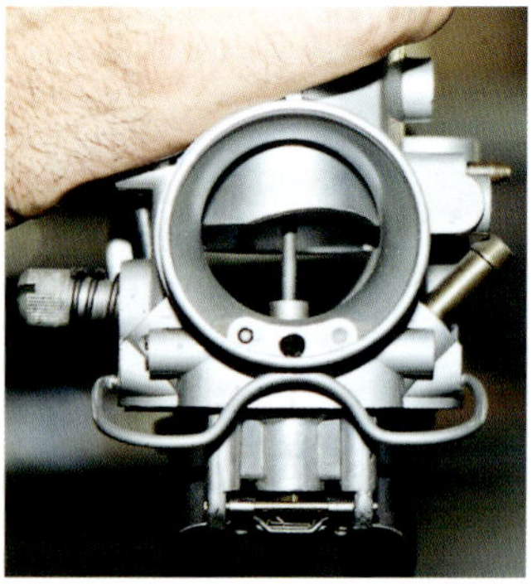
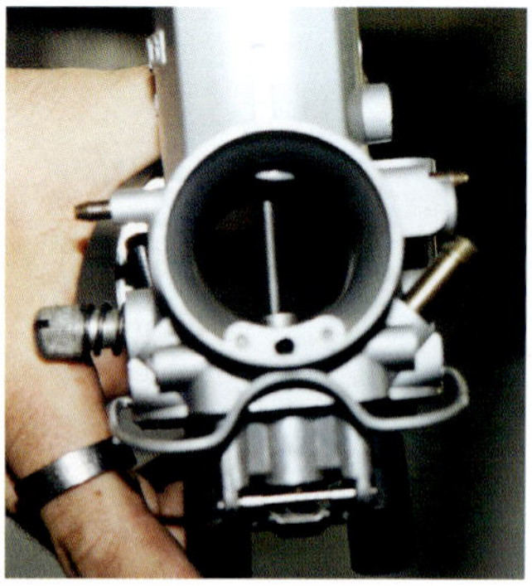

Schiebervergaser: Leerlauf... *... Teillast...* *... und Volllast*

klappe dann stufenweise weiter geöffnet werden, was zu einer Verringerung der Benzinmenge führt. Das Gemisch wird magerer. Bleibt der Choke zu lang gezogen, bekommt der Motor, sobald er sich erwärmt, sodass kein Benzin mehr an den Wänden kondensiert, zu viel Benzin und »säuft ab«. Das blubbert und riecht. Dann heißt es warten, den Choke ganz ausschalten und in Vollgasstellung starten. Wenn das immer noch nichts hilft, ist die Zündkerze nass. Sie möchte ausgebaut und getrocknet werden. Du kannst sie mit einem Lappen abwischen oder besser noch mit einem Campingkocher erhitzen.

Lastzustände

Zusätzlich zu den hier beschriebenen Betriebszuständen gibt es noch andere, für die bestimmte Zusatzeinrichtungen im Vergaser vorhanden sein können, um den jeweils unterschiedlichen Kraftstoffbedarf zu decken. Grundsätzlich gibt es sechs Betriebszustände:

Kaltstart – Choke wird gezogen
Leerlauf – Gasschieber ist fast ganz zu
Teillast – Gasschieber ist zum Teil geöffnet
Volllast – Gasschieber ist voll geöffnet (»Vollgas« genannt)
Schiebebetrieb – Wenn während der Fahrt der Gasgriff losgelassen wird, z. B. beim Bergabfahren. Der Motor dreht mit einer hohen Drehzahl, will also viel Luft ansaugen, bekommt aber nur so viel wie im Leerlauf. Das bremst ihn ab (Motorbremse).

Beschleunigung – Dafür gibt es oft noch eine kleine Beschleunigerpumpe, die beim plötzlichen Aufdrehen des Gasgriffes über die mechanische Bewegung des Gaszuges zusätzlich Benzin dazupumpt. Ansonsten würde es ein Beschleunigungsloch geben, weil beim abrupten Öffnen des Schiebers erstmal der gesamte Unterdruck zusammenbricht und eher weniger Benzin angesaugt wird.

Gleichdruckvergaser

Der Gleichdruckvergaser funktioniert ebenfalls nach dem Prinzip, über Unterdruck Kraftstoff anzusaugen. Auch er hat einen Schieber mit einer Düsennadel und auf der Gegenseite eine Nadeldüse, die in die

Gleichdruckvergaser

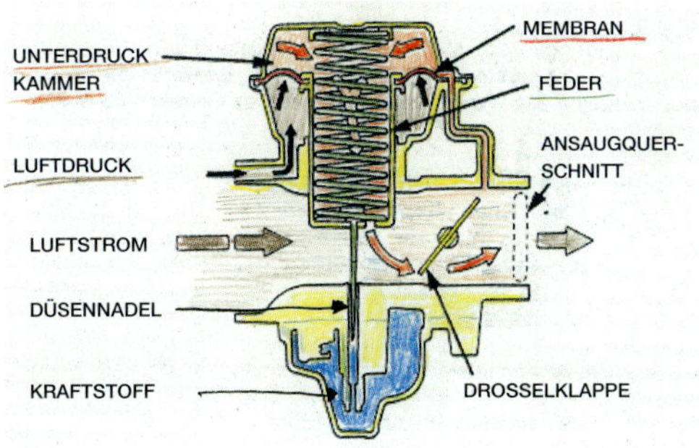

Gleichdruckvergaser im Schnitt

Schwimmerkammer hineinragt, von wo der Kraftstoff angesaugt wird.
Dieser Schieber heißt hier Kolben und wird nicht über den Gaszug bewegt, sondern bewegt sich aufgrund seiner Konstruktion - abhängig vom Unterdruck im Lufttrichter - selbstständig. Die benötigte Luftmenge wird hier über eine drehbare Klappe (Drosselklappe) gesteuert, die mit dem Gasgriff verbunden ist. Dadurch, dass der Kolben sich selbst bewegt, wird die Öffnung der Nadeldüse noch exakter den Betriebszuständen angepasst als beim Schiebervergaser, bei dem du nahezu gewalttätig eingreifst. Je nachdem, wie viel Luft der Motor ansaugt, also wie groß der Unterdruck ist, wird der Kolben mehr oder weniger weit nach oben bewegt. Dadurch herrscht an der Nadeldüse, aus der der Kraftstoff angesaugt wird, immer ungefähr der gleiche Druck. Deshalb heißt er Gleichdruckvergaser. Woher weiß nun der Kolben, wie weit er sich bewegen soll? Über die so genannte Ausgleichsbohrung gelangt die Luft aus dem Lufttrichter in den Raum über dem Kolben (Unterdruckkammer), und da es sich bei dieser Luft um dünnere Luft handelt als bei der Außenluft (deshalb Unterdruck), wird der Kolben, der durch die Membran von der Außenwelt getrennt ist, nach oben gesaugt. Lässt der Unterdruck nach, drückt die Kolbenfeder ihn wieder herunter. Das Führungsrohr, der Dämpferkolben und das Dämpferöl sollen die Auf- und Abbewegung des Kolbens ein wenig beruhigen, eben dämpfen, damit er nicht so nervös zuckt.

Ob dein Motorrad mit Gleichdruckvergasern ausgestattet ist, erkennst du schon an der typisch pilzigen Vergaserform. Bei BMW heißen diese Vergaser BING. Der Vorteil gegenüber den einfacheren Schiebervergasern besteht darin, dass es beim plötzlichen Gasgeben keine Beschleunigungslöcher gibt.

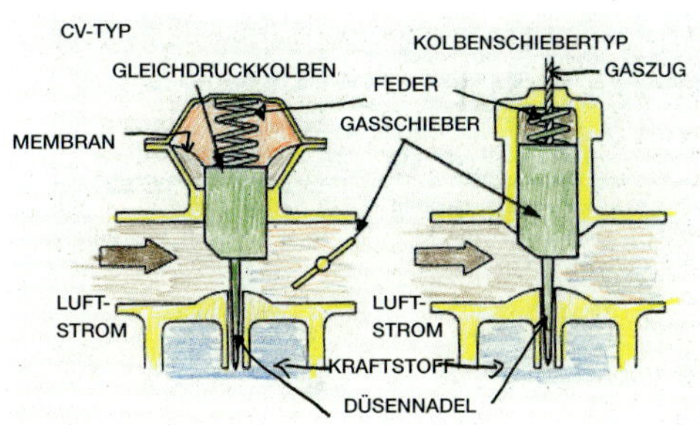

Vergleich beider Vergasertypen

Frauen-Motorrad-Clubs

Als wir noch so klein waren, dass wir nur auf Tuppertrikes fuhren, haben wir bei »Motorradclubs« an Rocker gedacht. Die eine an die bösen Buben: Hells Angels, Tätowierungen, lange fettige Haare, Fahrradketten, in Helme gestopfte Bärte und geklöppelte Kutten mit Zierstickereien. Die andere dachte an linke, engagierte, nickelbebrillte Sozialpädagogen – Typ Turnbeutelvergesser – in übrigens nicht weniger liebevoll gehaltener Garderobe.
Schon damals vermuteten wir, dass Motorradfahren im Rudel tierisch Spaß macht. Rumsitzen und Benzin reden auch. Wir wussten nicht, dass dies längst von vielen anderen Frauen entdeckt worden war.

Wie finde ich einen Frauen-Motorrad-Stammtisch in meiner Nähe?
Regional gibt es inzwischen viele Frauen-Motorrad-Clubs und Stammtische. Meistens machen sie keine bis wenig Werbung. Um sie zu finden, observiere die Szene. Am erfolgreichsten gelingt dies wahrscheinlich per Internet. Aber du kannst auch einfach im Straßenverkehr an Ampeln andere Motorradfahrerinnen anbrüllen oder an die nächste Tankstelle bitten – vielleicht gründest du auf diese Art sogar einen neuen Stammtisch. Wenn du dazu zu schüchtern bist, schaust du am besten frisch und voller Tatendrang – also Montag morgens am Arbeitsplatz – ins Internet. Gibst du beispielsweise »Women's International Motorcycle Association« (bekannt unter WIMA) ein, kannst du auswählen, zu welcher Gruppe weltweit du Kontakt aufnehmen möchtest oder wohin es sich auszuwandern lohnt. Du erfährst, wo es Stammtische in deiner Nähe gibt, wann Ausfahrten geplant sind und natürlich wirst du eine Menge netter Frauen kennen lernen. In Deutschland kannst du auch noch »Women on Wheels« eingeben. Suchst du Stammtische, wo Lesben und Heteras nicht gemischt sind, sondern solche, die ausschließlich frauenliebend sind, kannst du »GLME« (Gay and Lesbian Motorcyclists of Europe) oder »dykes on bikes« eingeben. Im Folgenden stellen wir die drei größten und ältesten Frauen-Motorrad-Clubs im deutschsprachigen Raum vor.

WOW – Women on Wheels
WOW ist ein bundesweiter Verein motorradfahrender Frauen. Die derzeit rund 200 Clubfrauen sind so unterschiedlich wie die Motorräder, die sie fahren: zwischen 26 und 63, von der Studentin bis zur Unternehmerin, von der Hetera bis zur Lesbe, von der jungen Mutter bis zur Handwerkerin – Hauptsache motorradbegeistert.
Bei den Women on Wheels überwiegen Maschinen zwischen 600 und 750 ccm, fast jede vierte der Maschinen hat noch größeren Hubraum.
Die Vorliebe für großvolumige Tourer erklärt sich auch durch die Kilometerleistung. Die meisten der Vereinsfrauen sind gerne auf längeren Strecken unterwegs. Gut ein Drittel fährt zwischen 5000 und 10 000 km im Jahr, mehr als ein Viertel über 10 000 km, einige sogar weit darüber. WOW wurde 1985 gegründet.
»Gemeinsam haben wir viel Spaß« heißt das Motto der Frauen. Sie treffen sich bundesweit zu regionalen Stammtischen und überregionalen Touren

und Treffen. Jede Motorradfahrerin ist willkommen. Egal welche Maschine sie fährt, ob sie Weltenbummlerin oder Sonntagsfahrerin ist. WOW organisiert Schrauberinnenkurse, Erste-Hilfe-Lehrgänge, Sicherheitstrainings oder Trialveranstaltungen für Frauen.

Gemeinsames Motorradfahren mit anderen Frauen bei Touren, Treffen und Stammtischen hält das Netzwerk lebendig, das längst bundesweit als Infobörse fungiert; und so manche Frau hat dank der Adressenliste unterwegs schon mal Hilfe bei einer Mitfrau gefunden. Geführte Motorradtouren sind bei den Women on Wheels eine schöne Tradition. Geboten werden Wochenenden mit traumhaft schönen Motorradstrecken. Neben überregionalen Touren gibt es auch viele regionale Touren, die von den Stammtischen veranstaltet werden!

Mindestens zehnmal im Jahr erscheint eine Clubzeitung, in der sich die Frauen über Treffen und Aktionen informieren und natürlich selbst auch zu Wort kommen können. Einmal im Jahr findet eine Vollversammlung statt.

Ein großes Anliegen von WOW ist die Präsenz von Frauen in bundesweiten Motorradgremien und auf Messen. Die aktiven Frauen haben auch den »Goldenen Abfalleimer« erfunden – eine Trophäe, die für die frauenfeindlichste Werbung im Bereich Motorrad und Zubehör verliehen wird.

Der Clubbeitrag bei WOW beträgt jährlich 40 Euro (ermäßigt 30) und wird für anfallende Kosten (Porto, Rundbriefe, Clubzeitung etc.) verwendet.

Kontakt: www.wow-germany.de,
E-Mail: wow-presse@gmx.de
Und in der Schweiz: Swiss Women on Wheels, www.womenonwheels.ch

WIMA – Women's International Motorcycle Association

WIMA ist ein internationaler Frauen-Motorradverband mit weltweit unabhängigen Länderorganisationen. 1.800 Frauen gehören derzeit zur WIMA. Gegründet wurde sie im Jahr 1937 in Amerika. Seit 1958 gibt es sie auch in Europa. In einem monatlichen Rundschreiben wird auf frauenspezifische Motorradveranstaltungen und Themen hingewiesen. Durch die internationale Adressenliste können weltweit Kontakte geknüpft werden.

Nachfolgend anstelle von weiteren Infos einfach mal ein Erlebnisbericht – verfasst von Monika Greiderer – von einem der jährlich stattfindenden WIMA-Treffen. Es gibt übrigens nur ein Jahr, in dem dieses Treffen ausfallen musste: Im Jahre 1961 – wegen allgemeiner Schwangerschaft.

WIMA-Alpina in Oberiberg (Schweiz) im August 2006

Mehr als 300 Frauen auf über 200 Töffs (schweizerischer Ausdruck für Motorrad) trafen sich dieses Jahr auf Einladung der WIMA in den Schweizer Alpen. Für mich war es das erste WIMA-Treffen überhaupt und es hat mich begeistert! Seit über 20 Jahren bin ich nun auf meinen Zweirädern unterwegs. Ich habe dabei auch etliche Motorradtreffen angefahren und festgestellt: Das WIMA-Treffen ist etwas ganz Besonderes. Wo sonst kann ich so viele Frauen unterschiedlicher Nationalitäten treffen, die mit Leib und Seele dem gleichen Hobby frönen wie ich?

Zur Anreise am Sonntag schüttete es aus Eimern! Margit aus Hagen, die Kräuterfrau Gabi aus Wiesbaden und ich Harzer Hexe sind eher nach Unteriberg geschwommen als gefahren. Aber die Schweizer Gastgeberinnen hatten vorgesorgt! Auf dem Gelände des Treffens am Ausgangspunkt (1035 m ü. M.) für die Seilbahn in das Skigebiet Hoch-Ybrig steht ein Parkhaus. Dieses durfte von den Frauen zur Hälfte zum Zelten genutzt werden und wurde offiziell in »Parkhotel« umbenannt. Und für Zeltfeindinnen wie mich gab es auch noch Hotelzimmer. Das Hotel war schnell in WIMA-Frauenhand. Es gab doch mehrere von uns, die zumindest für die erste Nacht gern eine warme, trockene Unterkunft in einem festen Gebäude genossen.

Die geplanten Aktivitäten der gesamten Woche waren von den Gastgeberinnen auf einem Programmzettel zusammengestellt worden, welchen jede Frau bei ihrer Ankunft ausgehändigt bekam. So konnte jede sich in Ruhe aussuchen, woran sie wann teilnehmen wollte. Der Montag begann dann freundlicherweise trocken. An diesem Tag wurden Spiele aller Art angeboten, von mit der Armbrust schießen (wie Wilhelm Tell) bis mit Bällen in Milchkannen treffen (wie Heidi).

Am Abend fand dann ein Begrüßungsdinner statt. Die Schweizerinnen hatten ihre Töff-Klamotten an den Nagel gehängt und präsentierten sich unter tosendem Kuhglockengeläut einer ortsansässigen Heimatgruppe in Dirndl und Krachlederbüx zur Begrüßung ihrer Gäste.

Ab Dienstag war Petrus wieder richtig gut gelaunt und bescherte uns reichlich Sonne. Jetzt konnte einer der wesentlichen Programmpunkte verwirklicht werden: Motorrad fahren! Im Umkreis von rund 200 km trafen wir immer wieder auf andere Frauen der WIMA. In großen und kleinen Gruppen oder auch mal allein wurden Kurven und Kehren näher erkundet. Und weil so viel »Gekurve« hungrig und durstig macht, wurde ganz nebenbei noch die leckere Schweizer Küche erforscht. Wie wir dabei feststellten mussten, kann Schweizer Schokolade in fester wie in flüssiger Form süchtig machen.

Am Mittwoch wurde eine Orientierungsrallye mit einigen sportlichen Sonderprüfungen durchgeführt. Wer in einer so schönen Gegend ein Treffen organisiert, der braucht sich über eine besondere Streckenführung seiner Rallye nicht allzu viele Gedanken machen. Reichlich kreativ zeigten sich die Ausrichterinnen der WIMA wieder bei den Sonderprüfungen: Heidi ließ grüßen! Freilich wollten mich an einem Berg die herumstreifenden Ziegen erst gar nicht durch die hohle Gasse zur Heidi lassen. Meine deutsche Kuh konnte diese meckernde Bande nicht sonderlich beeindrucken, aber irgendwann ließen sie mich dann doch gnädig passieren. Der Geißenpeter hatte wohl auch seinen freien Tag ...

Mit rund 200 Töffs ging es am Donnerstag im Konvoi nach Einsiedeln, zum Freiluftgottesdienst auf einem großen Platz vor dem Kloster. Viele Frauen hatten das CH-WIMA-T-Shirt an und ihre roten Caps auf, was den optischen Eindruck einer großen Gruppe noch verstärkte. Hier wurde ein Gottesdienst durchgeführt, in dessen Verlauf die Frauen samt ihren Motorrädern gesegnet wurden. Ganz nebenbei wurden wir dabei zur Attraktion in Einsiedeln. Etliche TouristInnen erkundigten sich nach dem Sinn und Zweck der Veranstaltung und hörten zum ersten Mal in ihrem Leben von einer Vereinigung Motorrad fahrender Frauen. Die Nachfragen ließen mich immer wieder schmunzeln: »DAS sind alles Frauen? DIE fahren alle selbst Motorrad?« Bei einigen Gesprächen beschlich mich das Gefühl, dass daheim mehr von den Frauen und ihren Motorrädern zu hören sein würde, als von der Schwarzen Madonna des Klosters.

Der Freitag wurde noch einmal genutzt, um sich in Ruhe von der traumhaften Region zu verabschieden. Gabi und ich trieben unsere Kühe noch einmal von Alm zu Alm: St. Gotthard, Nufenen, Grimsel und Furka. Und auch an diesem Tag genossen wir es, dass am Straßenrand immer wieder Motorräder standen, die wir schon kannten: Bei strahlendem Sonnenschein waren viele der WIMA-Frauen unterwegs.

Am Abend hieß es dann »Auf Wiedersehen!« Neue Bekanntschaften waren geschlossen worden und nach dem reichhaltigen Abschiedsessen luden die deutschen WIMA-Frauen mit einer beeindruckenden Videoshow zur WIMA-Thuringia 2007 in Plothen ein.
Vieles mehr gäbe es noch zu berichten. Es wurden Preise für Rallyefahrerinnen, Passfahrerinnen und die Teilnehmerinnen der Spiele verteilt, es gab eine Abenddisco im großen Gemeinschaftszelt und vieles mehr. Die Schweizerinnen haben ein wahrlich beachtenswertes Treffen auf die Beine gestellt!
Barbara Engelke
Kontakt: info@wima-germany.de
Homepage: www.wima-germany.de

WIMA Schweiz
Kontakt: wima-schweiz@gmx.ch
Homepage: www.wima-schweiz.ch

WIMA Österreich
Kontakt: www.members.a1.net
wima-austriainfo@wimaworld.com

Hexenring
Der Hexenring versteht sich als Zusammenschluss von Frauen für Frauen, die Motorrad fahren. Eine Interessengemeinschaft und eine Art Pannenhilfsdienst. Der Hexenring wurde 1979 gegründet. Damals schwebte den Gründungsfrauen eine Art »Kradnetz für Frauen« vor. Ein Notdienst, der Motorradfahrerinnen durch ein dichtes Netz von Adressen Schutz und Sicherheit bieten sollte. Der Name Hexenring bezieht sich nicht nur auf den motorisierten Besen, sondern auch auf jenen Ring aus Fliegenpilzen, von dem gesagt wird, dass keine etwas Böses fürchten muss, wenn sie inmitten des Ringes steht.
Mittlerweile gibt es ein stattliches Büchlein mit den Adressen von zirka 300 Frauen aus Deutschland, Österreich, Schweiz, Belgien, Finnland, Schweden und den Niederlanden. Auch in Australien und Neuseeland gibt es Kontaktadressen. Alle sind sie Hexen und als solche bereit, anderen Hexen zu helfen.

Mitmachen kann jede Frau, die Lust am Motorradfahren hat, andere Frauen kennen lernen möchte und auch mal bereit ist, eine Motorradhexe auf ihrer Reise zu unterstützen, das heißt, wenn möglich Unterkunft zu gewähren oder bei einer Panne beizustehen. Der Hexenbeitrag beträgt 15 Euro pro Jahr und wird für den dreimal jährlich erscheinenden Rundbrief verwendet, der vielerlei Informationen erhält: Stammtischtermine, Kontaktadressen, Termine für Ausfahrten und regionale Treffen, Sicherheitstrainings und Reiseberichte – aber auch Gedichte und kunterbunte Gedanken.
Zu WOW und WIMA bestehen enge Kontakte – einige der »Hexen« fahren dort ebenfalls mit.
Kontakt: Motorradhexen@gmx.de
Homepage: www.hexenring.istcool.de

Dykes On Bikes – Der Motorradclub für Lesben
Im Sommer 2002 wurde dieser Verein mit Sitz in Wien von ein paar motivierten Motorradfahrerinnen zwecks besserer Organisation gemeinsamer Unternehmungen gegründet. Die »Dykes On Bikes« sind mittlerweile ein bunt zusammengewürfelter Haufen von Frauen verschiedener Altersgruppen mit unterschiedlichem Fahrkönnen. Im Vordergrund des Vereinslebens stehen gemeinsame Ausfahrten, Fahrsicherheitstraining, Informationsaustausch, aber auch gesellige Zusammenkünfte beim monatlichen Stammtisch oder diversen Veranstaltungen. Ob Jung, ob Alt, ob Anfängerin, ob geübte Fahrerin, ob 125 ccm, ob 1300 ccm – bei den »Dykes On Bikes« ist jede Frau willkommen; und das bei kostenloser Mitgliedschaft.
Kontakt: dykes.on.bikes@gmx.at
Homepage: www.dykesonbikes.at

Elektrische Benzin-Einspritzung

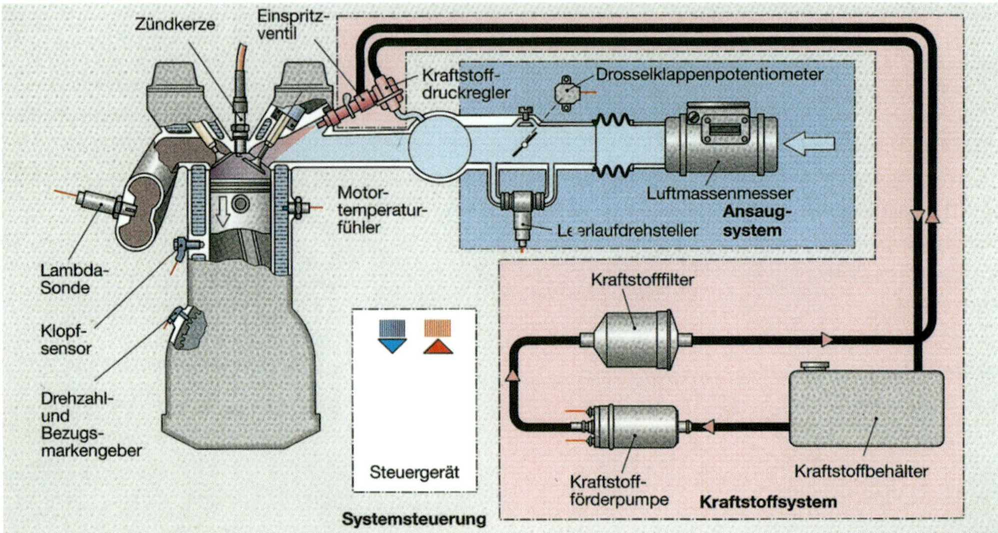

Benzin-Einspritzung

Seit der Entwicklung elektronischer Bauteile und Computeranlagen, die nicht mehr wohnzimmerfüllend sind, sondern bequem ins Motorrad passen, gibt es die elektronisch gesteuerte Kraftstoff-Einspritzung und damit keinen Grund, weiterhin Vergaser zu verbauen. Kawasaki und Honda brachten Anfang der 80er-Jahre des letzten Jahrhunderts erste Modelle mit Einspritzung auf den Markt. Trotzdem erfolgt die Umstellung nur sehr zögerlich, was sicherlich an den eher laxen Abgasrichtlinien liegt. BMW ist im Moment der einzige Hersteller, der alle Modelle mit Einspritzanlagen ausstattet.

Der Vergaser erfüllt zwar alle seine Aufgaben in den im Kapitel Vergaser besprochenen Betriebszuständen, aber unter den Gesichtspunkten bessere Leistung, geringerer Verbrauch und weniger Schadstoffe ist der Vergaser ein Versager. Seine Kaltstarteinrichtung hat z. B. bezüglich des Zustandes des Motors ungefähr das Einfühlungsvermögen eines religiösen Oberhauptes in Frauenangelegenheiten. Bei dem, was dem Motor da geboten wird und somit auch der Umwelt, bleibt er eigentlich mit dem Vergaser nur zusammen, weil sie aneinander geschraubt sind.

Lambda-Sonde

Bei der Kraftstoffzumessung wird nur von der Menge jener Luft ausgegangen, die durch den Vergaser strömt, nicht jedoch von der Masse, also der Dichte. Die differiert aber bekanntlich, und es macht einen großen Unterschied, ob du mit deinem Vergaser ans Meer fährst oder in die Berge. Was du vielleicht bei ansonsten schönen Passfahrten bereits gemerkt hast: weniger Leistung, höherer Benzinverbrauch. Besonders großvolumige Motoren, die mit niedrigen Drehzahlen gefahren werden, sind mit einer elektrisch zugemessenen Kraftstoffmenge besser bedient als mit der von ihnen freiwillig angesaugten.
Benzineinspritzanlagen sind wenig anfällig für Fehler und leicht zu warten.
Grundsätzlich besteht die Einspritzanlage aus drei Bereichen: Kraftstoffversorgung, Luftweg sowie elektronische Messung und Steuerung.
Im Tank oder daneben befindet sich eine elektrische Benzinpumpe, die dafür sorgt, dass der Kraftstoff mit einem gleich bleibenden Druck an den Einspritzventilen zur Verfügung steht. Am Ende des benzinführenden Verteilerrohres befindet sich ein Druckregler, der den von der Benzinpumpe erzeugten Druck konstant hält. Einspritzventile lauern in den Ansaugkanälen dicht vor den Einlassventilen. Sie werden elektromagnetisch geöffnet. Pro Zylinder ein Ventil. Wie viel eingespritzt wird bestimmt das Steuergerät darüber, wie lange die Einspritzventile jeweils geöffnet bleiben.

Um dem Steuergerät die Entscheidung zu erleichtern, bekommt es von freundlichen Sensoren interessante Infos:

1. Luftmenge
Durch die Bewegungsenergie der vom Motor angesaugten Luft wird dem Steuergerät die zu verbrennende Luftmenge mitgeteilt. Hier gibt es verschiedene Messverfahren, z. B. über den Ansaugdruck: Ein sensibler Druckfühler berichtet dem Steuergerät, wie stark die Atmung gerade ist.

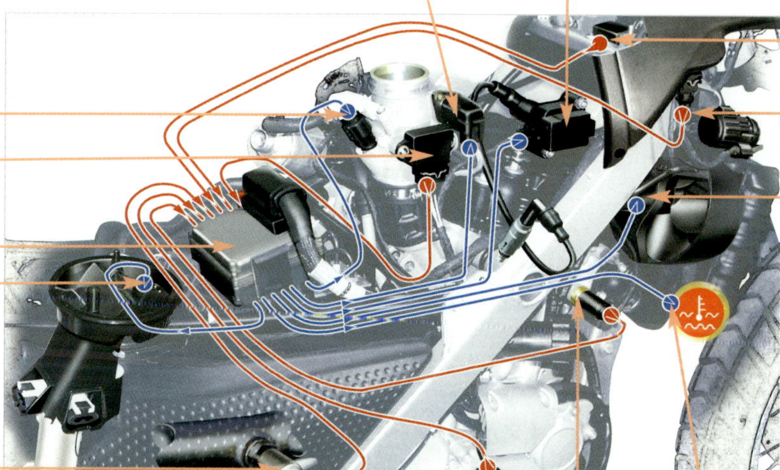

BMW-Motronic

2. Motortemperatur
Die sagt aus, in welchem Zustand (Kaltstart, Warmlaufphase, warm) sich der Motor befindet.

3. Motordrehzahl
Ein Impulsgeber ist wichtigster Informant für das Steuergerät. Hierüber weiß es dann immer Bescheid, was der Motor gerade macht, und kann z. B. ausrechnen, wann der Ansaugtakt beginnt und wie lange er bei genau dieser Drehzahl dauert. Der Geber sitzt am Motorgehäuse und beobachtet von da aus die Kurbelwelle.

4. Drosselklappenstellung
Ein Potentiometer teilt dem Steuergerät mit, in welcher Stellung sich der Gasgriff befindet. Gemessen wird am anderen Ende, an der Drosselklappe.

5. Verbrennung
Sobald die Verbrennung im Motor nicht mehr richtig funktioniert, weil z. B. die Zeit zum Verbrennen des Gemisches zu kurz ist oder zu früh begonnen wird oder die Kraftstoffmenge nicht stimmt, hört das der Klopfsensor und sofort reagiert das Steuergerät defensiv. Verwendet wird hier ein Piezokristall, wie es in zeitgenössischen Feuerzeugen zur Anwendung kommt.

6. Abgas
Sozusagen die Qualitätskontrolle des Endproduktes. Eine Lambdasonde misst den Sauerstoffgehalt im Abgas. Er ist ein Hinweis auf die Vollständigkeit der Verbrennung. Das Steuergerät reagiert mit mehr oder weniger Benzin.
Um einen Katalysator betreiben zu wollen, muss davor unbedingt eine Lambdasonde als Aufpasserin in den Auspuff geschraubt werden. Katalysatoren bekommen nämlich sofort Ausschlag, wenn sie mit Benzin in Kontakt kommen.

7. Ansauglufttemperatur
Die Messung der Umgebungstemperatur gibt Informationen über die Luftdichte.

8. Neigungsschalter
Der misst, ob du vielleicht gerade hingefallen bist und schaltet dann vorsorglich mal die Kraftstoffpumpe ab, um eine vorzeitige Feuerbestattung zu vermeiden. Sehr aufmerksam.

Nun braucht ein kluges Steuergerät nicht all diese Infos. Je nach Modell werden einzelne Komponenten weggelassen. Unerlässlich sind jedoch Impulsgeber und Drosselklappenpotentiometer, die gibt es bei jeder Einspritzanlage.
Wichtig für dich sind die Sensoren, die kaputtgehen und falsche Werte anzeigen können. Das Steuergerät wird dann sozusagen belogen und geht bei der Errechnung der Einspritzmenge von falschen Tatsachen aus. Das kann an oxidierten Steckern liegen, an Kabelbrüchen oder am Sensor selbst. Außerdem gibt es noch ein wichtiges Bauteil, das Pumpenrelais. Es schaltet die elektrische Kraftstoffpumpe ein. Sollte das Relais »hängen bleiben«, läuft die Pumpe nicht, und das Motorrad springt nicht an. Fällt dir auf, dass das typische »Sirren« der Pumpe im Tank oder in dessen Nähe nicht zu hören ist, lohnt es sich, nach dem Relais zu schauen. Oft genügt es zur Fehlerbehebung, das Relais kurz herauszunehmen und wieder einzubauen. Es hat dann einfach ein bisschen Aufmerksamkeit gewollt und wird jetzt günstigstenfalls wieder brav arbeiten.

Für die Kraftstoffpumpe gibt es auch eine eigene Sicherung, die du kontrollieren kannst. Die könnte heißen:
- EFI = electric fuel injection oder
- FP = fuel pump

Hinweise auf die Belegung der Sicherung findest du in der Bedienungsanleitung.

Urlaub

Die schönste Sache der Welt: für Shirley der Urlaub, für Susa die Brotzeit im Urlaub. Fast alle von uns befragten Frauen fahren mit dem Motorrad in die Ferien, wollen das wieder oder endlich mal – und viele schrecken auch vor abenteuerlichen Fernreisen nicht zurück. Allein, zu zweit, mit Freundin oder Freund oder in der Clique. Ob es sich dabei um ein verlängertes Wochenende handelt oder um das hemmungslose Verprassen des Jahresurlaubs – was das Gepäck anbetrifft, macht das keinen großen Unterschied.

Wenn man mit einer Frau in den Urlaub fährt, schreibt ein Herr Müller im 1979 erschienenen ADAC-Motorradbuch, muss man bedenken, dass sich das Gepäck nicht verdoppelt, sondern verdreifacht. Herr Müller rät nicht, auf die Frau zu verzichten. Wir würden raten, auf Herrn Müller zu verzichten. Herr Müller empfiehlt, die Frau mit dem Gepäck (ihrem und seinem) im Auto hintendrein fahren zu lassen.

Es gibt vier verschiedene Arten, Motorradurlaub zu machen. Am komfortabelsten und teuersten ist es, *mit einem Action-Team* zu reisen. Es gibt einige Anbieter, sie inserieren oft in Motorradzeitschriften oder ihre Prospekte liegen im Motorradhandel aus. Auch die Motorradhersteller selbst bieten häufig organisierte Reisen an. Du kannst mit dem eigenen Motorrad fahren oder eines mieten. Gelegentlich werden Touren für Frauen angeboten. Manche Veranstalterinnen freuen sich besonders über Frauen, so zum Beispiel Teambuctou, ehemals Andrea-Mayer-Reisen, *www.teambuctou.de*, wo du in Frankreich und Tunesien Endurofahren lernen kannst. Andrea Mayer, die berühmte Rallyefahrerin, erzählte uns im Interview, sie bedaure es sehr, dass sich bislang so wenig Frauen für das Offroadfahren begeistern würden. Es gibt natürlich auch ein Kontrastprogramm: Manche Veranstalter bieten Motorradreisen in Verbindung mit einem Wellnessurlaub an – gemütliches Fahren und genügend Zeit, um im komfortablen Hotel zu relaxen. Alles ist bestens organisiert. Dein Gepäck wird dir – auch wenn du keine Gattin hast – nachgefahren. Ein Späher fährt voraus und erkundet den besten Weg. Du brauchst keine Landkarte. Selbstverständlich gehört ein Hofmechaniker zum Tross.

Die zweite Möglichkeit: *Du übernachtest in Hotels oder Pensionen.* Heutzutage wirst du als Motorradfahrerin nicht mehr wie eine Wohnungssuchende behandelt. Wir erinnern uns noch gut an Zeiten, in denen wir als Rockerinnen abgewiesen wurden. An dieser Stelle ein Dank an die zahlungskräftigen Turborentner (meistens auf BMW, K-Reihe), denen dieser Sinneswandel der Hoteliers und Pensionsmütter zuzuschreiben ist. Motorradfahren ist seriös geworden. Inzwischen inserieren viele Hotels mit »Motorradfahrer willkommen«. Die Zeitschrift Tourenfahrer gibt jährlich eine ziemlich dicke Broschüre heraus, in der nach Ländern sortiert Hotels und Pensionen genannt sind, die gerne Motorradfahrerinnen und -fahrer beherbergen. Früher ging es uns darum, in unseren Astronautenanzügen überhaupt aufgenommen zu werden. Heute geht es vielen um die Gewissheit, das Pferdchen gut versorgt und vor allem sicher im Stall zu wissen. Die Unterkünfte werden in der Tourenfahrer-Broschüre ausführlich vorgestellt mit Fotos, Ausstattung/Leistung und Preisen. Die ist erhältlich über einen als Großbrief frankierten Rückumschlag an: Reiner H. Nitschke Verlags-GmbH, Tourenfahrer, Eifelring 28, 53879 Euskirchen; www.tourenfahrer.de

Frauen übernachten bei Frauen: Bei unserer Befragung von Motorradfahrerinnen wollten einige Frauen wissen, wo sie allein übernachten können, ohne dass sich Mitmenschen dazu aufgerufen fühlen, sie anzusprechen, zu trösten oder anzustarren. Kurz: Ein ruhiges und freundliches Plätzchen, wo eine Frau allein genauso ungewöhnlich ist wie Sonne im August. Also ein Frauenferienhaus. 150 Adressen von Frauenferienhäusern, Frauenhotels, Frauenpensionen, Frauencampingplätzen und von Frauen geführten Unterkünften in 22 europäischen Ländern findest du in dem Buch »Frauenorte überall«. Es kostet 16 Euro und ist unter der ISBN-Nummer 3-00-002928-1 in jeder guten Buchhandlung erhältlich. Das Buch ist eine Fundgrube für all jene, die das Gleiche erlebt haben wie viele englische Campingplatzbesitzer/-innen. Dort haben wir am Eingang von Campingplätzen öfter das Schild »no men groups« entdeckt, was den Campingplatz als männerberuhigte Zone auswies.

Freies Campen: Wildcampen ist superbillig und superabenteuerlich. Am besten ist es, in der Dämmerung ein Lager aufzuschlagen und morgens weiterzufahren. Wildcampen und längeres Bleiben passt nicht zusammen. Natürlich lädtst du keinen Müll ab und verlässt alle Plätze sauberer als du sie vorgefunden hast. Verstecke dein Motorrad in einem Gebüsch und campe am besten 100 Meter davon entfernt, da vermutet dich niemand. Lass in waldbrandgefährdeten Gebieten unbedingt den Kocher im Koffer. Wir haben mit Wildcampen fast nur gute Erfahrungen gemacht. In einem marokkanischen Reiseführer ist zu lesen, dass du dich an die Polizei wenden und dir einen Übernachtungsplatz zuweisen lassen sollst. Wir vermuten, diese Nächte werden als unvergesslich in deine Biografie eingehen ...

Beladung

Allein reisend wird es dir kaum gelingen, das Motorrad zu überladen. Eng wird es, wenn du auf einem Motorrad zu zweit bzw. dritt (= Gepäck) unterwegs bist. Wir konnten feststellen, dass es keinen Unterschied im Gepäck macht, ob wir eine oder fünf Wochen unterwegs waren. Denn warme Klamotten etc. hatten wir immer dabei. Das einzige Problem waren stets die Bücher. Die Bibliothek ist beschränkt: Im Fahrzeugschein findet sich unter Ziffer 15 das zulässige Gesamtgewicht.
Beim Kochgeschirr raten wir dringend von Aluminium ab. Der Abrieb ist erheblich, sieht sehr unappetitlich aus und würzt das Essen mit einem metallischen Beigeschmack. Aluminium führt zu Alzheimer. Also gib etwas mehr für Edelstahl aus. Damit du dich auch morgen noch an deinen Urlaub von heute erinnern kannst.

Packe nicht mehr als zehn Kilo in einen Koffer und belade die Koffer unbedingt gleichmäßig. Selbstverständlich brauchst du im Urlaub keine schweren Sachen. Ausnahme: Boulekugeln (nicht die für den Beckenboden) und Werkzeug. Das kommt nach unten. Der Schwerpunkt ist immer unten. Wie beim Städtebau. Du kannst so hoch hinaus wie du willst – musst dann allerdings deine Geschwindigkeit drosseln. Um das Gepäck gut festzuschnallen, gibt es sehr praktische Spanngurte, die auf jeden Fall besser sind als Expandergummis, weil sie nicht »schnalzen«.

Bei Enduros ist der Auspuff großräumig zu umpacken – wenn dein Gepäck zu nah dran ist und ein bisschen abrutscht, brutzelt dein Urlaubszubehör. Dieses Zubehör wie Schlafsack, Zelt, Thermomatten, dicke Pullover, Regenklamotten etc. raten wir dir in einem wasserdichten Sack zu verstauen. Der ist in Survivalgeschäften und im Motorradhandel erhältlich.

Tankrucksack

In den Tankrucksack tun wir unsere Spielsachen und die Landkarte. Walklady, Lippenstifte, bei Shirley ein Buch, Supertool plus Brotdose in Susas Rucksack. Und natürlich das Werkzeug. Alles, was schwer ist, vor allem, wenn du mit Sozia fährst: Damit der Schwerpunkt nicht so weit nach hinten wandert.

Sehr praktisch finden wir einen Wassersack. Er lässt sich problemlos aufschnallen, ist hitzebeständig und kann auch als Wärmflasche verwendet werden.

Bei vielen Motorrädern verbessert sich die Straßenlage mit zunehmendem Gewicht, aber der Bremsweg verlängert sich enorm. Vergiss nicht, die Federn bei voller Beladung auf die stärkste Stufe zu stellen. Falls du unglückliche Besitzerin eines Motorrades mit Kette bist, lockere diese.

So – alles fertig! Dann mach noch eine Probefahrt. Wenn das Motorrad zu schwer beladen ist, kann es nämlich zu Lenkerflattern kommen und es ist besser, dies festzustellen, wenn du noch zu Hause bist und leicht abrüsten und umbauen kannst.
Wir nehmen übrigens immer auch ein paar Wegwerfklamotten mit, mit denen wir dem Roten Kreuz nichts wegnehmen, da es sie empört zurückwiese. Und sind beim Heimkommen leichter als beim Losfahren.
»Das ist was für'n Urlaub«, ist bei uns eine stehende Redewendung.
Während besagter Herr Müller – Gott hab ihn selig! – vorschlug, schmutzige Wäsche nach Hause zu schicken (wo Muttern sie wohl waschen durfte) und sich unterwegs neue zu kaufen, empfehlen wir, es erst gar nicht zu »schmutziger Wäsche« kommen zu lassen, sondern sich im Urlaub gut zu vertragen!

Wenn der Schwerpunkt schön tief liegt, kannst du auch den Seitenständer risikolos benutzen...

Das Kühlsystem

Wie du wahrscheinlich schon schmerzlich feststellen musstest, werden Motoren empfindlich heiß. Während der Verbrennung entstehen im Zylinderkopf Temperaturen bis zu 2500 Grad Celsius. Die »Wärme« – so wird diese Hitze in der Fachsprache genannt – muss schnell und gleichmäßig abgeleitet werden, denn sonst dehnen sich die Motorteile zu sehr aus und fressen sich fest – z. B. der Kolben im Zylinder. Das heißt dann Kolbenfresser. Wärmeableitung heißt: Ein Stoff nimmt die Wärmeenergie eines anderen Stoffes auf. Das eine Material kühlt dadurch ab, dass das andere sich erwärmt. Ein Teil der Kühlung wird über Prävention gelöst, d. h. Wärmevermeidung dadurch, dass die gefährdeten Teile mit Öl geschmiert werden, sodass nur wenig Reibung entsteht. Ebenso leitet das Öl natürlich auch Wärme ab. Das merkst du daran, dass das Öl heiß wird. Vor allem luftgekühlte Motorräder haben oft Ölkühler, durch die das Öl

Das war ein »Kolbenfresser«

Doppelt gekühlt: vorne der Ölkühler, dahinter der große Wasserkühler

Kühlrippen an einem 2-Takt-Motor

gepumpt und vom Fahrtwind abgekühlt wird. Dabei handelt es sich um kleine, längliche Kisten mit zwei Stahlrohrleitungen. Sie sind vor oder neben dem Motor (bei BMW Boxern z.B. auf einem Sturzbügel) angebracht.
Auch das vom Motor angesaugte Benzingemisch kühlt den Verbrennungsraum. Deshalb ist es wichtig, dass der Motor richtig eingestellt ist, denn bekommt er zu wenig Benzin, überhitzt er und es brennt sich ein hässliches Loch in den Kolbenboden, also in den Deckel von der kleinen Dose in der großen Dose.
Neben diesen Kühleffekten haben Motoren immer noch eine zusätzliche Kühleinrichtung. Es wird unterschieden zwischen luftgekühlten und wassergekühlten Motoren.

Luftkühlung

Bei luftgekühlten Motoren wird die Wärme direkt auf die Motorwand geleitet, wo sie vom Fahrtwind abgekühlt wird. Um mehr Oberfläche zu haben, an der der Fahrtwind mit der Motorwand in Berührung kommen kann, sind viele dünne Kühlrippen angebracht. Luftgekühlte Motoren können nicht ewig im Stand betrieben werden, da sie überhitzen würden. Sie brauchen tatsächlich Fahrtwind. In den Betriebsanleitungen steht deshalb auch »nicht länger als 10 Minuten im Stand laufen lassen«. Das bedeutet für dich als Fahrerin: im Stau Motor abstellen oder langsam am Stau vorbeifahren. Erlaubt ist das nicht, wird aber meistens geduldet.

Wasserkühlung

Anders ist es bei wassergekühlten Motoren. Um die Zylinder herum befinden sich Wasserkanäle, über die die Motorwärme direkt ans Kühlwasser abgegeben wird. Eine Wasserpumpe, die vom Motor mit angetrieben wird, pumpt das Kühlwasser dann in den Kühler, der viele kleine Lamellen hat, durch die der Fahrtwind wiederum dem Wasser die Wärme entzieht. Von dort gelangt es wieder in den Motor. Sobald der Fahrtwind nicht mehr ausreicht, das Wasser abzukühlen, schaltet sich über einen Temperaturschalter ein elektrischer Ventilator ein, der den Fahrtwind simuliert. Solange der Motor noch »kalt« ist, verschließt ein Thermostat den Zulauf zum Kühler. Das Wasser fließt im »kleinen Kühlkreislauf« direkt wieder in den Motor hinein. Erst bei einer Wassertemperatur von etwa 90 Grad Celsius öffnet der Thermostat und das Wasser gelangt in den Kühler. Durch diese Regulierung wird erreicht, dass der Motor schneller warmläuft. Da das Kühlwasser eine Arbeitstemperatur von ungefähr 90 Grad Celsius hat, ist es unbedingt erforderlich, dass das Kühlsystem dicht ist. Durch die

Wassergekühlter Motor (Honda Varadero)

Erwärmung dehnt sich das Wasser aus, dadurch entsteht ein Überdruck, der wiederum verhindert, dass das Wasser zu kochen beginnt. Jede hat in der Schule gelernt: Hoch oben auf dem Popocatepetl ist der Luftdruck niedriger und das Teewasser kocht vielleicht schon bei 80 Grad Celsius. Entsprechend kocht es bei höherem Druck erst bei über 100 Grad Celsius. Ist das Kühlsystem nicht dicht, haben wir lauter kleine vorwitzige Blubberbläschen im System, die eine ernste Kühltätigkeit des Wassers empfindlich stören. Außerdem würde das Wasser verdampfen und futsch wäre es!

Damit die Wasserkühlung funktioniert, muss also

- genügend Wasser im System sein. Da gibt es einen Ausgleichsbehälter mit MIN-MAX-Markierung.
- Der Deckel muss fest geschlossen sein und das Kühlsystem darf auch sonst keine Undichtigkeiten wie z. B. poröse Kühlschläuche, lockere Befestigungsschellen oder eine tropfende Wasserpumpe aufweisen.
- Der Thermostat muss in Ordnung sein und bei etwa 90 Grad Celsius den großen Kühlkreis öffnen. Das kannst du an der Temperatur der Schläuche fühlen. Der eine Schlauch zum Kühler bleibt die ersten etwa zehn Minuten kalt und erwärmt sich erst, wenn der Thermostat geöffnet hat.

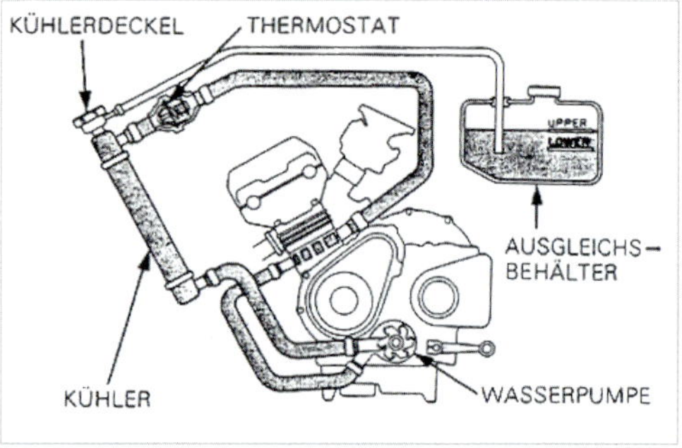

Wassergekühlter Motor

- Bei etwa 90 Grad Kühlwassertemperatur *im Kühler* muss sich der Ventilator einschalten.

Wassergekühlte Motoren sind bauartbedingt schwerer (dickere Motorwände, Wasserpumpe, Kühler, Wassergewicht) und teurer als luftgekühlte Motoren. Ihre Vorteile sind die gleichmäßige Kühlung auch der »hinteren« Zylinder beim quer eingebauten V-Motor sowie die Dämmung der Motorgeräusche durch den Kühlmantel. Des Weiteren sind sie stautauglicher als luftgekühlte Motoren.

Als Güllepumpen werden sie bezeichnet, weil es sich anbietet, den Schlauch vor der Wasserpumpe abzuklemmen und in eine Güllegrube zu legen und entsprechend den Schlauch hinter der Wasserpumpe auf den zu bespritzenden Mann zu richten. Wenn dich diese technische Variante näher interessiert, kannst du sie bei »Werner« nachlesen.

Die lieben Kleinen – Fahren mit Kindern

Ideal für allein erziehende Mütter mit zwei Kindern: Vorkriegsmotorrad der Marke »Böhmerland«

»Irgendwann zwischen meinem 4. und 5. Lebensjahr hat mich ein Motorradfahrer angefahren. Ich war nicht verletzt, nur erschrocken, und ich war beeindruckt und habe bis heute das Geräusch und Tempo nicht vergessen«, schrieb eine Motorradfahrerin in unseren Fragebogen zum Thema Frauen und Motorrad. Viele Frauen erinnern sich an ihre erste Begegnung mit einem Motorrad im Kindesalter, allerdings weniger dramatisch als einleitend beschrieben. Sie wurden als Kinder auf dem Soziaplatz mitgenommen. Vom Vater, dem Opa, einem Nachbarn. Oft waren diese Gefährte Roller. Die Fahrten hinterließen großen Eindruck und so manche Liebe zum Motorrad hat hier begonnen. Wir wissen natürlich nichts über jene Frauen, die nie wieder ein Motorrad besteigen wollten, weil ihre Eltern darauf drängten, dass die Tochter Motorrad fahre. Deshalb vorneweg: Wenn das Kind nicht möchte, dann lass es. Es ist wie beim Klavierspielen. Du kannst allerdings eine Menge dafür tun, dass das Kind will. Lass deine Tochter sehen, wie du dich aufs Motorradfahren freust. Rate mit ihr die Marken oder Farben vorbeifahrender Motorräder. Hebe sie mal auf den Sattel, erzähle ihr Geschichten – du weißt schon, wie das geht. Natürlich ist es praktisch, wenn dein Kind sowieso mitfahren möchte. Solltest du allein erziehend sein, brauchst du dich nicht zusätzlich um die Kinderbetreuung zu kümmern, wenn du ausreiten möchtest. Ansonsten kann ja der Vater/Patchworkvater des Kindes aufpassen. Wir haben den Eindruck, dass es unabhängig vom Geschlecht des Kindes ist, ob es mitfahren möchte. Wir kennen Frauen, deren Söhne nichts davon wissen wollen, während die Töchter darauf brennen. Die Werbung kennt fast nur Jungs, die mitfahren wollen. Oder Mädchen, die wie Jungs aussehen. Oder sind es vielleicht doch Jungs, die wie Mädchen aussehen? So ziehen sie sich geschickt aus der Affäre, die längst keine mehr ist, noch nie eine war, wie wir wissen.

Kinder brauchen selbstverständlich einen sicheren Sitz. Der ist in der Straßenverkehrsodnung auch vorgeschrieben. Mitfahrer brauchen Sitz, Fußstützen sowie einen Handgriff. Für Kinder unter sieben Jahren ist zudem ein spezieller Sitz vorgeschrieben, außerdem Radverkleidungen oder ähnliche Sicherungen, die die Füße vor den Speichen schützen. Der spezielle Motorrad-Kindersitz für Kinder unter sieben Jahren ist in der Regel eintragungsfrei und wird meistens auf der Soziussitzbank unter dem Rahmenheck oder der Sitzbank entlanglaufend fest verschnürt. Der möglichst gepolsterte Sitz muss einen festen Seitenhalt durch hoch gezogene Wangen bieten und am Rücken eine weich abfedernde, sichere Stütze aufweisen. An den Seiten dieser Kindersitze befinden sich zwei Griffschlaufen zum Festhalten. Das ist auch sinnvoll, denn Kinder haben keine so langen Arme, dass sie den Körper der Fahrerin umarmen können. Schlaufen gibt es auch für die Füße, falls die Beine zu kurz sind, um bis zu den Fußrasten zu reichen. Diese Schlaufen haben leider den Nachteil, dass die Beine in Kurven oft hin und her schaukeln. Um Verbrennungen an einem hochgelegten Auspuff zu vermeiden, empfiehlt es sich, den Sitz vor dem Kauf am eigenen Motorrad auszuprobieren. Der Gesetzgeber schreibt kein Mindestalter für Kinder auf dem Motorrad vor, die Entscheidung wird den Eltern überlassen. Aber drei Jahre alt sollte das Kind schon sein. Und es sollte mindestens 15 Kilo wiegen und »reif« genug sein, um mitzufahren. Viele warten, bis das Kind groß genug ist, um mit den Füßen auf die Fußrasten zu kommen. Es gibt Stimmen, die fordern, dass Kinder 12 oder 14 Jahre alt sein sollen, bevor sie mitfahren.

Bevor du dein Kind auf den Sitz hebst oder klettern lässt, hast du dich selbstverständlich um die richtige Ausrüstung gekümmert. Gut, einmal Probe fahren im Hof geht auch ohne. Aber sobald ihr auf der Straße seid, braucht das Kind einen Helm. Und zwar einen passenden. Nicht den vom letzten Jahrtausend aus dem Keller. Einmal abgesehen davon, dass die rund eineinhalb Kilo, die ein einfacher Integralhelm wiegt (von BMW gibt es einen Integralhelm mit 999 Gramm, aber der muss es auch nicht sein), dem Kind schnell den Spaß am Fahren verderben: Sollte der schlimmste Fall eintreten, ist dieses Gewicht entschieden zu viel für die Halswirbel eines Kindes. Moderne Kinderhelme, die inzwischen von fast allen Herstellern angeboten werden, unterscheiden sich daher hauptsächlich in puncto Gewicht von den Großen. Ein zusätzlicher Ohrschutz gegen den Lärm unter der Helmschale kann nicht schaden. Fahrradhelme haben trotz ihrer luftigen und leichten Bauweise nicht nur aus versicherungsrechtlichen Gründen nichts auf dem Motorrad verloren: Sie bieten mit der Styroporschale und einem dünnen Plastikbezug auf dem Motorrad keinen ausreichenden Schutz. Auch der Skianzug, Regenmantel und die Gummistiefel haben auf dem Motorrad nichts verloren, außer als Gepäckstücke. Zum Glück gibt es Händler, die Kinderbekleidung nicht nur verkaufen, sondern auch ausleihen. Sollte also auf der ersten Fahrt etwas Unvorhergesehenes passieren, was die Kleinen so erschreckt, dass sie nicht mehr mitfahren möchten, halten sich die Kosten in überschaubaren Grenzen. Im Internet – beispielsweise bei ebay – lassen sich ganz tolle Schnäppchen machen, weil Kinder bei artgerechter Haltung eben schnell wachsen. Das hat BMW auch erkannt und deshalb einen Anzug entwickelt, der mitwächst. Durch ein raffiniertes Reißverschlusssystem an Ärmel und Beinen kann der Kinderanzug über mehrere Jahre vergrößert werden.

Grundsätzlich gilt: Das mitfahrende Kind sollte nicht schlechter ausgestattet sein als die Fahrerin. Und wenn die Fahrerin wie Makiko Sugino am liebsten in Jeans unterwegs ist, sollte das Kind besser ausgestattet sein als sie. Da immer mehr Eltern ihren Nachwuchs mitnehmen möchten, findest du in allen großen Motorradläden auch eine Abteilung oder wenigstens Ecke für die lieben Kleinen. Dort lässt du dich am besten ausführlich beraten. Weil Kinder schneller auskühlen als Erwachsene, ist es beispielsweise wichtig, sie auch wirklich gut einzupacken. Und selbst wenn die Tochter dann bestens ausgerüstet ist, kann es noch nicht losgehen, solange sie nicht kindgerecht instruiert ist. Je nach Alter kann das heißen: Auspuff aua-aua, oder eine Lektion in Physik sein. Die meisten Kinder haben ein Gespür für Bewegung und sind geborene Beifahrer/-innen. Wenn wir auf sie und ihre Bedürfnisse Rücksicht nehmen, können wir unvergesslich schöne Touren zusammen erleben. Sitzt der Nachwuchs hinten drauf, ist er der Boss. Der Fahrplan ist nach seiner Kondition auszurichten. Ganz wichtig sind häufige Pausen. Ein zappelndes Energiebündel im Rücken ist ein Risiko für beide. Um Langeweile vorzubeugen – Kinder genießen selten einfach nur die schöne Aussicht –, können Hörspiele oder Musik per Kopfhörer zur Unterhaltung mitgenommen werden. Manche Mütter übernehmen diesen Job durch eine Gegensprechanlage selbst. So kann der Nachwuchs gleich damit herausplatzen, dass er dringend mal muss oder einen Krampf in der Zehe hat und muss nicht überlegen, welches Klopfzeichen für welche Zehe gilt. Das kann so beruhigend wie ein Babyphon sein. Andererseits sind manche Kinder wahre Plappertaschen und können kaum einen Straßenpfosten ohne Kommentar passieren lassen.

Was die Reisegeschwindigkeit betrifft, brauchst du wenig Rücksicht zu nehmen. Dein Augenstern ist komplett hinter dir versteckt und kaum Winddruck ausgesetzt. Autobahnen sind trotzdem kein so tolles Pflaster - außer natürlich, du planst eine längere Reise und willst zügig vorankommen. Wenn deine Tochter/dein Sohn erst einmal an das Motorradfahren gewöhnt ist, spricht nichts dagegen, längere Touren (mit vielen Pausen) und Urlaubsreisen zu unternehmen. Solltest du ins Ausland reisen wollen, erkundige dich vorher nach den dortigen Bestimmungen. Es gibt Länder, die schreiben ein Mindestalter für auf dem Motorrad mitreisende Kinder vor.

Solltest du Gepäckprobleme bekommen, weil du so viel Spielzeug dabei hast ... wie wäre es mit einem Gespann? Vom Kinderwagen ins Dreirad? Im Seitenwagen lassen sich Kinder schon allein wegen der sie umgebenden Karosserie sicher und bequem unterbringen. Wir haben von Säuglingen im Seitenwagen gelesen, uns sind aber noch keine begegnet oder wir haben sie übersehen, klein wie sie sind. Es gibt kein Mindestalter für Kinder in Seitenwagen, dafür natürlich aber Vorschriften (wie z. B. Helmpflicht) und Gegner dieser Vorschriften, die empfehlen, eine Befreiung der Helmpflicht für die Kinder im Seitenwagen zu beantragen.

Es versteht sich von selbst, dass die erste Ausfahrt wie auf Eiern stattfindet. Ein echtes Motorrad ist etwas anderes als das Schaukelding vor dem Kaufhaus. Es ist laut, es schüttelt und die Beschleunigung kann auch Angst machen. Aber das weißt du ja alles selbst am besten: Ist dein Nachwuchs eher ängstlich oder risikofreudig? Da du immer nur ein Kind mitnehmen kannst, gerätst du auch nicht in Schwierigkeiten, wenn du zwei völlig verschiedene Charaktere zur Welt gebracht hast. An so einen Fall hat vielleicht Herr Albin Liebisch gedacht, der zwischen 1925 und 1938 im damaligen Sudentenland ein dreisitziges, sehr langes Reisemotorrad mit dem Namen »Böhmerland« herstellte. Wir freuen uns, dass es schon damals Männer mit einem Herz für allein erziehende Mütter von zwei Kindern gab.

Die Vorschriften in Österreich

Mit Motorrädern dürfen im Sinne der Richtlinie 92/61/EWG nur Personen befördert werden, die das zwölfte Lebensjahr vollendet haben. In Beiwagen dürfen auch Kinder unter zwölf Jahren bei entsprechender Sicherung mitfahren. Dabei müssen kleinere Kinder mit einem geeigneten, sicher befestigten Kindersitz, größere Kinder mit einem Sicherheitsgurt befördert werden. Die seitlichen Ränder des Beiwagens müssen mindestens bis zur Brusthöhe der Kinder reichen, und der Beiwagen muss einen Überrollbügel aufweisen, es sei denn, es handelt sich um einen geschlossenen, kabinenartigen Beiwagen.

Die Vorschriften in der Schweiz

Auf Motorrädern mit Sozius- oder Doppelsitz darf nur eine Person als Beifahrer mitfahren. Diese hat rittlings zu sitzen und muss Trittbretter oder Fußrasten benutzen können. Ein Kind unter sieben Jahren darf auf einem Motorrad nur auf einem behördlich genehmigten Kindersitz befördert werden.

Kraftübertragung

Mehrscheibenkupplung zusammengebaut

Sobald der Motor läuft, dreht sich die Kurbelwelle im Leerlauf mit etwa 800 Umdrehungen pro Minute (U/min).
Nun muss diese Drehbewegung auf das Hinterrad des Motorrades übertragen werden, und das geschieht folgendermaßen:

Sofern der Motor so eingebaut ist, dass die Kurbelwelle quer zur Fahrtrichtung gelagert ist, wird die Kurbelwellendrehung über eine Kette, die so genannte Primärkette, auf die Kupplung übertragen. Da sich die Primärkette mit der Kurbelwellendrehzahl bewegt, das Hinterrad deines Motorrades aber still steht, also die Drehzahl 0 U/min hat, müssen beim Anfahren die Drehzahlen von beiden angeglichen werden. Diese Angleichung erfolgt manuell über die Kupplung. Du lässt sie »schleifen« – genau das ist der Vorgang des Angleichens. Was da aneinander schleift, sind zwei oder mehrere Kupplungsscheiben. Ziehst du per Kupplungsgriff am Kupplungsseil, trennst du den Motor vom Getriebe. Ist ein Gang eingelegt und du lässt den Kupplungsgriff los, sind Motor und Getriebe miteinander verbunden.

Gegenüber der Kupplung liegt das Getriebe. Darin befindet sich für jeden Gang jeweils ein Zahnradpaar auf zwei Wellen. Die eine Welle ist mit der Kupplung verbunden, die andere leitet die Kraft (Drehung) weiter Richtung Hinterrad. Je nachdem, welchen Gang du einlegst, also welches Zahnradpaar geschaltet wird, ist die Motordrehzahl im Getriebe höher oder niedriger. Greift ein kleines Zahnrad mit wenigen Zähnen in ein größeres mit vielen Zähnen, dreht sich das große langsamer. Das ist im 1. Gang der Fall. Im 5. Gang ist es dann andersherum: Das Hinterrad soll sich sehr schnell drehen, der Motor aber im mittleren Drehzahlbereich bleiben. Also befindet sich das große Zahnrad auf der Motorseite und das kleine auf der Abtriebseite (Hinterradseite).
Kupplung und Getriebe brauchen nicht gewartet zu werden.
Wo die Kupplung sitzt, findest du am besten heraus, wenn du dem Kupplungsseil folgst. Das Getriebe befindet sich dort, wo der Schalthebel angebracht ist.

Mehrscheibenkupplung zerlegt

Kardan zerlegt

Riemenantrieb

Vom Getriebe aus wird die Motorkraft jetzt endlich zum Hinterrad gebracht. Hierfür gibt es drei Möglichkeiten:

Kettenantrieb
Über die so genannte Sekundärkette wird das Kettenritzel an der Getriebeabtriebswelle mit dem Zahnrad am Hinterrad verbunden. Das Kettenritzel vorne ist kleiner und versteckt sich hinter einem Schutzdeckel.

Riemenantrieb
Auch Beltdrive genannt. Der funktioniert genauso wie der Kettenantrieb, nur dass statt der schweren, teuren, pflegebedürftigen Kette eine Art Keilriemen ohne Keil – stattdessen mit Zähnen – verwendet wird.

Kardanantrieb
Im Gegensatz zu Kette oder Riemen, die die Verwandtschaft zum Fahrrad deutlich erkennen lassen, stellt der Kardan die teuerste und technisch schönste Lösung dar. Und das nicht nur wegen seines schlichten Äußeren, sondern vor allem, weil er außer der Ölkontrolle keinerlei Wartung bedarf. Über eine Welle, die an ihren Enden mit Kegelzahnrädern bestückt ist, wird die Drehrichtung der Getriebewelle um 90 Grad geändert, zum Hinterachsgetriebe geleitet und dort wieder um 90 Grad geändert. Was Stirnräder und Kegelräder sind, kannst du unten auf dem Bild erkennen.

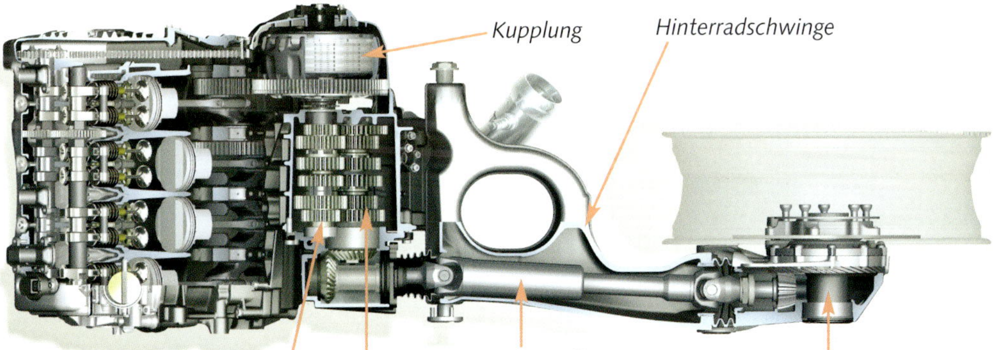

Kardanantrieb

Die lieben Großen – Fahren mit Sozia/Sozius

Wenn Susa und ich gemeinsam eine Tour unternehmen, fahren wir oft auf einem Motorrad. Wir mögen das sehr und diskutieren, welche von uns fahren »muss«. Hinten sitzen, die Gegend betrachten, ungestört etwas essen, die Gedanken schweifen lassen, ohne die nächste Kurve zu berechnen ... das finden wir toll. Damit stehen wir ziemlich alleine da. Die meisten Frauen, die wir kennen, fahren nicht gerne mit. Vielleicht ist das auch eine Vertrauenssache. Wer den Lenker in der Hand hat, hat die Kontrolle. Und die Verantwortung. Die überlassen wir uns also gerne. Tausende von zu zweit zurückgelegten Kilometern haben dieses Vertrauen wachsen lassen.
Bei unserer Umfrage erfuhren wir, dass viele Frauen nicht gerne zu zweit unterwegs sind, weil ihnen die Verantwortung zu groß ist. Wir bemühten uns, Meinungen von Männern einzuholen, was gar nicht nötig gewesen wäre, da sich unser Vorurteil bestätigte: Männer gaben meistens an, sie würden lieber alleine fahren, weil sie dann keine Rücksicht nehmen müssten. Diese Antwort bekamen wir auch von einigen Frauen. Einig sind sich alle, dass zu zweit oder allein Fahren zwei ganz verschiedene Touren sind. Beim allein Fahren steht das Fahren im Mittelpunkt, zu zweit unterwegs ist das gemeinsame Erleben im Mittelpunkt. Und da passen sich die einen gerne an, die anderen etwas zögerlicher oder gar nicht. Eine Gemeinsamkeit scheinen motorradfahrende Frauen und Männer zu haben: Sie fahren nicht gerne hintendrauf mit.

Es gibt gute und schlechte Beifahrerinnen. Wir sind natürlich so gute Beifahrerinnen, dass wir gar nicht spüren, dass die andere dabei ist, außer sie fängt an, mit den Fäusten auf die Schenkel der Fahrerin zu dreschen, weil sie etwas mitteilen möchte (Shirley) oder eine Essenspause braucht (Susa). Schlechte Beifahrerinnen sind der Horror. Shirley ist mal mit einer Freundin gefahren, die sich in jeder Kurve in die entgegengesetzte Richtung warf, mit ihrem Helm gehirnerschütternd zuprostete und schon vor dem Anhalten die Füße von den Rasten nahm. Aber auch die Fahrt mit einem heuschnupfengeplagten Bruder durch das blühende Umland von Wien bleibt unvergessen. Jedesmal wenn dieser Sozius nieste, der zwei Helme größer ist als Shirley, hatte sie das Gefühl, von unberechenbaren Naturgewalten ins Schleudern gebracht zu werden und allergrößte Mühe, das Motorrad auf der Straße zu halten, was zu einem großen Teil auch an den die Niesanfälle begleitenden beiderseitigen Lachkrämpfen lag.

Obwohl es wunderschön ist, mit der Lebensabschnittsbegleitung hinten drauf Motorrad zu fahren, gestehen wir, dass wir zwei es am schönsten mit uns als Beifahrerinnen finden. Mag sein, das ist auch eine Gewichtsfrage. Besonders Lebensgefährten neigen dazu, größer zu sein und mehr als Frauen zu wiegen. Je mehr Gepäck, desto mehr Last. Beifahrer/-innen sollten über ihre dominante Schwerpunktsituation aufgeklärt sein. Der Gesamtschwerpunkt eines voll beladenen Motorrades liegt weiter oben und hinten. Die Hebelverhältnisse von den Radaufstandspunkten zum Gesamtschwerpunkt und von diesem zur Lenkachse ändern sich. Das Motorrad sackt hinten ab und das Verhältnis der Achslasten zueinander verlagert sich nach hinten. Das verlangt ein verändertes Balancegefühl der Fahrerin. In kritischen Situationen benötigt sie zudem mehr Kraft in Beinen und Armen, um auszugleichen. Die Masse der besseren Hälfte wirkt sich aus wie eine um gleich viel schwerere Maschine. Das sind physikalische Gesetzmäßigkeiten. Bei der Fahrt bewirkt der höhere Schwerpunkt eine leichtgängigere, störanfälligere Lenkung, was besonders bei Bodenwellen deutlich wird. Zudem federt das Motorrad hinten nicht mehr so viel wie vorher ein, so schrumpfen Bodenfreiheit und Schräglagenmöglichkeit. Diese Beeinträchtigungen werden umso gewichtiger, je schwerer der Beifahrer/die Beifahrerin als die Fahrerin ist. Susa schätzt das, weil sie endlich mit den Füßen festen Bodenkontakt hat. Letztlich könnten Gas und Kupplung mit mehr Gefühl bedient werden, wenn sich ein Gast an Bord befindet. Zu wenig Luft in den Reifen führt zu Lenkerflattern, bei mehr Beladung sollte der Luftdruck kontrolliert und die Federung und Dämpfung härter gestellt werden.

Eine gute Hintendrauf weiß das alles und verhält sich dementsprechend. Als Selbstfahrerin hat sie den Groove des Bikes im Blut und braucht keine Einführung. Für Neulinge empfiehlt sich eine Einweisung. Auch so scheinbar lächerliche Kleinigkeiten wie »wann fahren wir los« sollten abgesprochen werden, nämlich erst dann, wenn beide grünes Licht geben.

Bremsen

Beim Bremsen sollen die Räder dazu gebracht werden, sich langsamer bzw. gar nicht mehr zu drehen. Dazu werden massive Druckmittel eingesetzt. Wer drückt wen? Auf eine am Rad befestigte Stahlplatte wird beim Bremsen ein so genannter Bremsbelag gepresst. Durch die entstehende Reibung wird das Rad immer langsamer. Es gibt grundsätzlich zwei verschiedene Bauarten: Scheibenbremsen und Trommelbremsen.

Trommelbremse

Bei der Trommelbremse ist ein runder Behälter, die Trommel, am Rad festgeschraubt und dreht sich mit. Innen in dieser Trommel befinden sich zwei halbmondförmige Bremsbacken, die mit zwei Federn zusammengehalten werden. Diese Backen sind an einer Platte befestigt, die an der Vordergabel des Motorrades oder – beim Hinterrad – an der

Trommelbremse vorne

Trommelbremse mit Belagsverschleißanzeige

Trommelbremse geöffnet

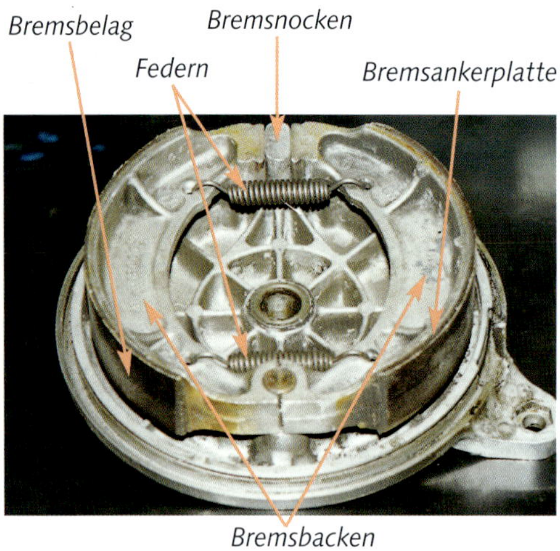

Trommelbremse innen, mit Bremsbacken

Schwinge fixiert ist (Bremsankerplatte), sich also nicht mit dem Rad mitdreht. Außen auf die Bremsbacken sind die Bremsbeläge geklebt, die beim Bremsen von innen gegen die sich drehende Trommel drücken, um sie dadurch abzubremsen. Beim Betätigen der Bremse wird das viereckige Teil links, der Bremsnocken, zwischen den Bremsbacken verdreht und spreizt dadurch die Bremsbacken auseinander. Durch die beiden Federn werden die beiden Bremsbacken beim Loslassen der Bremse wieder zueinander gezogen. Trommelbremsen werden bei Motorrädern grundsätzlich mechanisch betätigt: Der Bremsnocken, der die Bremsbeläge spreizt, wird über einen Hebel und ein Gestänge oder über einen Seilzug betätigt. Die meisten Trommelbremsen werden heute nur noch am Hinterrad verbaut und vom Fußbremshebel über eine Stange betätigt. Das kannst du gut erkennen, wenn du bei deinem Motorrad mal den Fußbremshebel mit der Hand hinunterdrückst und die sich dabei bewegenden Teile beobachtest.

Durch den Aufbau der Trommelbremse, bei der die Bremsbeläge von innen gegen die Trommel drücken, wird die Bremswirkung bei zunehmender Erwärmung der Trommel immer schlechter. Die Trommel dehnt sich aus und wird größer. Dadurch liegen die Bremsbeläge nicht mehr so fest an und die Bremskraft lässt nach. Das heißt dann Bremsfading. Deshalb sind Trommelbremsen für langes Dauerbremsen nicht gut geeignet.

Scheibenbremse

Bei der Scheibenbremse ist eine runde Bremsscheibe am Rad festgeschraubt und dreht sich mit. An einer Stelle in der Nähe der Vordergabel oder Hinterradschwinge, an der er nämlich angeschraubt ist, sitzt ein

Doppelscheibenbremse

so genannter Bremssattel, durch den sich die Bremsscheibe hindurchdreht. Im Bremssattel sind zwei Bremsklötze angebracht, die sich links und rechts von der Bremsscheibe befinden. In Ruhestellung liegen sie nur leicht an, sodass sich die Scheibe frei drehen kann. Beim Bremsen drücken zwei Kolben im Bremssattel gegen die Bremsklötze, wodurch diese gegen die Scheibe gepresst werden. Wird die Bremse losgelassen, bewegen sich die beiden Kolben eigenständig wieder ein wenig von der Scheibe weg. Das ist mit bloßem Auge nicht zu erkennen, weil sie dann immer noch leicht an der Scheibe anliegen.

Bei der Scheibenbremse gibt's verschiedene Ausführungen: Scheiben mit oder ohne Löcher, entweder als Einscheibenbremse oder als Doppelscheibenbremse, die hat dann auf jeder Seite des Rades eine Scheibe und einen Bremssattel.
Außerdem unterscheiden sich die Bremssättel in ihrer Bauform. Entweder sie haben zwei Kolben (die Festsattelbremse), also auf jeder Seite der Bremsscheibe einen, oder sie haben auf jeder Seite zwei Kolben (Doppelkolbenbremssattel). Ebenso gibt es Bremssättel mit nur einem Kolben, so genannte Pendelsättel oder Faustsättel. Hier ist der Sattel beweglich gelagert, was auf dem Bild zugegebenermaßen nicht zu erkennen ist.

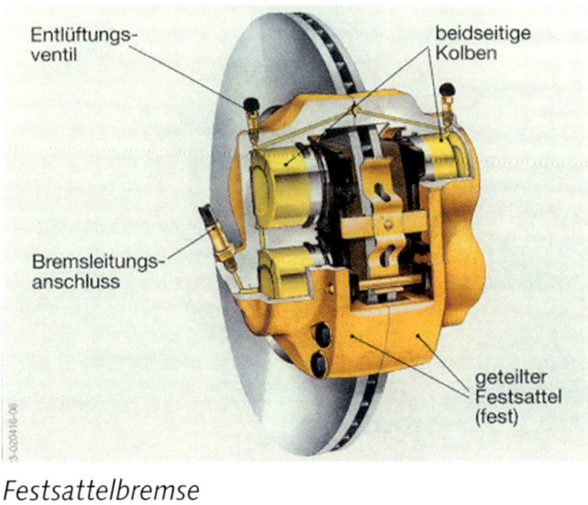

Festsattelbremse

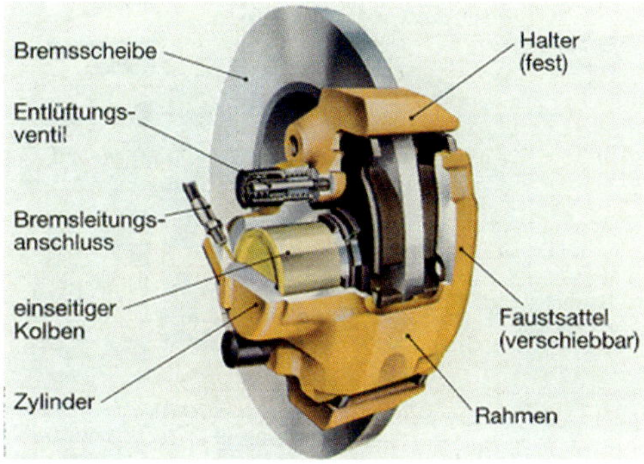

Faustsattelbremse

Beim Bremsen drückt der Kolben einerseits den Belag links gegen die Scheibe, gleichzeitig wird aber der gesamte Sattel nach links geschoben, sodass automatisch auch der rechte Bremsklotz gegen die Scheibe gedrückt wird. Scheibenbremsen werden hydraulisch betätigt, und das geschieht folgendermaßen: In dem Ausgleichsbehälter am Lenker befindet sich Bremsflüssigkeit. Unter dem Behälter sitzt der Hauptbremszylinder, in dem ein Kolben über den Bremshebel bewegt wird. Im Hauptbremszylinder ist auch Bremsflüssigkeit. Am Hauptbremszylinder ist ein Bremsschlauch befestigt, der – ebenfalls mit Bremsflüssigkeit gefüllt – die Verbindung zur Scheibenbremse am Rad herstellt. Dort ist er nämlich an den Bremssattel angeschraubt, sodass die Bremsflüssigkeit in den Radbremszylinder im Bremssattel gelangt. Sobald der Bremshebel betätigt wird, drückt er den Kolben im Hauptbremszylinder nach links und die gesamte, im hydraulischen System befindliche Flüssigkeit wird nach unten verschoben. Flüssigkeiten lassen sich im Gegensatz zu Luft nämlich nicht zusammendrücken. Sie verhalten sich wie eine Stange: Drückst du am oberen Ende drauf, bewegt sie sich am unteren Ende um genau so viel weiter, wie sie oben verschoben wurde. Im Radbremszylinder bewegt sie den Bremskolben nach rechts und der drückt den Bremsklotz gegen die Bremsscheibe. Beim Loslassen des Brems-

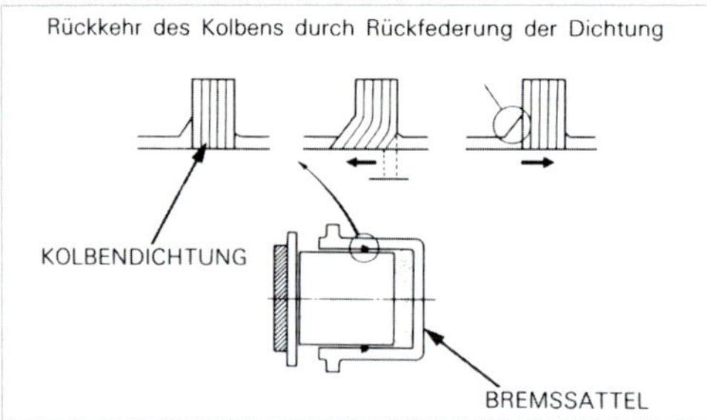

Dichtlippe am Bremskolben

hebels wird dieser u. a. von der Feder im Hauptbremszylinder wieder in seine Ruhelage zurückgedrückt. Ebenso bewegt sich der Bremskolben durch eine umgeknickte Dichtlippe um ein paar hundertstel Millimeter zurück, sodass sich die Scheibe wieder frei drehen kann.

Im Laufe der Zeit schleift sich der Bremsbelag zunehmend ab. Er wird dünner. Entsprechend rückt der Bremskolben weiter nach. Dadurch wird der Raum im Radbremszylinder größer und es muss mehr Bremsflüssigkeit hinein. Die kommt aus dem Ausgleichsbehälter, dessen Flüssigkeitsspiegel sich entsprechend absenkt. Durch die beim Bremsen entstehende und zum Bremsen führende Reibung zwischen Bremsklotz und Bremsscheibe entsteht Wärme. Diese Wärme kann sogar so stark sein, dass die Scheibe rot glühend wird. Durch diese Wärme dehnt sich die Bremsscheibe aus, wird also dicker und erhöht dadurch noch mal die Bremskraft, weil sie jetzt selber gegen die Bremsklötze drückt. Je länger du bremst, desto stärker wird die Bremswirkung - sofern das Material des Bremsbelages die Temperaturen aushält.

Falls deine Bremsscheibe völlig durchlöchert ist, musst du sie nicht gleich auswechseln. Die Löcher sollen bei Regenwetter einem Aquaplaning auf der Bremsscheibe vorbeugen.

ABS

Beim Bremsen neigt sich das Motorrad nach vorne, sodass fast das gesamte Gewicht auf dem Vorderrad lastet, während das Hinterrad nahezu den Bodenkontakt verliert. Folglich wird vorne fast 80 % der Bremskraft benötigt, während das Hinterrad sehr sanft abgebremst werden muss, damit es nicht blockiert. Das übliche Verfahren, die Hinterradbremse individuell über die Fußkraft zu dosieren, ist ein skurriles Relikt aus der frühen Steinzeit des Motorradfahrens, dessen Absurdität erst so richtig deutlich wird, wenn du dir ein vergleichbares Bremsverfahren bei einem Auto vorstellst: In einer Schrecksituation mit Hand und Fuß in richtiger Dosierung unterschiedliche Bremsen zu betätigen, wo doch die natürliche Reaktion ist, »auf die Bremse zu steigen«, also voll reinzutreten! Auch beim Auto kann das zu einer plötzlichen Instabilität des Fahrzeugs führen. Nun fallen Autos dabei nicht gleich um. Trotzdem sind sie mit einer Bremsanlage ausgestattet, die selbstständig

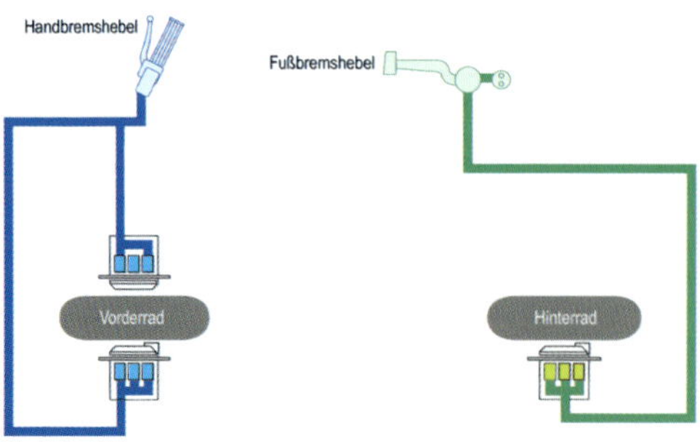

Prinzip einer hydraulischen Bremse

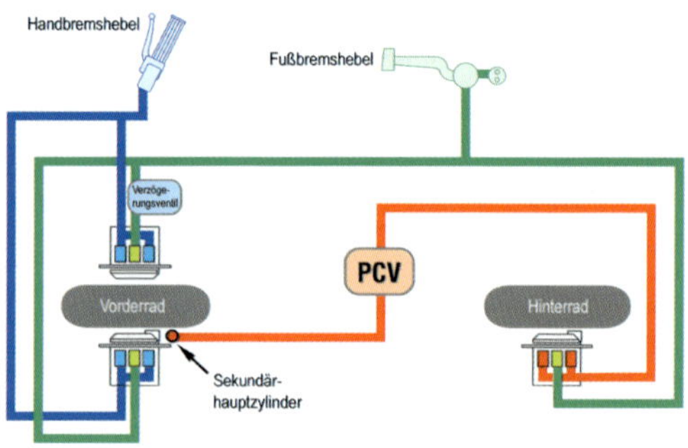

Funktionsschema CBS von Honda

die Bremskraft auf Vorder- und Hinterräder verteilt. Dass Motorräder bisher kaum mit vergleichbarem Sicherheitskomfort ausgestattet sind, hat nur bedingt finanzielle Gründe. Es hat wohl damit zu tun, dass Motorradfahren Männerkult ist, mit den entsprechend dumpfen Wertvorstellungen. Technisches Know-how vermischt sich auf katastrophale Weise mit existenziellen Fragen des Selbstwertes. Wie sehe ich aus? Wie kann ich mich am besten fortpflanzen? Wie verbessere ich meine Position im Männerrudel?

In den 1970er-Jahren brachten Moto Guzzi und Honda zum ersten Mal ein so genanntes Integral-Bremssystem auf den Markt. Integral heißt in diesem Zusammenhang, dass du mit der Betätigung eines Hebels beide Räder bremst. Eines stärker als das andere, sodass du mit dem zweiten Bremshebel das schwächer gebremste Rad noch zusätzlich verzögern kannst. Ein Teil der Bremskraftverteilung funktioniert also automatisch, den Rest kannst du selber bestimmen. Dieses System funktioniert rein mechanisch und immer gleich, egal auf welchem Untergrund du zu bremsen versuchst. Beim Antiblockiersystem (ABS), welches seit 1988 von BMW angeboten wird, wird die Bremskraft auch automatisch auf die Räder verteilt. An den Bremsscheiben befinden sich Sensoren, die mit beeindruckender Präzision kontrollieren, ob das Rad während des Bremsvorgangs stehen bleibt – also blockiert. Sobald dies passiert, wird die Bremsung automatisch aufgehoben und danach sofort wieder eingesetzt. Diese elektronischen Regelvorgänge geschehen mehrere hundertmal in der Sekunde. Während du also kräftig ziehst und trittst, regelt das Steuergerät den Bremsvorgang so, dass du je nach Beschaffenheit des Untergrundes, Kopfsteinpflaster, Straßenbahnschienen oder nasser Asphalt schnellstmöglich ohne Umfallen oder Überschlagen anhältst.

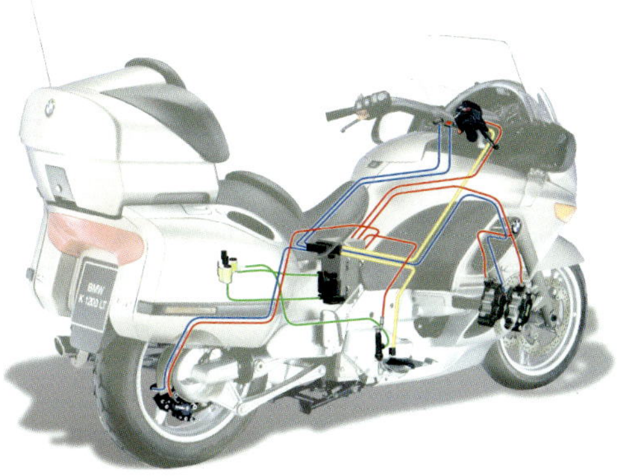

ABS Integral-Funktionsschema BMW (rot = hydraulischer Bremskreis; blau = elektronische Signalleitungen; gelb = elektrischer Bremsimpuls)

Inzwischen bieten Honda, Yamaha, Ducati und Aprilia vereinzelt ABS-Versionen an. BMW stattet alle Modelle mit ABS aus. Alle Tests haben gezeigt, dass die verschiedenen Systeme hervorragend arbeiten.

Es gibt ABS-Systeme, bei denen du weiterhin Vorder- und Hinterradbremse getrennt voneinander mit beiden Hebeln betätigst. Hier musst du an beiden Hebeln voll reinlangen, um die größtmögliche Wirkung zu erzielen. Bei dem ABS-System CBS von Honda wirkt die vordere Bremse auch mit auf das Hinterrad, bei einer Vollbremsung musst du aber trotzdem zusätzlich noch die Fußbremse betätigen. Das Integralsystem von BMW funktioniert anders. Es genügt, mit der Hand zu bremsen, um beide Räder optimal anzuhalten. Außerdem wird die Bremskraft nicht mehr direkt von deiner Hand bewirkt, sondern von einer elektrischen Hydraulikpumpe, die deinen letzten Willen in das realistisch Machbare umsetzt. Sehr schick, finden wir. Du kannst dir vorstellen, dass es einiger Übung und Enthemmung bedarf, das jeweilige Zauberwerk richtig zu benutzen. Ein Fahrsicherheitstraining ist dafür genau das Richtige!

Bremsscheibe mit Zahnkranz für ABS-Sensor (BMW)

Im Neandertal

Ja, was ist denn das? Ein Motorrad ohne Fahrer/-in. Eine Honda Varadero. Catch your dreams, steht über der Anzeige. Diese Honda wird anscheinend gerne von Frauen gekauft. Aber eine Frau abbilden? Dann kauft kein Mann mehr ein solches Motorrad. Er ist schließlich kein Weichei. Elegante Lösung oder Symbol für das Dilemma, in dem sich die Motorradhersteller zu befinden glauben? Oder tun da Männer evtl. Männern unrecht? Alle mit Männern lebenden Frauen, die wir kennen, Motorradfahrerinnen oder nicht, würden nämlich an dieser Stelle glaubhaft einwenden, ihrer sei da ganz anders.

Die Welt der Motorradwerbung ist ein dumpfes, karges Neandertal und da tun wir wahrscheinlich unseren dickgesichtigen, behaarten Vorfahren noch unrecht. Was uns Frauen betrifft, interessiert manche Herren der Presse- und Werbeabteilungen einzig die Frage: Wie viel Aufmerksamkeit dürfen wir der weiblichen Kundschaft zukommen lassen, ohne dass es die Männer merken? Ängstlich ziehen sie den Schwanz ein. Einzig BMW hat den Sprung in die Neuzeit geschafft. Andere üben noch den aufrechten Gang. Aber auch BMW traut sich seit über zehn Jahren nicht so recht weiter, da müssen die Frauen immer noch nur auf der F 650 nachsitzen. Dass sich die Verbesserung der Gesellschaft nicht mit der Wahl von Politikern herbeiführen lässt, sehen wir tagtäglich. Einzig unser Kaufverhalten scheint etwas bewirken zu können. So bleibt der Boykott von Firmen und bestimmten Produkten das Mittel der Wahl. Warum kaufen Frauen bereitwillig Motorräder, die ihnen gar nicht angeboten werden? Aus den gleichen Gründen, aus denen sie Zigaretten rauchen, in deren Werbung seit Urzeiten keine Frauen vorkommen – allerdings: Ein weibliches Pferd kann versehentlich unerkannt durchs Bild galoppieren.

Die Motorradzeitschriften haben zur Kenntnis genommen, dass Frauen Motorrad fahren. Es gibt zwar kaum Abbildungen fahrender Frauen, aber hin und wieder berichtet schon mal eine von einer Tour und natürlich sind Frauen aus dem Motorsport immer wieder für eine Story gut. Leider gibt es derzeit unseres Wissens keine Motorradzeitschrift für Frauen im deutschsprachigen Raum. Schade, schade. In den USA gibt es Biker's Ally und in Japan vielleicht noch Ladybike. Vor rund zehn Jahren gab es *Weib on Bike*, eine tolle Zeitschrift, die für damalige Verhältnisse, also sozusagen präneandermäßig, zu avantgardistisch war. Wir meinen, heute ist die Zeit reif und freuen uns schon auf die Frauenmotorradzeitung, die es hoffentlich bald gibt. Wir sind sicher, dass wir darin keine aufplatzenden Spätpubertätspickel finden werden wie in nachfolgenden Textbeispielen.

»Ohne Vorspiel«, wirbt Aprilia mit einem Fahrer in Leder, »denn Leidenschaft kann nicht warten.« Letzteres wissen wir auch. Aber was das Vorspiel zu bedeuten hat? Verzichtet Aprilia ab sofort auf eine Vorglüheinrichtung im Dieselantrieb?
KTM hält auch nicht viel von seiner Zielgruppe. In einer Anzeige werden Erwachsene aufgefordert, sich »wie die Schweine« zu benehmen: »Nach dem Essen Zähne putzen nicht vergessen, das Finanzamt nicht anlügen, an den Geburtstag von der Schwie-

germama denken, Reserveklopapier im Haus haben, regelmäßig die Füße waschen, seinem Chef nicht die Zunge rausstrecken und immer schön sauber bleiben – irgendwie haben wir früher geglaubt, das Leben als Erwachsener sei lustiger. Wie gut, wenn man wenigstens ein Motorrad hat, das ohne Rücksicht auf Verluste die Sau rauslässt.«
Schön. Macht uns richtig an. Das ist wirklich genau das, warum Frauen Motorrad fahren wollen: Ohne Rücksicht auf Verluste, der Traum vom Kollateralschaden. Und Männer? Fühlen sie sich davon angesprochen? Wir möchten es ihnen nicht unterstellen. Obwohl wir wissen, dass sie Schwierigkeiten haben, sich verbal auszudrücken, einzuparken und mehrere Sachen gleichzeitig zu machen. Wir vermuten eher, dass hier die so genannten Kreativen in den Werbeagenturen die Sau herausgelassen haben.

Auch die Werbung für eine Ninja von Kawasaki kommt pseudokreativ daher. Ein Mann in schwarzem Leder küsst den Asphalt. Nein, es ist kein Papstanwärter. »Die Ruhe nach dem Sturm« heißt die Anzeige: »Gierig nach Gas. Geil auf Adrenalin. Du nimmst dir, was du brauchst. Kurven, Höhen, Senken, Geraden. Du quälst den Asphalt. Und du versöhnst dich. So muss es sein.«
Kann es sein, dass die nette Versöhnung nachträglich noch schnell von einer Lektorin eingefügt wurde? Wir fragen uns, wie Mann den Asphalt quält und wollen es irgendwie dann doch nicht so genau wissen. Dem Gequälten zu verzeihen scheint großherzig vom Peiniger. Ist der Asphalt nicht härter als ein Reifen? Warum heißt es also nicht: Du quälst den Reifen? Und warum küsst der belämmerte Belederte dann nicht den Reifen, sondern den Asphalt?

Wir haben viele Motorradfahrerinnen nach ihrem schönsten Motorraderlebnis gefragt. Als Frau kannst du dir die Antworten vielleicht vorstellen. Freiheit, Naturnähe, gute Laune, Abenteuer mit Freunden und Freundinnen. Deshalb an dieser Stelle, was ein Mann in einer schnellen Motorradzeitschrift als schönstes Motorraderlebnis schilderte: »Dieser Bock wird dich an den Haaren zerren, dich auffressen und am Ziel auskotzen.«
Wir wollen kein Motorrad, das uns erst an den Haaren zieht, dann frisst und auskotzt. Manche Männer scheinen das zu mögen. Wir verstehen manche von ihnen immer weniger. Verstehen sie sich selbst überhaupt? Oder brauchen sie das nicht, weil es immer welche gibt, die ihnen vorschreiben, wie das geht: Mann sein? Und dazu noch die Gebrauchsanweisung für die Sozia: »Deine Freundin wird sich auf diesem Motorrad in einer schwachen Sekunde ganz fürchterlich nass machen.«

Anscheinend sind einige Motorrad fahrende Männer in der oralen Phase stecken geblieben: auffressen, auskotzen. Manche haben sich weiterentwickelt zu Bettnässern. Wir bezweifeln dennoch, dass sie reif genug sind, am Straßenverkehr teilzunehmen.
Aber das kann ja noch kommen. Gut für die Persönlichkeitsentwicklung sind z.B. regelmäßige Ausflüge in die Kiesgrube, vielleicht mit dem Quad. Da kann Mann sich dann nach Herzenslust dreckig und nass machen, ohne öffentliche Straßen unsicherer zu machen, als sie ohnehin schon sind.

Doch wir möchten milde enden und uns versöhnen mit manchen der sündigen Söhne: Insgesamt zeichnet sich wenigstens in den seriösen Motorradzeitschriften eine Tendenz ab, Motorradwerbung neutraler zu gestalten. Im Jahre 2007 entdecken wir, als wir es schon fast aufgegeben haben, eine Motorradkofferwerbung von Hepco Becker mit einer allein reisenden Endurofahrerin. Es gibt Licht am Ende der Höhle!

Elektrik – Was bitte ist ein Strom?

Die Sache mit dem Strom ist eine spannende Angelegenheit und stößt bei vielen auf großen Widerstand. Strom, Spannung und Widerstand sind die wichtigsten Größen bei der Elektrik, nur kannst du die leider nicht direkt sehen, obwohl sie da sind - und das macht Angst. Fühlen kannst du den Strom schon, entweder in Form von Wärme, die er produziert, als Kribbeln oder als Schmerz, wenn er zu stark ist. Damit die ganze Angelegenheit anschaulich wird, stell dir vor: Der Strom sitzt in der Batterie. Es gibt beim Strom übrigens zwei verschiedene Charaktertypen. Den eher launischen, der sich nicht so gern festlegen mag, und den entscheidungsfreudigen. Ersterer heißt Wechselstrom, wohnt bei den Stadtwerken und kommt aus der Steckdose direkt in deine Wohnung. Der andere heißt Gleichstrom und wird überall da verwendet, wo Batterien im Einsatz sind - also auch im Motorrad. Aufgrund seiner großen Verlässlichkeit lässt er sich gut in Batterien aufbewahren. Das heißt dann speichern. Also ist eine Batterie einfach ein Stromspeicher. In jede Batterie geht eine bestimmte Menge Strom hinein, die bei Bedarf wieder herausgeholt werden kann. Diese Angabe, wie viel Strom in die Batterie reinpasst und wieder herauskommt, heißt Kapazität. Wie viel Strom hereingeht, steht auf der Batterie, und zwar mit der Größenbezeichnung Ah. Ampere (A) ist die Einheit des Stroms, und h bedeutet Stunde. Auf der Batterie befinden sich ein Pluspol und ein Minuspol.

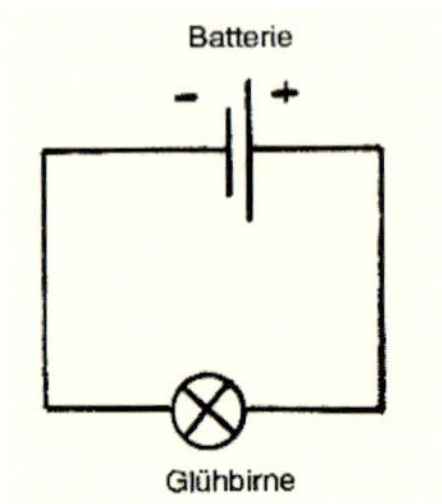

Abb. a

Stell dir vor: Vom Pluspol geht ein Kabel zu einer Glühbirne und von dort geht es weiter zum Minuspol. Was passiert nun?
In der Batterie sind Atome.
Das sind diese immer wieder gern gezeigten kleinen Kugeln, um die herum andere, noch kleinere Kugeln kreisen. Die kreisenden Satelliten heißen Elektronen und gehören fest zur Zentralkugel, dem Atomkern. Nun gibt es aber Atome, die haben mehr Elektronen als sie brauchen. Die überflüssigen Elektronen sind frei und ungebunden und lassen sich durchs Leben treiben, von Atom zu Atom, kreisen hie und da mal ein wenig und ziehen dann lustig weiter zum nächsten.

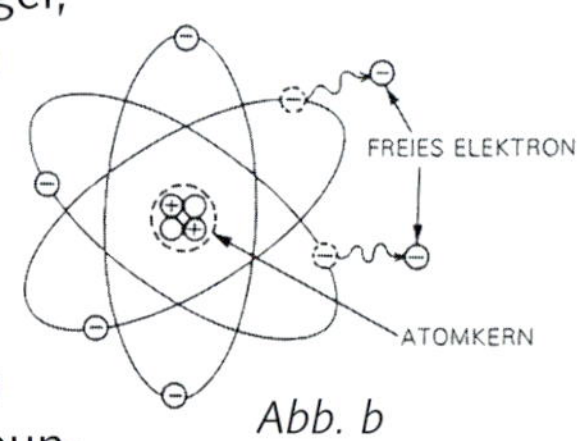

Abb. b

Während die Atome selbst eher sesshafte Familien sind, bringen die freien Elektronen Leben in die Bude und sorgen für Bewegung. Sie reisen mit Vorliebe in öffentlichen Verkehrsmitteln: elektrischen Leitungen oder Kabeln. Sie reisen prinzipiell gern und viel, aber sie reisen nur, wenn sie sicher sind, dass sie wieder heimkommen. Denn da sie schon keine Atomfamilie haben, zu der sie gehören, betrachten sie einfach die Batterie als ihr Zuhause. Wenn freie Elektronen wandern, fließt Strom, und Strom fließt nur, wenn der Stromkreis geschlossen ist, also die Elektronen zurück in die Batterie können.

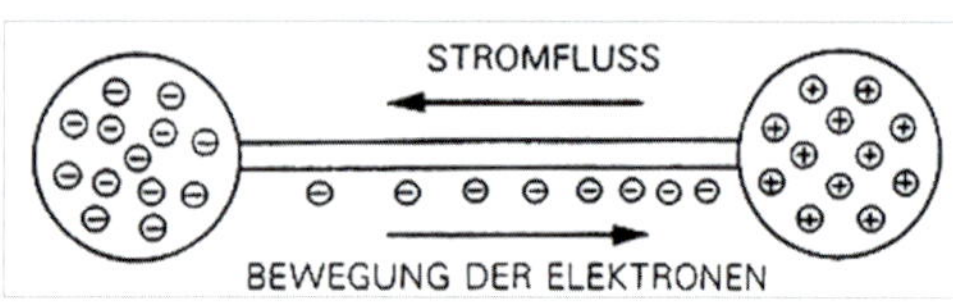

Abb. c

Die Elektronen pflegen die Batterie am Minuspol zu verlassen und über den Pluspol zurückzukehren. Lass dich bitte nicht von Schlauköpfen verwirren, die behaupten, das wäre unwahr. Wahrheit hat viele Gesichter und genau diese Schlauköpfe haben damals gesagt, der Strom fließt von Plus nach Minus. Dann mussten sie irgendwann einsehen, dass es genau andersrum ist. Da war's aber schon zu spät - alle hatten sich daran gewöhnt, und deshalb gibt es jetzt eine physikalische und eine technische Stromrichtung. Weil es in der Anwendung einfacher ist, fließt der Strom umgangssprachlich von Plus nach Minus, die negativ geladenen Elektronen fließen natürlich von Minus nach Plus.

Die Schaltpläne sind aber immer so gezeichnet, dass du dem Strom von Plus nach Minus folgst.

In dem Schaltplan Abb. a ist gewährleistet, dass die Elektronen zurück zur Batterie kommen. Der Stromkreis ist geschlossen. Jetzt begeben sich die freien Elektronen in das Minuskabel. Das Kabel besteht aus einem Kupferdraht und außen herum ist eine Plastikisolierung. Kupfer ist ein guter Leiter.

Das heißt, die Kupferatome haben viele freie Elektronen, die sich bewegen können. Je mehr freie Elektronen, desto mehr Bewegung, desto mehr Stromfluss. Plastik hat gar keine freien Elektronen, und deshalb fließt kein Strom hindurch. Plastik ist ein Isolator. Ein Kupferdraht ist beispielsweise 2 mm dick. Da passen viele Elektronen rein. An der Glühbirne angekommen taucht eine Schwierigkeit auf: Der Draht im Glaskolben der Glühbirne, die Glühwendel, ist viel, viel dünner. Da passen viel weniger Elektronen hinein. Nun sind die unternehmungslustigen Elektronen aber nur so lange unternehmungslustig, wie sich ihnen keine größeren Schwierigkeiten in den Weg stellen. Der Strom geht den Weg des geringsten Widerstands. Die Glühwendelverengung stellt jedoch eine größere Schwierigkeit dar, und Ausweichmöglichkeiten gibt es nicht. Von allein gehen die Elektronen da nicht durch. Sie müssen also geschoben werden. Die Kraft, mit der geschoben wird, heißt Spannung und beträgt bei elektrischen Anlagen in Motorrädern 12 Volt (12 V).

Werden die Elektronen also mit einer Kraft von 12 V durch den dünnen Draht der Glühbirne geschoben, erwärmt sich dieser durch die Reibung der Elektronen, die sich im engen Draht drängeln und quetschen müssen. Dabei erwärmt sich die Glühwendel so stark, dass sie glüht, und das ist das Licht der Glühbirne. Dass der glühende Draht so hell weiß leuchtet und nicht rot glühend wie ein Sonnenuntergang, liegt einerseits am Material der Glühwendel und andererseits an einem Gas (z.B. Halogen) in der Glühbirne, welches verhindert, dass die dünne Glühwendel schmilzt. Die als Wärme und Licht abgegebene Energie kehrt nicht in die Batterie zurück. Das ist der Stromverbrauch. Die Glühbirne ist ein so genannter Verbraucher. Die Drahtverengung an der Glühwendel stellt für die Elektronen einen Widerstand dar, der in Ohm (Ω) gemessen werden kann. Um die Elektronen über diesen Widerstand zu bringen, wird Kraft verbraucht, das ist der so genannte Spannungsabfall. Das hat nichts mit Müll zu tun, sondern heißt: An der Glühbirne fallen so und so viele Volt Spannung ab. Warum das so eigenartig formuliert wird, weiß ich nicht, aber es heißt auch nicht »in der Batterie besteht eine Spannung von 12 V«, oder gar »die Batterie ist mit 12 V angespannt«, sondern »an der Batterie liegen 12 Volt (Spannung) an«.

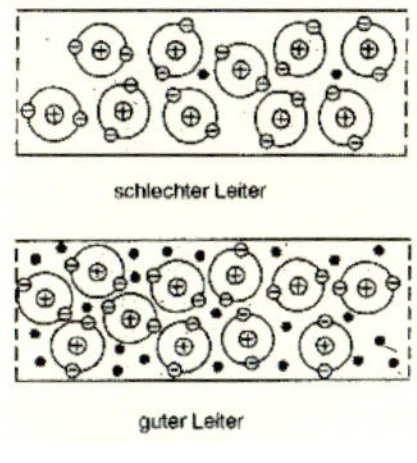

Abb. d

Nachdem die Elektronen das Abenteuer Glühbirne überstanden haben, kehren sie wohlgemut über den Pluspol in die Batterie zurück. Also:

- **Strom** ist der Elektronenfluss in einem Leiter. Seine Stärke wird in Ampere (A) gemessen. Das technische Formelzeichen heißt I. Wo Strom fließt, wird es warm. Viel Strom, viel warm, wenig Strom, wenig warm. Der Strom fließt in Schaltplänen immer von Plus nach Minus.
- **Spannung** ist die Kraft, mit der die Elektronen bewegt werden. Sie wird in Volt (V) gemessen und in Formeln mit U abgekürzt.
- **Widerstand** ist ein Hindernis im Stromkreis, welches Stromstärke und Spannung beeinflusst. Der Widerstand wird in Ohm gemessen und heißt in Formeln R. Es gibt Widerstände, deren Aufgabe es ist, nur die Stromstärke bzw. Spannung zu verändern. Viele Widerstände sind aber hauptberuflich Verbraucher, also Glühbirnen, Elektromotoren, Heizgriffe, Hupen.
- Damit Strom fließt, muss der Stromkreis geschlossen sein.
- Im Stromkreis muss unbedingt ein Verbraucher eingebaut sein, weil die Elektronen sonst zu schnell von Plus nach Minus fließen, was zu einer plötzlichen Überhitzung der Leitung führt. Das heißt dann Kurzschluss und sollte tunlichst vermieden werden. Die Dreierbeziehung von Strom, Spannung und Widerstand sieht folgendermaßen aus – falls du dich für Dreierbeziehungen interessierst:

$$I = U : R; \quad R = U : I; \quad U = I \times R$$

Die Leistung (Formelzeichen P) wird in Watt (W) gemessen:

$$P = U \times I; \; U = P : I; \; I = P : U.$$

Die Leistung ist insofern wichtig, als dass auf jeder Glühbirne bzw. jedem Verbraucher eine Wattangabe steht. Bei Blinkerbirnen z. B. 21 W. Eine Birne mit zu hoher Leistung erhöht den Stromfluss, sodass das Stromkabel zu heiß wird, schmelzen kann und dann eventuell zu brennen anfängt (Kabelbrand), falls nicht vorher die Sicherung durchbrennt.

Schalter

Wenn du eine Lampe zum Leuchten bringen möchtest, kannst du es so machen wie auf dem Bild (Abb a). Möchtest du die Lampe wieder ausmachen, musst du dann das Kabel durchschneiden oder die Birne herausnehmen. Weil die inzwischen zu heiß zum Anfassen ist, musst du sie kaputtschlagen. So wird Licht an- und ausmachen auf die Dauer teuer. Eine preiswerte Lösung stellt der Einbau eines Schalters dar.

Mit ihm kannst du den Stromkreis kostenlos öffnen und schließen, sooft du magst.

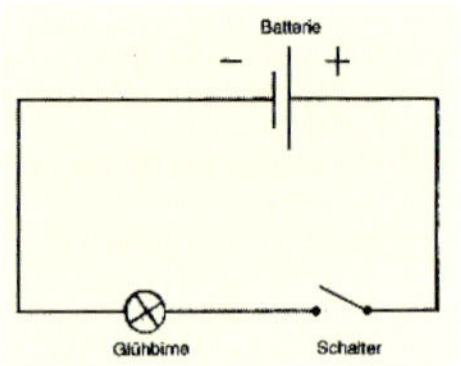

Abb. e

Sicherungen

Damit im Fall eines Kurzschlusses – ein aufgescheuertes Kabel kann beispielsweise einen Kurzschluss hervorrufen – nicht gleich alles so heiß wird, dass das Motorrad abbrennt, werden in allen wichtigen Stromkreisen Sicherungen eingebaut. Das sind kleine bunte Teile aus Plastik, zwischen deren beiden Enden sich ein dünner Metallstreifen befindet, der dünner ist als das im Stromkreis verwendete Kabel. Sollte also zu viel Strom fließen, schmilzt zuerst die Sicherung, weil sie die schwächste Stelle im Stromkreis darstellt. Ist sie geschmolzen, ist der Metallstreifen kaputt und der Stromkreis unterbrochen. Es kann nichts mehr passieren, weil kein Strom mehr fließt. (vgl. Kapitel Elektrische Anlage, Abb. Sicherungen). Manchmal gehen Sicherungen einfach so, aus Altersgründen oder nach größeren Erschütterungen kaputt. Du kannst eine durchgebrannte Sicherung durch eine gleichfarbige ersetzen. Passend zur Farbe steht

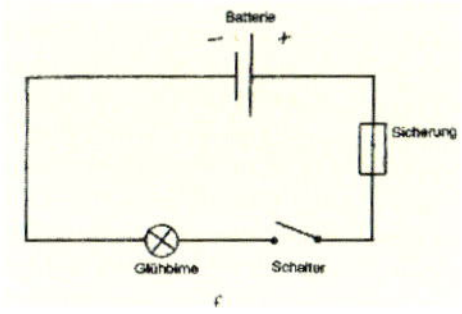

Abb. f

noch drauf, für welche Stromstärke sie geeignet ist. Wenn also eine rote 10-A-Sicherung kaputt ist, und du keine neue rote hast, kannst du eine weiße 8 A einsetzen, die kann allerdings schnell wieder durchbrennen, weil sie zu schwach ausgelegt ist. Verwende in diesem Fall keine gelbe 20-A-Sicherung! Denn dann schmilzt eher das Kabel als die Sicherung.

Relais

Das ist ein Schalter, der indirekt betätigt wird. Meistens handelt es sich um schwarze kleine Plastikkisten, deren Metallfüße du erst sehen kannst, wenn du mal so eine kleine schwarze Kiste herausgezogen hast. Relais sind quadratisch oder länglich, selten rund, und so groß wie eine dicke Praline oder ein Bounty. Schmecken aber nicht annähernd so süß. Ein Relais hat normalerweise vier Füße. Wenn es darum geht, einen Stromkreis einzuschalten, in dem sehr viel Strom fließt (z.B. E-Starter beim Motorrad), müssen die Kabel sehr dick sein, damit die vielen Elektronen schnell durchkommen. Es wäre blöd, wenn der ganze Strom über den Schalter laufen würde, der würde nämlich heiß werden und durchschmelzen. Oder der Schalter wäre so massiv, dass er wie ein Geschwür am Lenker hinge. Es ist einfacher, billiger und schöner, zwei Stromkreise zu verbauen: einen Steuerstromkreis, das ist auf der Abb. g der innere, der von dir über den Schalter geschlossen wird. Der Strom fließt durch das Relais. Im Relais sitzt eine Drahtwicklung (Spule), die, sobald Strom durchfließt, magnetisch wird und den zweiten Schalter anzieht. Der wiederum schließt den Arbeitsstromkreis, der mit stärkeren Kabeln ausgestattet ist, sodass viel Strom durch den E-Starter fließen kann. Wird der Schalter im Steuerstromkreis wieder geöffnet, lässt der Magnetismus in der Spule nach und der Schalter des Arbeitsstromkreises öffnet auch wieder.

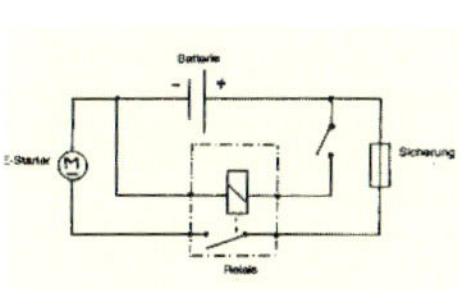

Abb. g

Stecker

Das sind Verbindungsstücke, an denen ein Kabel an- und abgeklemmt werden kann, ohne etwas kaputtzumachen. Oft werden Kombistecker verwendet, da sind zwei bis sechs Kabelanschlüsse in einem Plastikstecker zusammengefasst. Die Anordnung ist so gewählt, dass ein verkehrtes Zusammenstecken nicht möglich ist.

Oft rasten die Stecker ineinander ein. Zum Ausrasten musst du nicht selbst ausrasten, sondern die Einrastung mit Daumendruck oder Lüster-klemmenschraubendreher lösen. Stecker erst zusammendrücken, dann Sperre lösen und Stecker auseinander ziehen.

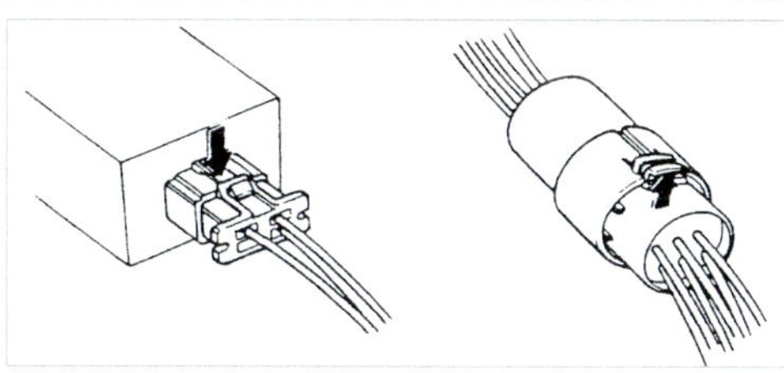

Abb. h

Die elektrische Anlage beim Motorrad

Zur Verkabelung bei Kraftfahrzeugen sind zwei prinzipielle Regeln zu beachten.

Masseschaltung
In der Kraftfahrzeugelektrik heißen alle Kabel vom Pluspol weggehend Plusleitung und sind vorzugsweise rot oder schwarz. Wenn es überhaupt erkennbare Regeln bei den Kabelfarben gibt. Die Minusleitung heißt Massekabel oder einfach Masse und ist braun oder schwarz. Das Besondere an der Masse ist, dass sie nicht bis zum Verbraucher, also dem Scheinwerfer, der Zündkerze oder dem E-Starter gelegt wird, sondern bei der nächstliegenden Möglichkeit an das Motorgehäuse oder den Motorradrahmen angeschraubt ist. Beide sind aus Metall, welches den Strom gut leitet, und werden deshalb als Leitungsersatz verwendet. Das spart Kabel, macht alles einfacher, billiger und leichter. Wenn du dem Massekabel von der Batterie aus folgst, wirst du nach etwa 20 cm eine Verschraubung am Motorblock finden. Oder am Rahmen. So genügt es, den E-Starter mit einer Plusleitung zu versorgen und ihn selbst an das Motorgehäuse zu schrauben, sodass die Minusleitung über den Motorblock und das Massekabel zur Batterie gewährleistet ist. Sobald Blinker etc. gummigelagert eingebaut sind, ist der Stromfluss durch das nicht leitende Gummi unterbrochen und es muss ein Massekabel gelegt werden. In den Schaltplänen wird der Masseanschluss allgemein dargestellt wie in Abb. i.

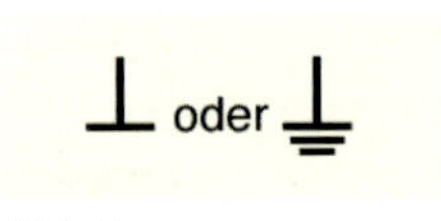

Abb. i

Massekabel

Parallelschaltung
Damit jeder Verbraucher mit 12 Volt versorgt wird und unabhängig von anderen funktioniert, wird in elektrischen Anlagen – egal ob Auto, Motorrad oder Haushalt – alles parallel geschaltet. Das heißt, es wird nebeneinander, nicht hintereinander verkabelt.
Wenn ein Verbraucher ausfällt, funktionieren trotzdem alle anderen, weil sie eine separate Stromversorgung haben. Ein bekanntes Beispiel für keine Parallel-, sondern eine Reihenschaltung ist die Lichterkette. Geht eine Birne kaputt, bzw. nimmst du sie heraus, ist es zappenduster. Sehr unpraktisch.
Zur elektrischen Anlage eines straßentauglichen Motorrads gehört zuerst einmal eine Batterie als Stromvorratsbehälter. Von ihr aus werden alle Verbraucher im Bedarfsfall mit Strom versorgt. Der Scheinwerfer vorn, das Rücklicht, die Kennzeichenleuchte, die Blinker, die Hupe, das Bremslicht, ggf. ein E-Starter, die Kontrollleuchten für Öldruck, Batterieladung und Neutralanzeige sowie häufig eine Seitenständerschutzschaltung. Außerdem braucht die Zündkerze im Motor einen Zündfunken. Damit die Batterie nicht irgendwann leer ist, muss sie immer wieder nachgeladen werden. Das passiert während des Fahrens durch die Lichtmaschine.

Das Ladesystem

Ein Ladesystem besteht aus Batterie, Lichtmaschine und Regler.

Batterie
Die Batterie besteht aus sechs Zellen. Jede Zelle hat eine Spannung von 2 Volt. Mehrere

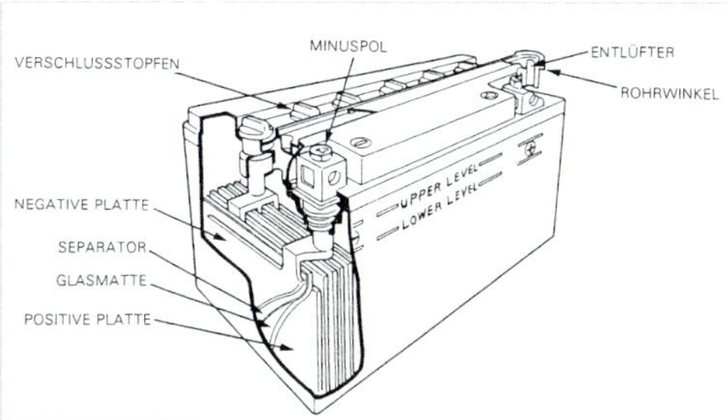

dünne Bleiplatten stehen nebeneinander in einer elektrisch leitenden Flüssigkeit (Elektrolyt). Beim Laden der Batterie wird die elektrische Energie, die von der Lichtmaschine in die Batterie geliefert wird, in chemische Energie umgewandelt und gespeichert. Als Batterieflüssigkeit wird verdünnte Schwefelsäure verwendet. In geladenem Zustand ist die Säurekonzentration in der Batterie stärker als bei »leerer« Batterie. Leer heißt landläufig, in der Batterie ist wenig Säure, also fast nur Wasser, und die Spannung pro Zelle liegt unter 2 Volt. Die Bezeichnung ist unzutreffend und führt zu Verwechslungen: Die Batterie ist voll mit Wasser, aber entladen. Sie kann aber auch richtig leer sein, wenn nämlich die Flüssigkeit vergast und der Stand in der Batterie zu niedrig ist. Dann ist sie meist auch gleichzeitig entladen, denn wo kein Elektrolyt ist, kann auch keine chemische Energie gespeichert werden.

Lichtmaschine

Sie produziert kein Licht, sondern Strom. Deshalb heißt sie inzwischen auch meistens Generator. Nur beim Fahrrad gibt es eine reine Lichtmaschine, und die heißt Dynamo (die spinnen, die Techniker). Beim Motorrad besteht sie aus Kupferwicklungen, Magneten und einem Polrad mit Eisenklauen und produziert elektrischen Strom, sobald sich die Eisenklauen zu drehen beginnen.
Sie sitzt unter einem runden untertassengroßen Deckel, meist vor deiner linken großen Zehe, und ist fest auf die Kurbelwelle des Motors montiert. Sobald sich der Motor mit einer bestimmten Mindestdrehzahl dreht, produziert sie eifrig Strom. Ob sie arbeitet, siehst du daran, dass die Ladekontrollleuchte an den Armaturen erlischt. Oft leuchtet die ja im Leerlauf, das heißt, die Motordrehzahl ist zu niedrig, und es wird nicht geladen. Sofern sie beim Gasgeben wieder ausgeht, ist das kein Problem.

Regler

Nun kann es sein, dass du fährst, vergessen hast, das Licht einzuschalten, und die Lichtmaschine durch die hohe Motordrehzahl viel Strom produziert, der gar nicht gebraucht wird, weil die Batterie bereits voll geladen ist und fast nichts verbraucht wird. Die Batterie selbst ist blöd und gierig, sie nimmt den Strom, der geliefert wird, auf, bis sie platzt. Die Lichtmaschine ist auch nicht schlauer, außerdem ist sie ja hinter dem Deckel versteckt und sieht nicht, ob die Batterie voll ist oder nicht. Damit also nur Strom produziert wird, wenn auch welcher gebraucht wird, gibt es zwischen Lichtmaschine und Batterie ein Steuergerät, welches die Stromlieferung regelt: den Regler – oder auf computerisch: den Ladeassistent. Er

Lichtmaschine

Wicklungen

Regler und Sicherungen

befindet sich bei Motorrädern meist nicht in der Lichtmaschine, sondern unter einem Seitendeckel – eine silberfarbene Kiste, ungefähr zigarettenschachtelgroß, mit Kühlrippen. Es handelt sich dabei um ein elektronisches Bauteil, und die vertragen keine hohen Temperaturen. Deshalb Kühlrippen zur Kühlung der Selbsterwärmung und deshalb abseits vom Motor platziert, um Erwärmung von außen zu vermeiden.

Zündschloss, Sicherungskasten:
Von der Batterie geht ein Hauptstromkabel zum Zündschloss, dem Hauptschalter für »Strom an und aus«. Ohne eingeschaltete Zündung geht prinzipiell gar nichts, außer dem Parklicht. Zwischen Batterie-Plus und Zündschloss ist meistens eine Hauptsicherung eingebaut (MAIN). Alle Sicherungen sitzen im Sicherungskasten (FUSE), der befindet sich entweder unter einem Seitendeckel oder am Armaturenbrett. Vom Zündschloss aus wird alles, außer der Hauptsicherung im Sicherungskasten, mit Strom versorgt. Abgesichert ist die Beleuchtung vorn (FRONT) und hinten (TAIL), ggf. die Benzinpumpe (FUEL PUMP), evtl. die Kontrollleuchten. Insgesamt ist der Sicherungskasten eher bescheiden ausgelegt. Die Kabelverteilung für Lenker und Licht vorn befindet sich oft im Scheinwerfergehäuse.

Beleuchtung
Rücklicht, Kennzeichenleuchte und Bremslicht können aus nur einer Birne bestehen. Dabei befindet sich im Plastik des Rücklichts ein weißes Fenster oberhalb des Nummernschildes, wodurch das Nummernschild beleuchtet wird. Die Birne ist als Zweifadenlampe ausgelegt. Das heißt, sie hat eine Glühwendel für das Rücklicht und eine zweite fürs Bremslicht. Das ist bei allen Fahrzeugen so, bei denen beim Bremsen das Rücklicht heller wird. Das Bremslicht wird über zwei so genannte Bremslichtschalter betätigt. Die sitzen einmal an der Befestigung des Fußbremshebels (oft mit einer Feder eingehängt) und am Handbremshebel innen. Da siehst du eventuell den kleinen Stift, der beim Bremsen betätigt wird.
Im Scheinwerfer befindet sich eine kleine Birne, seitlich hineingesteckt, für das Standlicht/Parklicht. In der Mitte ist mit einer Klammer befestigt die Scheinwerferbirne für Abblendlicht und Fernlicht eingebaut. Es gibt zwei Systeme: Bilux und H4. Bilux-Birnen haben einen runden Glaskolben, H4-Birnen einen länglichen mit grauer Zipfelmütze. Je nach System ist der Reflektor im Scheinwerfer anders konstruiert. Auf dem Scheinwerferglas steht jeweils H4 drauf oder nicht. Ein Vertauschen der Birnen ist unzulässig und nur unter Anwendung von Gewalt möglich, weil die Fassungen völlig unterschiedlich aussehen. Scheinwerferbirnen sind auch Zwei-Faden-Lampen, ein Faden für das Abblendlicht, ein Faden für das Fernlicht. Folglich sind sie mit einem dreipoligen Stecker ausgerüstet. Eine Plusleitung fürs Abblendlicht, eine fürs Fernlicht und ein gemeinsamer Masseanschluss. Motorräder mit getrennten Scheinwerfern für Fern- und Abblendlicht haben H1-Birnen. Das sind auch gasgefüllte Lampen mit aber nur einem Faden. Auch hier ist die Fassung

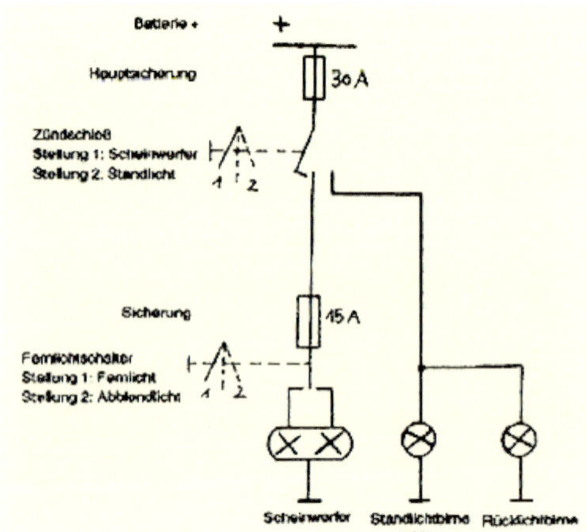

Abb. j

wieder völlig anders, sodass nix vertauscht werden kann.

Blinker

Bekanntlich blinken immer zwei Blinker zusammen, und zwar im Idealfall jeweils die

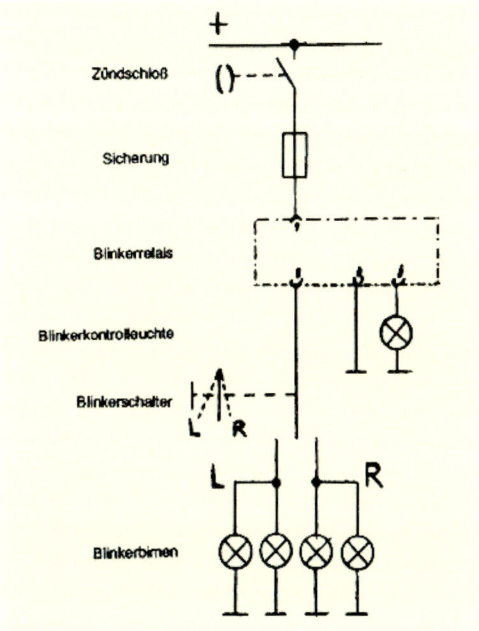

Abb. k

rechts oder die links. Da du den Blinkerschalter zum Blinken nicht dauernd ein- und ausschaltest, sondern nur einmal betätigst, wirst du schon ahnen, dass da ein Zauberteil sein muss, das dafür sorgt, dass immer an-aus-an-aus geschaltet wird. Dieses Ding heißt Blinkerrelais und wird von dir über den Blinkerschalter mit Strom versorgt. Im Relais zieht die bei »Relais« bereits erwähnte Spule dann den Schalter an, und der Blinkerstromkreis (Arbeitsstromkreis) wird geschlossen. Durch eine spezielle Transistorschaltung geht der Schalter von allein immer auf und zu, bis du den Steuerstromkreis wieder unterbrichst. Das Relais sitzt beim Sicherungskasten oder auf dem hinteren Radlauf.

RUN-OFF-Schalter

Auch Killschalter genannt. Alle Motorräder haben einen Schutzschalter, mit dem der Motor schnell abgestellt werden kann. Der RUN-OFF-Schalter ist vor dem Zündschloss eingebaut.

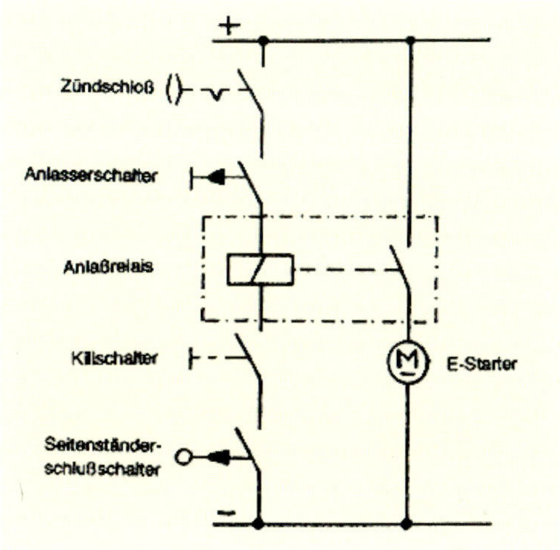

Abb. l

Steht er auf OFF, kannst du am Zündschlüssel drehen, bis er abbricht, da geht nix an. Übrigens der Lieblingsschalter von Fußgängern, die sich über auf Gehwegen geparkte Motorräder ärgern.

Seitenständerschutzschaltung

Viele Motorräder haben eine Schutzschaltung, die verhindern soll, dass mit ausgeklapptem Seitenständer gefahren werden kann. Dazu befindet sich an der Seitenständerhalterung ein Druckschalter,

Seitenständerschalter

der bei ausgeklapptem Ständer schaltet. Er unterbricht den Stromkreis der Zündanlage, sodass der Motor nicht anspringt bzw. ausgeht, sobald der Ständer ausgeklappt wird. Des Weiteren wird auch der Anlasserstromkreis unterbrochen. Es gibt dann noch diese und jene Raffinesse, sodass du bei gezogenem Kupplungshebel doch starten kannst. Wie das jeweils elektrisch geschaltet ist, musst du dir wohl oder übel im Originalschaltplan ansehen. Viel Spaß!

E-Starter

Ist dein Motorrad mit einem elektrischen Starter ausgestattet, wird dieser über einen Start-Knopf am Lenker betätigt. Da der Anlasser viel Kraft braucht, um den Motor anzukurbeln, nimmt er sehr viel Strom auf, d. h. das Anlasserkabel ist recht dick. Damit du beim Starten keinen heißen Daumen bekommst, ist wieder ein Relais verbaut. Du schaltest mit dem Startknopf den Steuerstromkreis im Relais, die Spule zieht den Schalter an, und der Arbeitsstromkreis zwischen Batterie und Anlasser wird geschlossen. Wie schon erwähnt, kann es sein, dass im Steuerstromkreis irgendwo der Seitenständerschutzschalter sitzt und bei ausgeklapptem Ständer verhindert, dass der Steuerstromkreis überhaupt geschlossen werden kann. (vgl. Abb. l).

Hupe

Nach all diesen komplizierten Schaltungen ist die Hupe sehr simpel. Vom Zündschloss geht ein Pluskabel zum Hupenknopf und von dort weiter zur Hupe. Die hat zwei Anschlüsse, weil sie mit nicht leitenden Gummischellen ans Motorrad geschraubt ist und deshalb ein Massekabel zum Rahmen oder Motor gelegt werden muss. Mit dem Hupenknopf schließt du den Stromkreis, und es blökt.

Die Zündanlage

Die Verbrennung des Benzin-Luft-Gemisches im Motor wird durch einen Zündfunken ausgelöst. Der kommt von der Zündkerze,

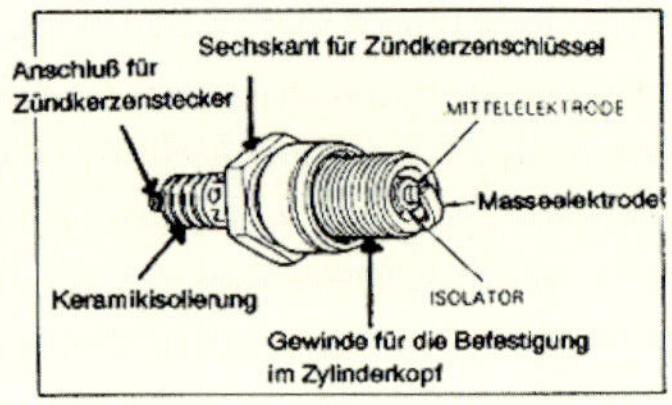

Abb. m

die in den Zylinderkopf hineingeschraubt ist und mit ihrer Spitze in den Verdichtungsraum ragt. Abb. m

Die Zündkerze hat eine Mittelelektrode, die durch die weiße Isolierung innen zur Kerzenspitze führt. Dort ragt ein Bügel drüber, der mit dem Gewinde verschweißt ist: die Masseelektrode. Die weiße Kriechstrombarriere soll verhindern, dass der Strom von oben kommend die Abkürzung zum Gewinde nimmt, stattdessen brav innen durchgeht und am Ende zur Masseelektrode überspringt. Dazu muss er etwa 0,8 mm Luftraum überwinden, was er nicht gern tut, versteht sich. Eigentlich sind das ganz normale Elektronen wie du und ich, die in elektrischen Leitungen herumlungern. Sichtbar werden sie erst, sobald sie durch die Luft fliegen. Als so genannter Funkenflug oder in groß als Blitz zwischen Himmel und Erde.

Nun hat die elektrische Anlage deines Motorrades vermutlich eine Kraft (Spannung) von 12 Volt. Dass die nicht ausreicht, die Elektronen zu gewagten Luftsprüngen zu bewegen, kannst du dir sicher denken. Deshalb muss die Kraft, also die Spannung, erhöht werden, und zwar auf etwa 30 000 Volt – da wollen wir nicht kleinlich sein. Spannungsumwandlungen werden in so genannten Transformatoren (Trafos) vorgenommen, und in der Fahrzeugtechnik heißt

ein derartiger Trafo Zündspule. Bei Motorrädern ist es üblich, für jeden Zylinder eine eigene Zündspule zu verwenden, bzw. zwei Zylinder teilen sich eine Spule. In die Zündspule gehen also von der Batterie aus 12 Volt hinein und 30 000 Volt kommen heraus zur Zündkerze. Das siehst du schon an den Kabeln, die sehr unterschiedlich dick isoliert sind. In der Zündspule befinden sich zwei Kupferdrahtspulen, die eine mit ein paar hundert Wicklungen, die andere mit vielen tausend. Über ein physikalisches Phänomen, die so genannte Induktion, gelingt es, die Spannung aus der einen kleinen Spule in die andere zu beamen (vgl. Raumschiff Surprise), wo sie sich entsprechend dem Verhältnis der Spulenwicklungszahlen zueinander erhöht.
Damit das alles so zauberhaft einfach funktioniert, verlangt allerdings die Zündspule, dass der 12-Volt-Stromkreis immer wieder ein- und ausgeschaltet wird. Dazu gibt es den Unterbrecher, auch U-Kontakt genannt. Bei älteren Motorrädern triffst du ihn noch persönlich an.
Seit Ende der 1970er-Jahre werden nur noch kontaktlose Zündungen verwendet, weil sie wartungsfrei sind und viel genauer arbeiten. Das Unterbrechen des Zündstromkreises wird nämlich genau dann vorgenommen, wenn im betreffenden Zylinder das zündfähige Gemisch so weit verdichtet ist, dass der Funke die Verbrennung auslösen soll (Zündzeitpunkt). Bei der Rechnerei in den Ausführungen zum Motor ist deutlich geworden, dass so ein Funke bis zu 80-mal in der Sekunde ausgelöst werden muss. Und zwar nicht irgendwann 80-mal in dieser Sekunde, sondern auf die 1000stel Sekunde genau. Dazu muss ein Unterbrecher oder Transistor präzise arbeiten. Verpasst er seinen Einsatz, gibt es so genannte Fehlzündungen, gut hörbar als lauter Knall aus dem Auspuff. Hören sich cool an, sind für den Motor aber gar nicht cool, sondern sogar ziemlich hot.

Folgende Zündanlagen gibt es:

Spulenzündung oder Batteriezündung

Zu einer Spulenzündung gehört pro ein oder zwei Zylinder eine Zündspule, für jeden Zylinder eine Zündkerze mit Zündkabel und zur Erzeugung des Funkens ein Unterbre-

Unterbrecherkontakt

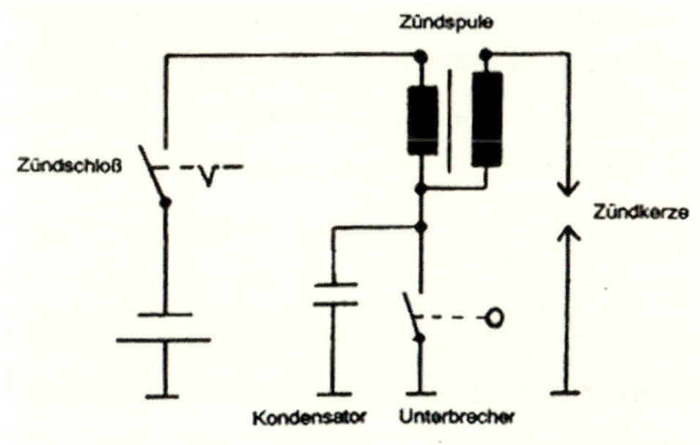

Abb. n

cher, bzw. bei mehreren Zylindern mehrere Unterbrecher. Der parallel zum Unterbrecher geschaltete Kondensator ist dazu da, die Funken zu verstärken und die Lebensdauer des U-Kontakts zu verlängern. Trotzdem

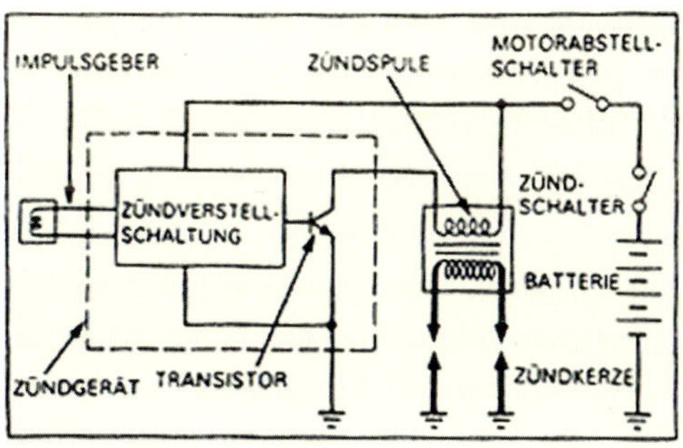

Abb. o

muss der U-Kontakt jedes Jahr ausgetauscht werden.

Transistorzündung

Bei der kontaktlosen Transistorzündung gibt es statt des Unterbrechers einen Zündimpulsgeber. Das ist ein elektromagnetischer

Spannungsgeber, der einem Steuergerät (Zündeinheit) einen Wink gibt, welches wiederum den Strom der Zündspule aus- und einschaltet. Ein Geber pro Zündspule, und die versorgt wiederum ein oder zwei Zylinder (Abb. o).

CDI

CDI ist japanisch und heißt Capactive Discharge Ignition. So etwas haben inzwischen die meisten Motorräder, weil diese Anlage ganz besonders hohe Zündspannungen liefert, selbst bei sehr hohen Drehzahlen. Hier wird die Hochspannung in zwei Stufen erzeugt. Vor die Zündspule, die ja normalerweise mit 12 V Batteriespannung versorgt wird, wird ein Ladeteil geschaltet, welches selbst eine kleine Zündspule ist und schon mal die Spannung auf 450 V erhöht. Die gelangt dann in die Zündspule (hier endlich Zündtrafo) und erzeugt dort die Hochspannung, die zur Zündkerze geleitet wird. Der Funke wird wieder genau wie bei allen anderen über einen U-Kontakt oder einen Impulsgeber ausgelöst. Bei diesen Anlagen rate ich dir unter Freundinnen: Finger weg von den Zündkabeln bei laufendem Motor. Das fetzt mehr als ein Weidezaun und toupiert die Haare (Abb. p).

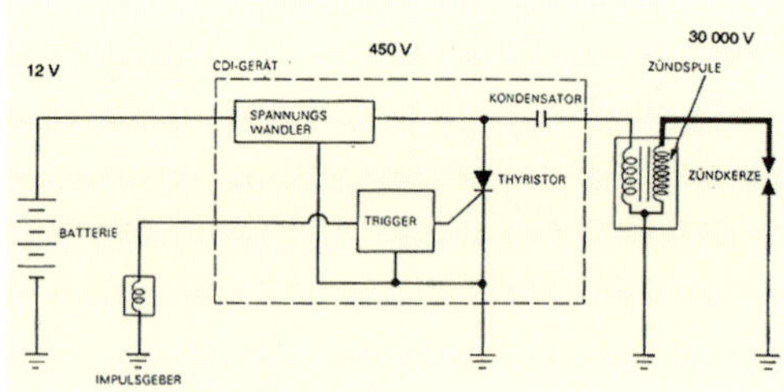

Abb. p

Magnetzündanlage

Die Spannung für die Zündkerze wird nicht aus der Batterie genommen, sondern beim Kicken bzw. sobald der Motor läuft, durch die Kurbelwellenumdrehung erzeugt. Ansonsten ist alles ziemlich ähnlich wie bei den anderen Zündanlagen. Magnetzündanlagen haben den Vorteil, dass das Motorrad auch ohne Batterie fahren kann.

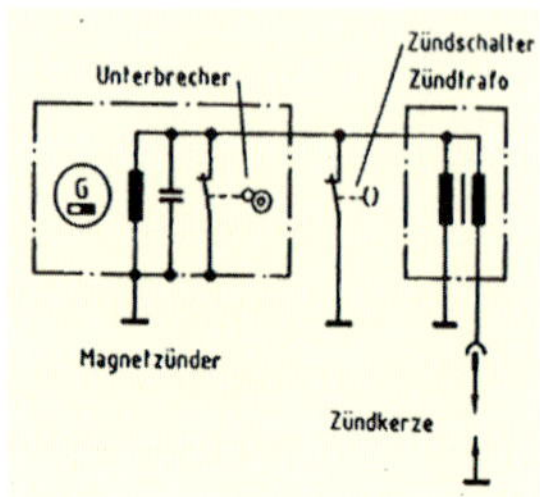

Schaltpläne

Leider sind die Schaltpläne alle unterschiedlich. Nicht nur was drinsteht, sondern auch, wie's drinsteht. In sich sind sie aber einheitlich, das heißt, wenn du ihre geheimen Zeichen einmal kennst, wirst du dich darin zurechtfinden. Beim Schaltplanlesen geht es mir wie beim Übersetzen lateinischer Texte: Erst verstehe ich gar nichts, dann zerlege ich alles in Grüppchen, die zusammengehören, und schon ist es viel einfacher. Das Problem mit den Vokabeln löst sich durch die folgende Liste typischer Schaltzeichen fast von alleine. Spicken ist erlaubt! Mit der Grammatik ist es auch ganz einfach. Schaltpläne reden nur in der Gegenwart: Kein Gestern, kein Morgen, kein Vielleicht und keine indirekte schlechte Nachrede. Du liest sie von oben nach unten und von Plus nach Minus.

- Oft haben sie statt einer Batterie eine Plusleiste oben und eine Minusleiste unten, die Zusammenführung beider an der Batterie musst du dir denken.

- Zwischen Plus- und Minusleiste befinden sich Strompfade (das ist doch mal ein schönes Wort). Die sind einfach nebeneinander gemalt, wie es grad schön aufs Papier passt. Das hat aber nichts mit der tatsächlichen Anordnung im Motorrad zu tun. Nur die Reihenfolge im einzelnen Strompfad entspricht der Wirklichkeit.
- Die einzelnen Anschlüsse von elektrischen Bauteilen haben eine Klemmenbezeichnung. Das sind Zahlen, die Auskunft darüber geben, woher ein Kabel kommt und wohin es führt.
- Wie bei den Schaltzeichen gibt es auch bei den Klemmenbezeichnungen Normen, an die sich keiner hält.
- Somit bleibt dir nichts weiter übrig, als dich in deinen individuellen Schaltplan einzulesen. Dabei hilft es dir sicher, wenn du prinzipiell weißt, was Strom, Spannung, Widerstand usw. ist. Wie? Das weißt du nicht? Nachsitzen!
- In meiner Erklärung zu den elektrischen Bauteilen sind einzelne Strompfade abgebildet, die so in einem Schaltplan enthalten sein können
- Kabelfarben sind meist in Englisch mit Buchstaben an der Leitung im Schaltplan angegeben, z.B. b = schwarz, w = weiß, y = gelb etc.

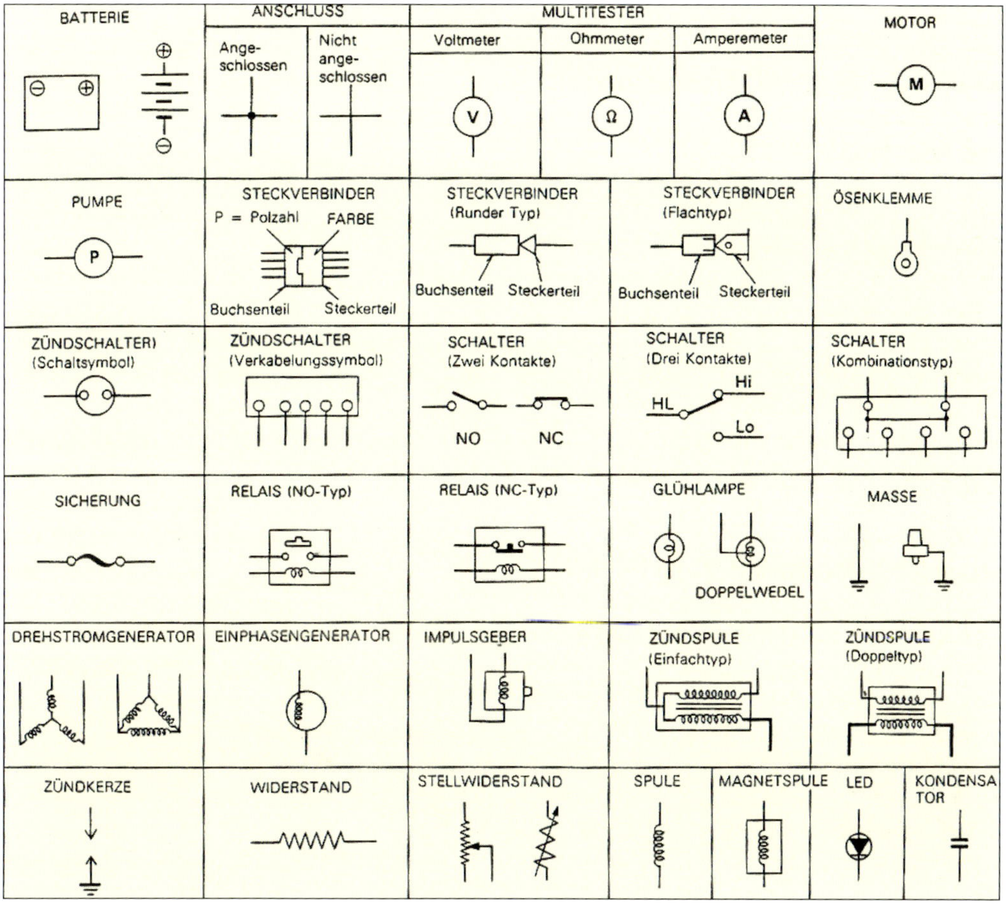

Susas Ausflug

Die harten Testerinnen auf ihrer schweren Mission

Boah, sind wir aufgeregt! BMW lädt uns zu einer Testfahrt ein! Nicht ganz unverhofft, wir haben darum ersucht. Nun ist es endlich so weit. An einem schönen Herbstmorgen fahren wir – Susa und ihre Freundin Kristin – zum BMW-Werk. Die erste Hürde: der Werkschutz. Sie mustern Kristins nicht mehr ganz neuen Golf und Susas vor Erkältung verquollenes Morgengesicht und bleiben freundlich-zuvorkommend. Die Profis.
»Wir bekommen zwei Testmotorräder«, krächzt Susa.
»Haben Sie einen Hänger dabei?«
»Nein, wir fahren gleich los.«
Es dauert eine Weile mit tuschelnd-diskreter Rücksprache, bis wir zwei Testmappen ausgehändigt bekommen und erfahren, dass die Motorräder in der Tiefgarage stehen. Wir parken Kristins Golf, der seinen letzten Monat TÜV genießt, zwischen all den neuen BMW-Automobilen und schämen uns ein bisschen für unser weniges, aber ehrlich verdientes Geld.

In einer Reihe stehen die BMW-Testmaschinen. Wir haben eine nagelneue R1200GS und eine R1100S bestellt. Sehr schön sind sie anzusehen. Die GS in leuchtendem Gelb und die 1100S im sportlichen Rennoutfit. Eine funkelnde Einladung. Die Tiefgarage ist sehr niedrig, und die Motorräder wirken sehr groß. Kristin und ich schauen uns an. Uns ist ein wenig mulmig. Unauffällig suchen wir die Tiefgarage nach Videokameras ab. Werden wir beobachtet? Wir beschließen, systematisch vorzugehen und nehmen die Motorräder genauer in Augenschein.
Zuerst interessiert uns die Sitzhöhe. Eine hält das Motorrad fest, die andere steigt auf. Erleichtert atmen wir durch. Bei der GS kommen wir bequem mit den Füßen auf den Boden. Das hätten wir nicht gedacht. Das Motorrad wirkt mit den Koffern und der Verkleidung sehr groß. Durch die angenehme Sitzhöhe macht es einen vertrauenerweckenden Eindruck. Kristin freut sich

besonders auf die Sportmaschine. Ich bin da eigentlich nicht so scharf drauf. Habe viel über die GS gelesen und bin neugierig, ob ich ebenso gut darauf aussehe wie die Männer in den Motorradzeitungen. Und dann der Schock: Die Sitzhöhe der Sportmaschine ist so viel höher als die der Enduro, dass Kristin kaum mit den Zehenspitzen auf den Boden kommt. Wir können es kaum fassen. Eine Enduro mit Stummellenker? Und das bei BMW! Wie konnte so ein Missgeschick passieren?
Jetzt probiere ich die Sportmaschine aus. Obwohl wir meinen, dass wir gleich groß sind, komme ich mit den Füßen auf den Boden. Ich behalte für mich, dass ich Stiefel trage, die eine Schuhnummer zu groß für mich sind. Ich war auf einiges vorbereitet. Aber eben bei der Enduro, nicht bei der Sportmaschine, deren Sitzhöhe mit nur etwa 800 mm angegeben ist. Wir untersuchen die von BMW – unseres Wissens als erstem Hersteller – entwickelte Sitzhöhenverstellung. Bei der GS haben die freundlichen Techniker vom Testfuhrpark die niedrige Höhe eingestellt. Bei der Sportmaschine gibt es nichts zu verstellen. Vielleicht hat sie ja ein zum Joghurtbecher passendes Sportfahrwerk und kommt deshalb höher. Ratlos überlegen wir, ob wir die 1100S besser im Stall lassen sollen. Aber wir sind mutige, wilde Frauen und wollen es wissen. Kristin verspricht, bei mir zu bleiben und mir jederzeit zu helfen, wenn ich von meiner Giraffe absteigen möchte.
Unsere Anfangssituation ist prickelnd, müssen wir doch mit Motorrädern, die zumindestens mir zu hoch sind, auf dem glitschigen Tiefgaragenboden zum Ausgang balancieren – mit der kleinen Geschicklichkeitsprüfung »Anhalten an der Schräge«. Wir nehmen uns vor, uns nichts anmerken zu lassen und lässig am Werkschutz vorbeizufahren.
Ich bin mächtig beeindruckt vom Abzug der 1100S und habe das Gefühl, auf einem wilden Tier zu sitzen: nur nicht reizen! Beruhigend spreche ich auf den Tank ein. Würde es gern mit Tellington Touch probieren. An der ersten Kreuzung werde ich fast abgeworfen. Ich hatte leichtsinnig versucht, den Blinker auszuschalten, dabei feinmotorisch versagt und den Gasgriff versehentlich berührt. Ich fahre seit 15 Jahren BMW, habe mich letztes Jahr endlich an die unpraktische Blinkerschaltung meiner R90 gewöhnt – und jetzt schon wieder was Neues! Der Gaszug meiner R90 hat fast 1 cm Spiel. Während es mich nach hinten wirft, stelle ich fest, dass sich hier in der Technik doch spürbar etwas geändert hat. Lassen wir es langsam angehen, denke ich und versuche, mich im unteren Drehzahlbereich aufzuhalten. Erfahrungsgemäß sind Motoren da etwas sanfter. Die Sportmaschine staunt mich an. Wie? Bei 30 im zweiten Gang? Jede rote Ampel wird zum Abenteuer. Schaffe ich es anzuhalten, ohne mich zum Gespött der Kreuzung zu machen? Kristin scheint mit dem Anhalten, Losfahren und Blinkerbetätigen besser zurechtzukommen als ich. Aber sie ist ja auch Architektin. Die kennen sich mit Statik aus.
An einer Tankstelle untersuchen wir die Motorräder, probieren alle Schalter aus und geduldig erklärt mir Kristin die Bedienung der Blinker. Noch einmal, aber diesmal ohne Überwachungskameras, probiert sie, ob sie auf der R1100S mit den Füßen Bodenkontakt herstellen kann. So gerne würde sie damit fahren. Aber nein, es geht wirklich nicht. Ich schlage vor, die GS stehen zu lassen und bei Kristin mitzufahren. Dann würden wir wenigstens zu zweit fallen, wenn wir anhalten. Aber Kristin fällt nicht gern mit Beifahrerin.

Wir brechen auf Richtung Berge. Kristin ist mit der GS recht flott und wendig unterwegs. Sie fühlt sich sichtlich wohl auf dem Motorrad. Meine Boxer Cup Replica schnauft und knurrt. Wieso soll sie 80 fah-

ren? Wir sind auf der Autobahn!!! Wann wird hier endlich mal runtergeschaltet? Beschleunigt? Überholt? Druck gemacht? Wann geht es endlich mal richtig los?
Nach einer halben Stunde erhöre ich sie und schalte herunter. Und dann passiert es. Ganz plötzlich. Wir freunden uns an. Auf einmal spüre ich, wie wendig das Motorrad ist, wie leicht zu handhaben, welchen frischen Durchzug es hat ... und dass es eigentlich gar nicht unberechenbar ist. Es ist wunderbar und mich überkommt dieses Gefühl von Glück, jetzt hier unterwegs zu sein inmitten der bunten Laubfarben und des idyllisch-kitschigen Bergpanoramas. Munter folge ich Kristin. Sie erhöht ihr Tempo, so wie ich es bei ihr gewöhnt bin. In Bad Tölz beschließen wir, Rast zu machen. Wir parken unsere beiden Angebermotorräder neben einem Quad und hoffen, wir werden wahnsinnig bewundert. Dass Kristin mir beim Rangieren etwas helfen muss, beeinträchtigt unseren coolen Auftritt nur geringfügig. Leider schenkt man uns nicht viel Beachtung. Wir sind in der Nähe von München. Schicke BMWs sind hier nichts Besonderes.

Später an einer Mautstation wird uns dann doch noch aufrichtige Bewunderung zuteil. Wir genießen es. An einem Bergsee machen wir Rast und versuchen, Fotos zu machen, wie wir sie aus Motorradzeitschriften kennen. Irgendwie gelingt uns das nicht. Immer ist irgendetwas nicht auf dem Bild oder wenn das Arrangement perfekt zu sein scheint, fährt ein Opel Vectra durch. Wir fotografieren uns gegenseitig auf den Motorrädern, um zu sehen, wie eine Frau auf diesen Maschinen aussieht, denn BMW hat uns diesen Anblick bislang vorenthalten. Wir stellen fest, dass wir von den Proportionen her gut auf die Motorräder passen. Kristin resümiert, die GS sei eigentlich das, was Männer leicht abfällig ein Mädchenmotorrad nennen würden. Ein leichtes, hübsches, traumhaft angenehm zu handhabendes Spielzeug. Es verzeiht alles und mit dem perfekten Fahrwerk und ABS kann eigentlich nichts schief gehen. Bedauerlich einzig der Sound der Auspuffanlage. Wir finden es ungehörig, dass wir uns auf dem digitalen Display vergewissern müssen, ob der Motor überhaupt läuft. Kristin hat sich schon ganz gut mit ihrem »Bienchen« angefreundet. Die vielen Plastikteile an der GS stören sie, aber deswegen ist das Motorrad nun mal so leicht, was ihr wiederum gefällt. Aus meiner Abneigung gegen Plastikverpackungen habe ich nie ein Hehl gemacht, muss nun aber gestehen: Ich fühle mich sehr wohl auf dieser Boxer Cup Replica. Je länger wir fahren, desto übermütiger werde ich, jetzt finde ich z. B. schon, dass die 1100er eigentlich ziemlich lahm ist für eine Rennmaschine. So ein Reiskocher fetzt da vermutlich deutlich mehr. Nicht dass ich da wirklich mitreden könnte, aber die Desensibilisierung, was Geschwindigkeit und Beschleunigung angeht, geschieht schnell. Ich vermute, der 2-Zylinder-Boxer ist im Vergleich zum 4-Zylinder etwas matt, könnte aber mit seinem gigantischen Fahrwerk gut aufholen. Und kleine Veränderungen am Auspuff verbessern nicht nur die Geräuschkulisse, sondern könnten noch mal 10 bis 20 PS mehr rausholen. Sag ich jetzt einfach mal so.
»Wofür ist eigentlich der Schalter mit der stinkenden Schraube?«, fragt Kristin.
»Ich glaube, das ist die Griffheizung«, kläre ich sie auf und beweise damit eindrucksvoll meinen technischen Vorsprung.

BMW R1200GS Griffheizung

Wir setzen unsere Fahrt fort. Als wir abends zu Hause die GS noch mal starten, gibt es eine Fehlzündung und die rechte Einspritzeinheit fliegt aus dem Ansaugstutzen. Beherzt stecken wir sie wieder hinein. Gottseidank waren wir im Motorradkurs. Fehlzündungen können vorkommen, und es ist besser, wenn empfindliche Teile über einen Schleudersitz verfügen, als dass sie bei Fehlzündungen zerstört würden.
Als Shirley abends vorbeikommt, erzählen wir von unserem Abenteuer und der ungeeigneten Sitzhöhe der R1100S. Shirley probiert auch gleich und triumphiert. Sie weiß gar nicht, warum wir uns beschweren. Sie jedenfalls kommt babyleicht mit beiden Beinen auf den Boden. Freundschaftlich rät sie uns zu einer Beinverlängerung: »Es ist ganz einfach. Am besten, ihr nehmt den Oberschenkel, da braucht nur ein Knochen gebrochen zu werden. Beim Unterschenkel müssen Schien- und Wadenbein gebrochen werden, das kommt dann auch teurer. An beide Enden der gebrochenen Knochen werden Stangen fixiert, die außerhalb des Körpers auf eine verstellbare Schiene geschraubt sind. An der kann täglich 1 mm weiter in die Länge gezogen werden. Der Körper versucht, den Raum zwischen den Knochen mit Knorpelzellen aufzufüllen. Vergesst nicht, Calzium und Vitamin D zu euch zu nehmen. Bis zu 20 cm könnt ihr so hinzugewinnen, wenn ihr so viel Zeit habt. Es empfiehlt sich natürlich, es bei beiden Beinen gleichzeitig zu machen. Dann kommt ihr auch schön auf den Boden beim Motorradfahren. Allerdings hat die Sache einen kleinen Haken: So stabil wie vorher sind die neuen Beine nicht, aber ihr wollt ja fahren und nicht gehen, oder?«

So ja …

… so nicht

Räder und Reifen

Grundsätzlich unterscheiden sich Reifen dadurch, ob sie mit einem Schlauch ausgestattet sind oder nicht. Das hängt in erster Linie von der Felge ab. Die Felge ist das runde Metallrad, auf den der Gummireifen draufgezogen ist. Felge und Reifen zusammen bilden das Rad.
Es gibt Gussräder, Verbundräder und Speichenräder. Speichenräder sehen aus wie Fahrradräder, nur eben stabiler.

Speichenräder
Sie sind elastisch, schauen sehr schön aus, lassen sich aber nicht so gut putzen. Dadurch, dass die Speichen innen durch die Felge gesteckt sind, ist die Felge nicht luftdicht. Deshalb sind Speichenräder immer

mit einem Luftschlauch ausgestattet. Der Reifen selbst dient – wie beim Fahrrad – als Mantel, der den Schlauch schützt und Bodenhaftung gewährleistet. Es gibt auch eine Speichenkonstruktion, die es ermöglicht, auf einen Schlauch zu verzichten. Ist aber eine Ausnahme.
Die einzelnen Speichen können sich im Laufe der Zeit lockern. Um die Spannung zu prüfen, entlastet du das Rad und drehst es. Dabei klapperst du mit einem Schraubendreher an den Speichen entlang (wie viele Kinder und manche Erwachsene es mit Ästen an Gartenzäunen tun) und hörst dir den Klang an. Sollte eine Speiche anders klingen als ihre Kolleginnen, vermutlich tiefer, kannst du sie an der Felgenseite am Vierkant mit einem Gabel- oder speziellen Speichenschlüssel etwas fester drehen, bis sie ihre Stimmlage wieder gefunden hat. Wenn es denn geht …
Gebrochene Speichen müssen erneuert werden, weil sie ein Ungleichgewicht (Unwucht) ins Rad bringen und die Stabilität verringern. So was würde ich von einer Werkstatt reparieren lassen. Bei der Gelegenheit sollten gleich alle Speichen geprüft und so gespannt werden, dass das Rad gerade läuft. Das lässt sich ohne entsprechende Vorrichtung nicht selber prüfen. Es reicht, das Rad selbst auszubauen und in die Werkstatt zu rollen.

Gussräder
Gussräder erfreuen sich großer Beliebtheit; ihre Pflege ist einfach, sie müssen nur gelegentlich geputzt werden und das geht viel leichter als bei Speichenrädern. Da die Felgeninnenfläche keine Löcher hat, brauchst du auch keinen Schlauch. Gussräder schauen eher sportlich aus. Und weil zwischen Felge und dem nicht vor-

Laufrichtung

Schlauchreifen wegen Speichen, Reifen wäre aber auch ohne Schlauch fahrbar

Reifengröße

handenen Schlauch keine Reibung entsteht, dürfen diese Räder und Reifen auch höhere Geschwindigkeiten fahren.

Reifen

Alle Motorrad-Reifen haben drei Gemeinsamkeiten: Sie sind rund, meistens schwarz und aus Gummi. Ansonsten unterscheiden sie sich wie folgt:

- Vorderradreifen zartes Profil
- Hinterradreifen markantes Profil
- Enduroreifen mit Stollen (weniger Haftung)
- Straßenreifen ohne Stollen (mehr Haftung)
- Schlauchlose Reifen: »Tubeless«
- Reifen mit Schlauch: »Tube Type«

Wenn ein Reifen als »Tube Type« ausgeschrieben ist, bzw. nicht »Tubeless« draufsteht, muss ein Schlauch eingezogen werden. Hingegen kann ein »Tubeless«-Reifen u. U. auch mit Schlauch gefahren werden. Zum Beispiel, wenn er nicht mehr ganz luftdicht ist oder wenn er für ein Speichenrad verwendet wird.

Reifen haben oft eine festgelegte Laufrichtung. Die ist in Form eines Pfeils auf der Reifenseitenwand angegeben. Dabei wird davon ausgegangen, dass du hauptsächlich vorwärts fährst. Ansonsten kann dir das alles egal sein. Wenn du einen Reifen für dein Motorrad brauchst, schau im Fahrzeugschein oder -brief unter den Nummern 20 und 21 nach. Da stehen die für dein Motorrad zugelassenen Reifengrößen und -typen.

Das Räderausbauen würde ich an deiner Stelle selber machen. Das Reifenaufziehen hingegen nicht. Das ist eine ziemliche Plackerei, wobei die Felge leicht beschädigt werden kann. Außerdem muss das Rad hinterher neu gewuchtet werden. Das heißt, unrunde Stellen im Gummi oder Beulen an der Felge müssen mit Wuchtgewichten auf der gegenüberliegenden Seite ausgeglichen werden. Und dazu musst du's dann sowieso in die Werkstatt bringen.

Prüfen des Reifens:

- Ob du einen neuen Reifen brauchst, würde ich nicht der Beurteilung durch die Polizei überlassen. Dieses freundliche Hinweisschreiben kostet dich nämlich mehr als ein neuer Reifen und bringt dir außer-

Profiltiefe

Ventil: Rändelmutter

dem noch einen Punkt in einem unfreundlichen Punktesystem.

- Gemessen wird das Profil auf der Lauffläche des Reifens. Es soll an der dünnsten Stelle mindestens 2 mm tief sein. Wohlgemerkt: mindestens. Zwischen den Profilstollen sind meistens dünne Brücken eingebaut. Wenn der Reifen so weit abgefahren ist, dass das Profil mit der Brückenhöhe übereinstimmt, ist die Verschleißgrenze erreicht.
- Außerdem darf der Reifen keine Risse oder porösen Veränderungen aufweisen.
- Die Luft, die du hineinfüllst, sollte auch länger drinnen bleiben. Damit meine ich nicht Stunden, Tage oder Wochen, sondern Monate. Wenn du zu oft nachfüllen musst, stimmt was nicht. Vielleicht ist das Ventil nicht ganz festgeschraubt, vielleicht fährst du aber auch einen Nagel spazieren. Schau lieber mal nach.
- Der Luftdruck sollte unbedingt den Herstellerangaben entsprechen. (Richtwerte: vorne ca. 1,8 bar; hinten 2,1 bar). Zu wenig Luftdruck führt zu Lenkerflattern und instabiler Straßenlage.
- Bei Reifen mit Schlauch ist das Reifenventil wie beim Fahrrad mit einer Rändelmutter festgeschraubt. Die soll nicht fest angezogen werden. Ist nämlich alles in Ordnung, bewegt sich das Ventil sowieso nicht. Sollte aus irgendeinem Grund der Schlauch im Reifen wandern, würde bei festgeschraubtem Ventil die Naht zwischen Ventil und Schlauch reißen.

Das wäre schlimmer als ein wandernder Schlauch.

Außerdem kannst du bei einem locker drinsitzenden Ventil sehen, ob es sich verschiebt und weißt dann, dass der Schlauch dahinter unzufrieden ist.

Wartungsarbeiten zum Selbermachen

Motten im Allgemeinen

Lässt du dein Motorrad das ganze Jahr angemeldet und fährst auch dauernd, entfällt für dich jegliches Motten.
Hast du hingegen ein Saisonkennzeichen und dein Motorrad steht mehrere Monate in der Garage, bieten wir folgendes Wellnesspaket an:
Ein- und Ausmotten pflegt das Motorrad und trägt dazu bei, dass es länger gesund bleibt und seine Attraktivität bis weit in die 40er erhält. Es fällt aber auch nicht gleich auseinander, wenn du diesen Zirkus des Mottens nicht veranstaltest. Lediglich die Batterie wird im Frühling so leer sein, dass der E-Starter – wenn du überhaupt einen hast – nicht funktionieren wird. Aber das macht auch nichts. Fremdstarten löst das Problem. Nicht zu verwechseln mit Fremdgehen (vgl. Elektrik).

Zum Einmotten und damit zwangsläufig auch zum **Ausmotten** brauchst du:
- *Werkzeug*
- *Putzeimer, -zeug und Schwämmsche*
- *eine arme alte Socke*
- *evtl. destilliertes Wasser*
- *Ölwechselaccessoires*

Außer den deinem Motorrad sicherlich zuträglichen Nebenwirkungen hat das Einmotten einen gewissen Ritualcharakter, den ich sehr schätze: Ich bin eine Saison gefahren, am besten auch noch unfallfrei, und schließe damit ab, feiere also eine Art Silvester. Das Motorrad bekommt einen Platz, wo es gut aufgehoben ist. Beim Einmotten schaue ich es noch mal gründlich an. Vielleicht stoße ich beim Putzen auf braune Brandflecken am Auspuff, die mich daran erinnern, wie ich bei dem Gewitter vor Lachen das Gleichgewicht verloren habe und die blöde Regenkombi mit dem Auspuff verschmolzen ist. Oder mir fällt auf, dass ein Bowdenzug erste Auflösungsanzeichen zeigt oder dass es hier und da ein wenig feuchtet, sollte das gar Öl sein? Kurz: Ich kann mich schon mal darauf vorbereiten, was ich dann im Frühling alles reparieren muss/darf/möchte, oder welches Motorrad ich mir als Nächstes kaufe.

Einmotten im Herbst

- Wasch mich, sagt dein Motorrad und möchte liebevoll mit Schwamm und Spüli geputzt werden. Für weniger liebevolle Naturen, doppelt belastete Mütter und jetgelagte Managerinnen tut es auch zärtliches Dampfstrahlen.
- Vorsicht: Kette, Vergaser, Elektrik reagieren schnell verschnupft auf hohen Wasserdruck. Eine Katzenwäsche tut's auch.
- Mach mich alle, sagt der Tank. Zumindest fast. Da das Benzin von heute seine Zündwilligkeit schon nach wenigen Monaten so stark einbüßt, dass Motorräder damit nicht

mehr anspringen, raten wir dazu, den Tank ziemlich leer zu fahren und im Frühjahr einen Kanister frisches Benzin draufzutanken.

- Lass es raus, sagen die Vergaser und meinen das Benzin aus den Schwimmerkammern. Die Vergaser haben unten eine kleine Ablassschraube oder bei BMW-BING-Vergasern eine Klammer, mit der die Schwimmerkammer gehalten wird. Benzin und das sich im Laufe der Monate absetzende Kondenswasser bilden sonst eine unappetitliche Emulsion, die die Vergaserdüsen verstopfen kann. Bei Motorrädern mit Einspritzanlage musst du nix ablassen.
  - ➜ Achtung, das abgelassene Benzin bedroht deine Zigarette, lass sie also besser in der Schachtel. Das Benzin kann einfach abgelassen werden, es verdunstet sehr schnell. Du kannst es auch auffangen und in den Tank zurückkippen.
- Nimm mich mit, bettelt die Batterie, denn sie mag nicht allein bleiben, wenn's kalt und ungemütlich wird. Zumal sie sowieso nicht gebraucht wird. Bau sie aus, kontrolliere den Säurestand und stell sie unters Bett oder in den Keller. Je nachdem, wo es seltener Frost gibt.
- Lass ab, ruft das Öl, dem reicht's nämlich und es will endlich abgelöst werden von einem neuen. Die beim Fahren im Öl angesammelten Abriebe und giftigen Verbrennungsrückstände greifen die Motorinnenwände an. Muss ja nicht sein.
- Creme mich ein, jauchzt dein Motorrad jetzt und übertreibt wohl ein bisschen. Wenigstens die Chromteile und den schönen Metalliclack kannst du verwöhnen – bevor es beleidigt ist und den ganzen Winter über grollt und rostet. Die Avonberaterin empfiehlt: Chrompolitur, Lackpolish und Armorall für Gummi und Plastikteile.
  - ➜ Nicht auf die Bremsscheiben und Klötze! Denn du weißt ja, Bremsen sollen reiben und nicht glitschen. Der sich bildende Flugrost auf den Scheiben schleift sich beim ersten Bremsen wieder ab.
- Ich will schweben, mir tun die Füße so weh, sagt dein Motorrad und möchte in die Hängematte. Da die Reifen im Laufe der Zeit Luft verlieren, ist es gut, wenn die Räder entlastet sind. Es genügt der Hauptständer, falls vorhanden. Ansonsten fülle einfach mehr Luft ein und drehe die Räder gelegentlich mal, damit sie keine platten Stellen bekommen.

Vergaser-Ablassschraube

Über den Winter

- Gelegentlich mal gucken, ob's noch da ist. Falls nämlich nicht, kannst du schon mal zu sparen anfangen.
- Leg den 4. Gang ein und drehe das Hinterrad durch, damit Kolben und Öl im Motor mal bewegt werden.

Ausmotten

- *Overall*
- *die ärmste aller Socken*
- *Starterkabel und Auto*
- *Telefonnummer Pannenhilfe*
- *evtl. Zündkerzen*

Hurra, der Frühling ist da, die Sonne scheint! Zur Feier des Tages - denn heute eröffnest du deine persönliche Motorradsaison - verabredest du dich mit deinem Motorrad in der frauenfreundlichen Garage.

- Bevor du deinem Motorrad vor Wiedersehensfreude um den Tank fällst, zieh dir einen alten Overall an, Motorräder entwickeln sich in Garagen zu jugendlichen Herbergen von Staubmäusen und Spinnen.
- Ich würde das Motorrad mit einer Socke Gr. 46–48 erstmal abstauben, an der Farbe wirst du es dann wiedererkennen.
- Hast du Zugang zu einem Batterieladegerät (typisches Männeraccessoire, steht in Badezimmern neben dem Rasierwasser), häng die Batterie vor dem Einbau ein paar Stunden dran, damit sie stark genug ist, den E-Starter zu betätigen. Solltest du gerade auf der Suche nach einem/einer neuen Lebensabschnittsbegleiter/-in sein, achte unbedingt auf das Gütesiegel »besitzt intelligentes Ladegerät«. Heutzutage gibt es Geräte, die über längere Zeiträume Batterien laden und entladen, sodass sie fit bleiben (vgl. Kapitel Elektrische Anlage, Batterie laden).
- Wenn kein Ladegerät in der Nähe ist (du dich sozusagen in einer männerberuhigten Zone befindest), brauchst du keines zu kaufen. Entweder das Motorrad springt so an oder du kannst von einem Auto fremdstarten (bei 12-V-Anlagen) oder du rufst den ADAC. Die helfen dir für kostnix (soweit du Mitglied bist) und freuen sich über ein Trinkgeld.
- Batterie einbauen und anschließen.
- Falls du neue Zündkerzen hast, bau sie jetzt ein, dann springt das Motorrad leichter an.
- Einen Kanister frisches Benzin in den Tank füllen, dann Benzinhahn öffnen und kontrollieren, ob alles dicht ist. Wenn er eine PRI-Stellung hat, stell auf PRI, bis das Moped angesprungen ist.
- Ölstand prüfen: Ist noch alles drin, was du im Herbst eingefüllt hast?
- Drücke mal mit dem Daumen auf die Reifen, ob noch genügend Luft drin ist. Sie sollen sich nicht von Hand eindrücken lassen, d. h. deinem Daumen widerstehen. Wenn viel Luft fehlt, fahre besser nicht zur Tankstelle, sondern rufe wiederum den ADAC, der pumpt die Reifen vor Ort auf.
- Hast du Probleme damit, dir helfen zu lassen, oder Vorbehalte gegen den Vereinsstatus des ADAC, kannst du die Räder natürlich auch ausbauen, sie zur Tankstelle rollen und dort aufpumpen.
- Jetzt lässt du den Motor an: Choke ziehen, starten ohne Gas geben. So wie immer. Oh, was für ein schönes Geräusch!
- Sollte sich beim Starten gar nichts rühren, steht der Notschalter auf OFF oder der Seitenständer ist ausgeklappt oder die Batterie ist zu schwach oder nicht alle Kabel sind angeschlossen.
- Läuft der Motor, warte ein paar Minuten, bis er warm ist, und fahre die erste Stunde etwas sanfter, damit sich die Motorteile wieder ans Arbeiten gewöhnen (Aufwärmgymnastik) und du dich ans Fahren.
- Erst wenn alles wieder funktioniert, würde ich den Frühjahrsputz beginnen.

Wenn die Schraube nicht aufgeht

Wenn Schrauben sich nicht lösen lassen, gibt es zwei grundsätzlich verschiedene Situationen:

1. *Die Schraube ist bisher unbeschädigt, bewegt sich aber nicht.*
2. *Die Schraube ist am Kopf abgerundet, kein Werkzeug passt mehr so richtig drauf.*

zu 1) Das ist die günstigere Ausgangslage. Deine weitere Tagesplanung bleibt unberührt. Dass die Schraube nicht aufgeht, heißt nicht, dass sie grundsätzlich nicht aufgeht, sondern dass sie so nicht aufgeht, weil etwa das Werkzeug nicht passt, der Hebelarm zu kurz ist, du nur schlecht ansetzen kannst oder gar nicht willst, dass sie aufgeht. Oder alles zusammen. Sprich mit deiner Therapeutin darüber. Als Erstes empfehle ich, Rostlöser draufzusprühen. Nein, nicht auf die Therapeutin. Du kannst auch die Schraube prellen, d. h., du schlägst mit dem Hammer auf den Schraubenkopf. Dadurch lösen sich Rostkrümel, die in den Gewindegängen klemmen. Wenn der Hebelarm des Schraubenschlüssels zu kurz ist, kannst du ihn verlängern. Entweder ein Stück Rohr auf das Schlüsselende stecken oder einen

Hebel für Schraubendreher

Ringschlüssel draufklemmen. Wenn du eine Schraube mit dem Schraubendreher aufmachen musst, kannst du eine Wasserpumpenzange auf den Schraubendrehergriff klemmen und dadurch deine Drehkraft erhöhen. Es gibt übrigens ganz tolle Schraubendreher, die haben am Schaft einen Sechskant, auf den du phantastisch einen Gabel- oder Ringschlüssel setzen kannst.

Wenn du einen Schraubendreher mit Schlüssel oder Wasserpumpenzange kombi-

Verlängern mit Ringschlüssel

Öffnen mit Gripzange

nierst, achte darauf, den Schraubendreher mit so viel Druck wie möglich in die Schraube zu drücken.

zu 2) Tja, gerade bist du mit dem Schlüssel abgerutscht oder du stellst fest, es hat sich wohl vorher schon mal jemand an dieser Schraube versucht. Offensichtlich ein Dilettant. Denn wenn eine Schraube beschädigt ist, werden üblicherweise die Spuren des kleinen Ausrutschers umgehend beseitigt. Du ärgerst dich sonst immer wieder. Oder die Nachbesitzerin. Jedenfalls geht die Schraube so nicht mehr auf. Du kannst probieren, eine Feststellzange (Gripzange) auf den Kopf - wohlgemerkt: Schraubenkopf - zu klemmen und die Schraube damit zu drehen.
Oft sind Gripzangen aber zu groß und zu sperrig. Dann probiere bei Außensechskantschrauben, mit dem Hammer die nächstkleinere Nuss draufzuschlagen oder bei Inbusschrauben die nächstgrößere. Wenn das alles nicht wirkt oder du solches Werkzeug nicht hast, darfst du jetzt meißeln: Nimm einen scharfkantigen Meißel und schlage ihn am äußeren Rand mit dem Hammer in den Schraubenkopf, bis du eine Kerbe hineingemeißelt hast. Danach schlägst du schräg in die Kerbe, in Richtung »auf«.
Jetzt geht die Schraube auf - versprochen! Du kannst sie im Notfall auch wieder verwenden, nicht zu fest anschrauben und bei nächster Gelegenheit ersetzen!

Hierbei gilt es, noch zwei Dinge zu beachten:
Falls du keinen Meißel hast, kannst du einen scharfkantigen Schlitzschraubendreher benutzen, aber ...

- Schraubendreher mit Holzgriff haben oft einen durchgehenden Schaft. Da kannst du gut draufschlagen. Schraubendreher mit Plastikgriff federn entweder etwas nach, das schwächt die Schlagkraft, oder sie gehen kaputt.
- Die Schraubendreherspitze kann gehärtet sein. Das erkennst du daran, dass sie dunkel bis schwarz aussieht und nicht silbern. Gehärtete Schraubendreher verbiegen sich zwar nicht beim Drehen, brechen aber beim Schlagen leicht ab.

Wenn alles nichts hilft, musst du die Schraube ausbohren. Sag als Erstes alle weiteren Termine für diesen Tag ab. Dann verpasst du der Schraube erst einmal einen Körnerschlag, damit der nun von dir angesetzte Bohrer auch da bohrt, wo du es willst. Nimm anfangs einen kleinen Bohrer, Nr. 3 beispielsweise, und bohre ein Loch in die Schraube. Danach vergrößerst du das Loch ggf. mit einem größeren Bohrer. Irgendwann zerfällt die Schraube und du kannst sie herausfummeln. Versuche bitte, das Gewinde, in das die Schraube hineingeschraubt ist, nicht zu beschädigen, denn das willst du ja wieder benutzen. Im ungünstigsten Fall musst du das Gewinde mit einem Gewindeschneider nachschneiden. Schau als Erstes im Badezimmer neben Rasierwasser, Batterieladegerät und Stylinggel, ob sich dort ein Gewindeschneiderset befindet. Wenn nein, sag weitere Termine ab, gehe in den nächsten Baumarkt oder kaufe Kuchen und besuche die nette Motorradmechanikerin um die Ecke.

Der Ölwechsel

- *2 bis 5 Liter Öl – je nach Motorrad*
- *ggf. Ölablassdichtung*
- *ggf. Ölfilter*
- *Schmirgelpapier*
- *Trichter*
- *Schüssel*
- *Werkzeug*
- *erbeutete Socke Gr. 46-48*
- *ggf. Ölbindemittel*
- *Kassenbon*

Bei der Verbrennung des Benzin-Luft-Gemisches im Brennraum gelangen leider diese und jene Gase in das Motoröl. Theoretisch darf das nicht sein, praktisch ist es so. Andere Verbrennungsrückstände sowie metallischer Abrieb gesellen sich dazu und alles zusammen ergibt ekligen Ölschlamm. Der muss gelegentlich raus, weil er die Schmierfähigkeit des Öls beeinträchtigt und somit die Gefahr eines Schadens erhöht. Die Motorenöle, sowohl mineralische als auch synthetische, sind inzwischen qualitativ so hochwertig, dass du keine speziellen Sommer- oder Winteröle fahren musst. Sie halten auch sehr lange und die vom Hersteller angegebenen Intervalle kannst du immer als untere Grenze betrachten. Aber auch, wenn das Öl nur alle 10 000 km gewechselt werden soll, empfehle ich dir, es auf jeden Fall im Herbst zu wechseln, denn dann befinden sich noch viele giftige Rückstände vom Fahren darin. Welches Öl gut ist, steht in der Betriebsanleitung. Wenn du keine Bedienungsanleitung hast, weil dein Motorad aus einer Zeit stammt, in der es noch keine Buchstaben gab, nimm ein Öl mit der Bezeichnung SAE10W50 oder SAE15W40. Damit liegst du immer richtig. Hebe den Kassenbon gut auf, den brauchst du noch.

Ölablassschraube

Beim Ölwechsel auch den Ölfilter tauschen, da ist ebenfalls altes Öl drin.
So – und wie kommt jetzt das alte Öl aus dem Motor raus und das neue hinein?
Den Motor vorher ein paar Minuten laufen lassen, damit das Öl sich erwärmt, flüssiger wird und leichter abläuft.
Das Öl wird an der tiefsten Stelle des Motors abgelassen, weil es da freiwillig herausläuft. Dort befindet sich eine Schraube, entweder direkt in der Mitte unter dem Motor oder an der Unterkante. Sie sieht irgendwie anders aus als die anderen.

Wenn du die Schraube öffnest, achte erstens auf die Drehrichtung, denn die Schraube ist ziemlich fest angezogen – also gegen den Uhrzeigersinn – und zweitens auf die Dichtscheibe, die brauchst du nämlich wieder – wenn sie aus Plastik sein sollte. Kupfer- oder Aludichtungen werden nur einmal verwendet. Je nachdem, ob Motor und Getriebe bei deinem Motorrad getrennte Öle haben oder nicht, rechne mit zwei bis fünf Litern Öl. Die genaue Menge steht in der Bedienungsanleitung unter »Füllmenge«. Während das Öl noch abtropft, kannst du den Ölfilter schon ausbauen. Da kommt auch noch ein bisschen Öl heraus.

Ölfilterpatrone mit O-Ring

Ölfilter

Entweder du hast eine Ölfilterpatrone - die sieht so aus wie auf dem Bild und ist meistens dezent schwarz - oder nicht, dann hast du einen Papierfilter-Einsatz, der sich hinter einem Ölfilterdeckel versteckt hält.

Ölfilterpatronen sind geschraubt und lassen sich von Hand lösen - nach links drehen - das geht übrigens besser, wenn du ein Schmirgelpapier um den Filter wickelst. Dadurch erhöht sich die Kraft zum Drehen, weil du nicht mehr so fest zupacken musst. Wenn der Filter trotzdem nicht aufgeht, hat ihn ein Unhold zu fest angezogen. Dann probier es mit einer Rohrzange. Wenn du die nicht in dieser Größe hast und natürlich auch kein Ölfilter-Band (das ist ein Spezialwerkzeug), dann kannst du auch einen Schraubendreher in den Ölfilter hineinschlagen und daran drehen. Das geht sehr leicht - Ölfilter sind aus dünnem Blech. Vorher musst du dich allerdings entscheiden - ist erstmal ein Loch im Filter, muss er auch raus.

Bevor du die neue Patrone einschraubst, solltest du unbedingt den runden schwarzen

Ölfilter ausbauen

Gummiring in die Aussparung am Filter drücken und mit Öl bestreichen. Er soll das Ölfiltergehäuse gegen den Motorblock abdichten. Ungefettet brennt er sich im Lauf der Zeit so fest, dass du das nächste Mal beim Wechseln gleich mit dem Schraubendrehertrick anfangen kannst ...

Runde schwarze Gummiringe heißen übrigens O-Ringe, weil sie wie ein O aussehen. Sie könnten natürlich auch Null-Ringe heißen, aber Zahlenangaben in einem technischen Fachausdruck führen leicht zu Missverständnissen.

Der Ölfilter soll nur von Hand festgeschraubt werden. Beinahe so fest du kannst, denk an einen dauernd tropfenden, nervenden Wasserhahn.

Wenn keine Ölfilterpatrone an deinem Motorrad zu finden ist, suche nach einem runden Ölfilterdeckel mit drei Schrauben, der dem auf dem Bild ähnlich sieht.

Ölfilterdeckel Ölfenster

Die drei kleinen Schrauben sind mit Respekt zu behandeln, weil sie wirklich empfindlich sind. Sie sollten leicht aufgehen. Der Deckel klebt vielleicht am Gehäuse, den kannst du heraushebeln oder leicht dagegen schlagen.

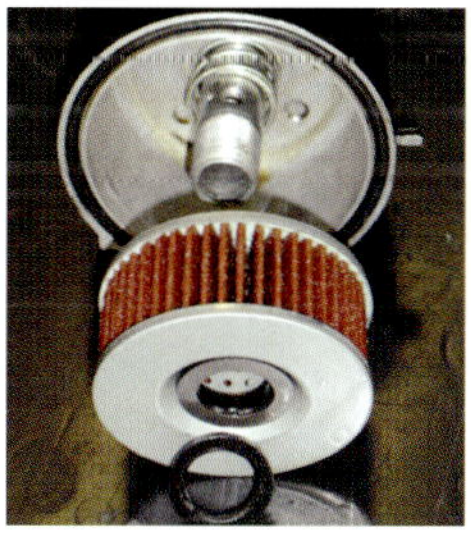
Ölfiltereinsatz

Sowohl im Deckel als auch im Filtereinsatz selbst sitzen O-Ringe. Hinter dem Filtereinsatz befindet sich zuweilen eine Feder, die dafür verantwort-

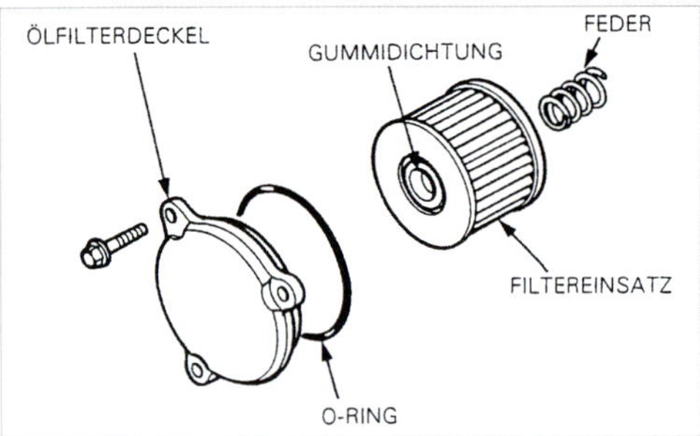

lich ist, wenn dich der Filtereinsatz beim Deckelöffnen anspringt.
Beim Zusammenbauen gilt wieder: O-Ringe einölen und Schrauben mit ungefähr 20 Nm anziehen, wie einen tropfenden Wasserhahn. Bedenke, dass du in diesem Fall ein Werkzeug benutzt und dieses einen Hebelarm hat, mit dem sich deine Kraft multipliziert. Wenn du also vorher bei der Ölfilterpatrone mit bloßer Hand viel Kraft brauchtest, ziehst du hier mit dem Werkzeug weniger kräftig an. Im Zweifelsfalle nicht so fest schrauben. Wenn du feststellst, dass Öl austritt sobald der Motor läuft, kannst du immer noch nachziehen.

Bevor der Motor jetzt aber läuft, musst du Öl einfüllen, und zwar dort, wo der Messstab sitzt, wenn es überhaupt einen gibt. Und bevor du das neue Öl einfüllst, solltest du unbedingt die Ölablassschraube unten (mit der Dichtung) wieder zuschrauben. Die Ölablassschraube ist erst einmal ganz leicht zu drehen und wird dann plötzlich fest, danach nur noch etwa 45 bis 90 Grad weiterdrehen. Aber nicht mit Gewalt! Nach fest kommt bekanntlich wieder locker.
Wenn du die angegebene Ölmenge eingefüllt hast, starte den Motor und lasse ihn laufen, bis die Ölkontrollleuchte erlischt (etwa fünf Sekunden). Danach musst du

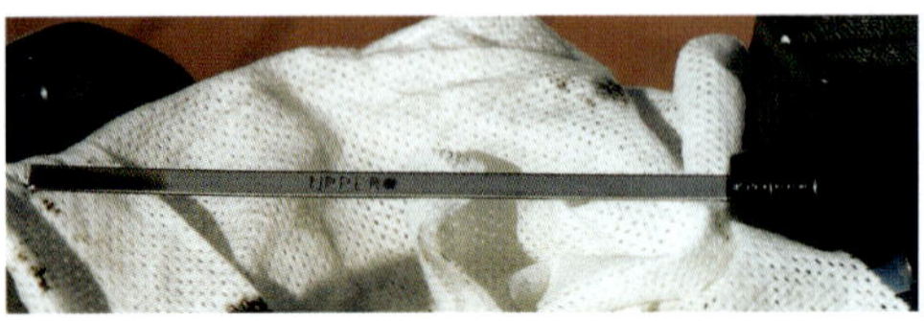

Ölmessstab

nochmals Öl prüfen, weil erst jetzt Öl durch den neuen Filter gepumpt worden ist.
Der Ölmessstab wird zum Messen nicht festgeschraubt, sondern nur auf das Gewinde gelegt.
Hat dein Motorrad keinen Messstab, hat es mit Sicherheit ein Guckloch, ungefähr auf der Höhe deiner linken großen Zehe. Wenn du drauf sitzt, versteht sich. Da kannst du den Ölstand erkennen. Siehst du nix, ist entweder das Fenster schmutzig oder zu wenig Öl bzw. zu viel Öl drin. Zum Gucken soll das Motorrad gerade stehen. Siehst du nix und das Fenster ist bereits geputzt, lass das Motorrad von der besten aller Freundinnen nach rechts kippen und beobachte, was sich im Fenster tut.

Ölfenster

Übrigens: Es gibt immer einen Spielraum von etwa 0,5 l zwischen MIN und MAX, egal ob Fenster oder Messstab. Zu wenig Öl gefährdet den Motor, weil er evtl. nicht überall genügend geschmiert wird. Zu viel Öl führt dazu, dass der Öldruck zu hoch wird und das Öl an der schwächsten Stelle herausgedrückt, also irgendeine Dichtung undicht wird.

So. Fertig. Ölstand zwischen MIN und MAX am Messstab oder unten am Ölfenster.
Bleibt nur noch die Frage: Was mache ich jetzt mit der Plastikschüssel voll altem Öl? Füll es in den jetzt leeren Ölkanister – don´t klecker – und gib es dort ab, wo du das frische Öl gekauft hast. Gegen Vorlage des Kassenbons wird es kostenlos zurückgenommen und recycelt. Falls du doch ein Ölbad in oder vor der Garage angerichtet hast, bekommst du bei der freiwilligen oder unfreiwilligen Feuerwehr für ein Lächeln eine Schaufel voll Ölbinder. Tüte musst du mitbringen.

Tank abbauen

hier sitzt der Tank drauf

Das ist eigentlich keine eigenständige Wartungsarbeit. Bei vielen Motorrädern muss der Tank aber abgebaut werden, um z. B. an den Luftfilter heranzukommen. Oder, bei wassergekühlten Motorrädern, um das Kühlsystem zugänglich zu machen.

Tank abbauen ist überhaupt kein Drama. Vorne ist der Tank nur aufgesteckt, hinten mit einer oder zwei Schrauben befestigt. Um an die Schrauben zu gelangen, muss die Sitzbank entfernt werden. Das geht von hinten nach vorne. Jeweils eine oder zwei kleine Schrauben sind zu lösen, am gegenüberliegenden Ende wird nur aufgesteckt oder eingehakt. Viele Bänke lassen sich mit dem Zündschlüssel entriegeln.

Wenn du die Tankschraube(n) geöffnet hast, schließe den Benzinhahn und klemme die Benzinschläuche ab.

Falls du an sie nicht herankommst, heb den Tank an und ziehe ihn wackelnd, aber mit Entschiedenheit nach hinten. Jetzt kannst du an der Tankunterseite ggf. die Schläuche lösen.

Sollte am Tank mehr als ein Benzinschlauch befestigt sein, markiere die Anschlüsse. Bei Verwechslung kann es vorkommen, dass deine nächste Fahrt an der ersten Straßenkreuzung plötzlich zu Ende ist.

Sollte dein Motorrad nach einem Eingriff an den Benzinleitungen nach kurzer Zeit ausgehen – und zwar im Umkreis von etwa einem Kilometer um den Tatort herum –, lass dich nicht verwirren von wegen »aber zuerst ging's ja noch«. Wenn die Benzinzufuhr unterbrochen ist, weil

- *Schlauch nicht angeklemmt,*
- *Schlauch verkehrt angeklemmt,*
- *Schlauch gequetscht,*
- *Benzinhahn nicht wieder geöffnet,*
- *Tank leer ist,*

fährt dein Motorrad so lange, bis das Benzin, das noch in der Schwimmerkammer des Vergasers war, aufgebraucht ist.

Falls unten am Tank Benzinschläuche angebracht sind, muss es dort auch eine Verschlussmöglichkeit geben, z. B. jeweils eine Schraube, die du um 90 Grad verdrehen kannst. Dann lassen sich die Schläuche abziehen (drehen, ziehen, wackeln, mit Schraubendreher runterhebeln), ohne dass der Tank leerläuft.

Tank nach vorne schieben

Befestigungsschraube hinten

- *Filtereinsatz oder*
- *Schüssel*
- *Geschirrspülmittel*
- *Öl*
- *Socke*

Der Luftfilter befindet sich in einem meistens schwarzen Plastikbehälter unter der Sitzbank oder unter dem Tank. Zugänglich ist er entweder von oben oder über die Seitendeckel. Manchmal gibt es auch zwei Luftfilter.

Wenn du dich auf die Suche machst, folge dem Ansaugstutzen von den Vergasern aus, vom Motor weg. Also Sitzbank abnehmen, gegebenenfalls Tank abnehmen oder Seitendeckel entfernen.

Es gibt Papierfilter - die können ausgeblasen oder weggeworfen werden.
Alternativ dazu gibt es Luftfilter mit Urethanschaumeinsätzen. Das sind weiche Schaumstofffilter, die in Öl getränkt werden. Sie werden nicht weggeworfen, sondern ausgewaschen. Dazu eignet sich ein sanftes Lösungsmittel wie z. B. Geschirrspülmittel. Nach dem Waschen muss der Filter erst trocknen, bevor er wieder in Öl getaucht wird. Überschüssiges Öl wird ausgedrückt und dann kannst du den eher feuchten als nassen Filter wieder einbauen. Diese Arbeit würde ich einmal im Jahr durchführen

So, und wohin mit dem öligen Lösemittel? Ich empfehle die Entsorgung auf oder hinter einer Tankstelle, weil die einen Ölabscheider haben.

Luftfilter unter rechtem Seitendeckel

Luftfilter unter dem Tank

Kühlsystem prüfen und entlüften bei wassergekühlten Motoren

- *Kühlerfrostschutz und destilliertes Wasser oder Leitungswasser*
- *Werkzeug*
- *Schüssel*
- *Trichter*
- *leerer Kanister oder leere Flasche*

Damit das Kühlsystem funktioniert, muss genügend Wasser im System sein. Das ist am Ausgleichsbehälter erkennbar. Gedenkst du ihn zu öffnen, nimm eine Socke und sei vorsichtig, wenn der Motor noch warm ist. Denn dann ist das Wasser auch »warm« und steht unter Druck. Also langsam öffnen und mit Sockenschutz verhindern, dass du dir die Hand verbrühst. Bei kaltem Motor passiert nix.

Kühlerdeckel

Kühlwasser-Ausgleichsbehälter

Der Kühlmittelstand soll sich zwischen MIN-MAX befinden. Solltest du oft nachfüllen müssen, ist das System irgendwo undicht. Schau dir einfach alle Schläuche an; im Laufe der Zeit werden sie porös und rissig. Dann wechsle sie aus. Dazu musst du nur die Schlauchschellen an beiden Enden lösen und den Schlauch, der sich vermutlich etwas angesaugt hat, mit dem Schraubendreher leicht anheben, sodass der Druck entweichen kann (wie bei Gurken- und Marmeladengläsern auch). Den neuen Schlauch setzt du einfach wieder ein und schraubst die Schlauchschellen fest.

Je nachdem, wie tief der Schlauch in der Anlage verbaut ist, läuft beim Ausbau mehr oder weniger Kühlwasser aus. Da sich im Kühlwasser etwa 50 % Kühlmittel, nämlich Rost- und Frostschutzmittel befindet, gehört auch diese Flüssigkeit nicht auf die Straße oder ins Klo. Kühlflüssigkeit wird von Werkstätten als Sondermüll entsorgt. Also dort abgeben, wenn sie es denn annehmen. Mit dem Schlauch hast du jetzt Luft ins System eingebaut. Damit das Wasser später nicht kocht, musst du die Anlage jetzt *entlüften*. Dazu füllst du erstmal Wasser und Frostschutz auf, etwa halbe/halbe. Bei Motorrädern soll kein Leitungswasser, sondern destilliertes Wasser verwendet werden, weil die Motorräder im Winter meistens herumstehen und sich dadurch die Verkalkungs- und Rostgefahr erhöht. Aber das ist Langzeitschutz. Du kannst selbstverständlich Leitungswasser einfüllen, wenn du nichts anderes hast. Das Kühlmittel soll hauptsächlich gewährleisten, dass das Kühlwasser bei Außentemperaturen von unter 0 °C nicht einfriert. Gefrorenes Wasser dehnt sich aus, und Schläuche, Kühler und

Motor könnten platzen. Das wäre sehr unappetitlich.

Wenn das Wasser aufgefüllt ist, lass den Motor laufen, bis sich der Ventilator am Kühler einschaltet. Beobachte aber vorher schon den Ausgleichsbehälter. Der Deckel bleibt geöffnet, damit die Luft raus kann. Sobald der Thermostat den großen Kühlkreislauf öffnet, wird mehr Wasser im Kühlsystem gebraucht und der Pegel sinkt ab. Wundere dich nicht, wenn's da kurzzeitig blubbert und überläuft. Das Kühlsystem hat Luft geschluckt und rülpst jetzt, bis alles draußen ist. Du musst einfach nur immer nachgießen, damit keine neue Luft angesaugt wird. Läuft der Ventilator und ist im Ausgleichsbehälter Ruhe eingekehrt, kannst du den Deckel zumachen, und fertig ist die Angelegenheit.

Kühlwasserstandskontrolle

siehe oben.

Kontrolle des Anteils an Frostschutz

Es gibt an Tankstellen ein Prüfgerät, mit dem saugst du etwas Wasser aus dem Ausgleichsbehälter. Das Gerät zeigt dir den Gefrierpunkt der angesaugten Flüssigkeit an. Bis minus 30 Grad Celsius reicht in unseren Breitengraden aus. Steht das Motorrad im Winter in der Garage, reicht auch weniger.

Dichtigkeitsprüfung

Kontrolle von Schläuchen, Schellen, Thermostat, Wasserpumpe und Kühler auf Dichtigkeit.

Kontrolle der Ventilatorfunktion

Schaltet er sich nach etwa 10 Minuten ein, wenn der Motor länger im Stand läuft?

Kontrolle des Thermostats

Werden die beiden Schläuche zum Kühler nach einigen Minuten warm, ist der Thermostat in Ordnung. Bleiben sie kalt und überhitzt der Motor, öffnet der Thermostat nicht.

Dann: Ausbauen, einbauen (da gibt es wahrscheinlich wieder einen O-Ring), Anlage entlüften.

Wird der Motor nur sehr langsam warm, kann es auch sein, dass der Thermostat nicht mehr schließt; macht eigentlich nix, trotzdem: Bei Gelegenheit erneuern. Du kannst sicher sein, die haben ein so teures Teil nicht unnötigerweise da eingebaut.

Thermostat

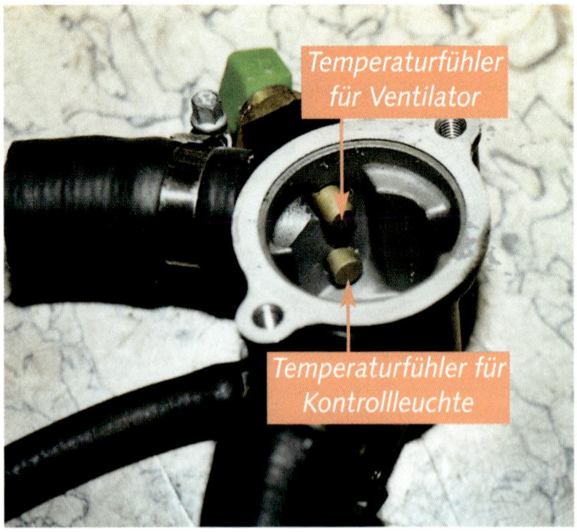

Temperaturfühler

Das Ventilspiel

Ventilspiel prüfen
Damit gewährleistet ist, dass die Ventile im Verdichtungstakt auch wirklich ganz geschlossen sind, wird zwischen Ventilschaft und Nocken bzw. Kipphebel im entlasteten Zustand ein Abstand, »Spiel«, gelassen. Es beträgt je nach Typ 0,10 mm bis 0,50 mm und wird entweder bei warmem (+) oder kaltem (o) Motor gemessen. Das steht im jeweiligen Reparaturhandbuch. Ist dein Motorrad mit Ventileinstellplättchen ausgestattet, rate ich dir vom Selbsteinstellen ab. Das geht meistens nicht ohne Spezialwerkzeug.

Es gibt inzwischen viele Motoren, bei denen sich das Ventilspiel automatisch einstellt – durch so genannte Hydrostössel. Diese Hydroelemente regulieren das Spiel über den Öldruck im Motor. Da gibt's also nix zu messen und einzustellen.
Um bei einem Motor ohne Hydros das Ventilspiel zu messen, muss als Erstes der Ventileinstelldeckel heruntergeschraubt werden. Das sind z. B. vier am oberen Teil des Motors aufgesetzte Deckel, bei liegenden Motoren (Reihen- und Boxermotoren) rechts und/oder links der äußere Deckel.

Ventileinstelldeckel

Zwischen Ventildeckel und Zylinderkopf befindet sich eine Dichtung, die meistens geklebt ist und deshalb beim Zerlegen kaputtgeht. Die muss also erneuert werden (Ventildeckeldichtung). Die kleinen Deckel in der Abbildung kannst du so wieder draufschrauben.
Vorgehensweise, wenn dein Motorrad keine Hydrostössel hat:
1 Satz Fühlerlehren
Werkzeug
Ventildeckeldichtung
Socke
die beste aller Freundinnen
- Kläre ab, ob der Motor zum Prüfen des Ventilspiels warm oder kalt sein soll.
- Ggf. Motor etwa 10 Minuten warmlaufen lassen.
- Je nach Motorradtyp kann es nötig sein, den Tank abzubauen, um an den Ventildeckel heranzukommen. In diesem Fall siehe Kapitel Tank abbauen.
- Schrauben des Ventileinstelldeckels lösen. Das sind meistens mehrere kleine Schrauben mit SW10. Bei Boxermotoren kann auch auf jeder Seite nur eine mit SW13 sein und zwei auf der Innenseite mit SW10. Bei der abgebildeten alten Yamaha ist es jeweils nur eine Schraube.
- Entweder lässt sich der Ventildeckel leicht abnehmen oder er klebt auf der Dichtung. Dann klopfe mit dem Gummihammer ein bisschen und heble ihn mit einem Schraubendreher vorsichtig herunter.

Achtung, pass auf, dass du nicht irgendeine Schraube vergessen hast, in der Mitte, am Rand oder sonst wo!

Ventile einstellen

- Jetzt kannst du eine oder zwei Nockenwellen sehen und wie die Ventilbetätigung funktioniert.
- Um das Ventilspiel zu messen, muss das jeweilige Ventil geschlossen sein, d. h. der Nocken darf gerade nicht auf das Ventil oder den Kipp- oder Schwinghebel drücken.
- Dazu musst du die Nockenwelle drehen, bis das Ventil, an dem du das Spiel messen willst, entlastet ist. Hat dein Motorrad einen Kickstarter, leg den 4. Gang ein – das Moped steht auf dem Hauptständer –

Ventile einstellen

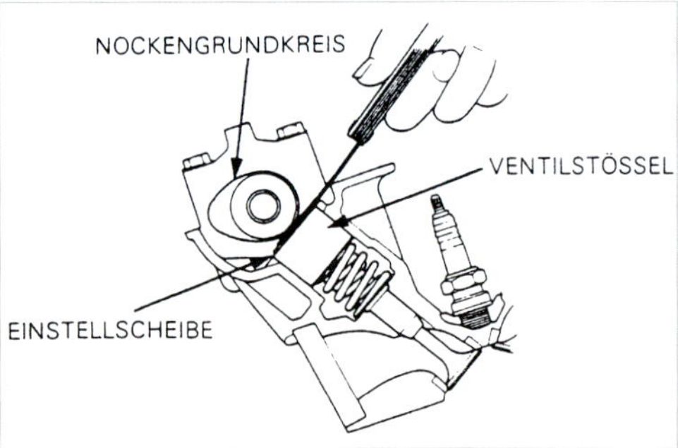

Direkte Ventilbetätigung (Abb. V1)

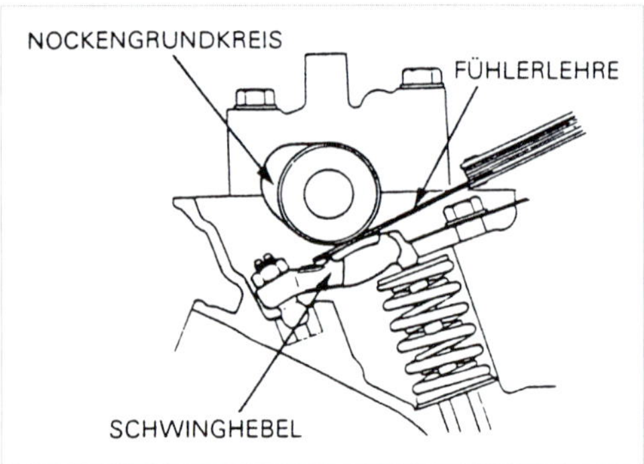

Schwinghebel (Abb. V2)

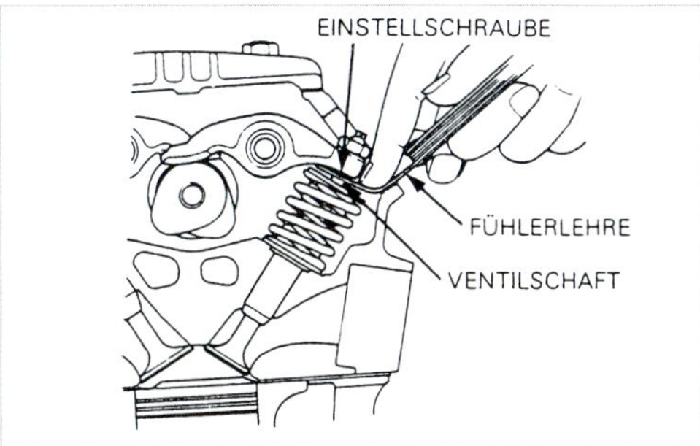

Kipphebel (Abb. V3)

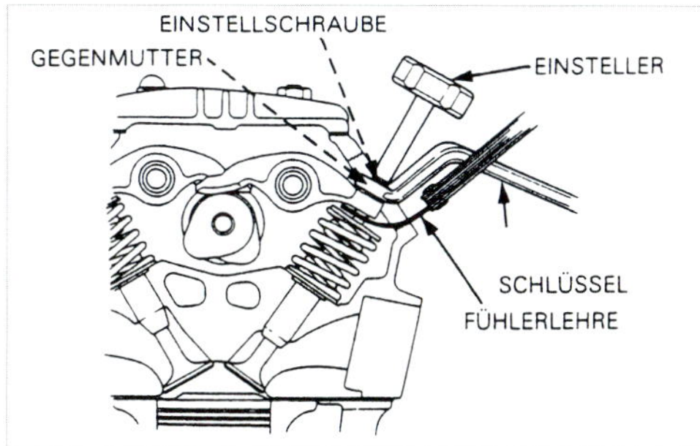

Gegenmutter lösen, dann einstellen (Abb. V4)

und bewege den Kickstarter, bis sich der Nocken in der gewünschten Stellung befindet. Du kannst auch die Zündkerzen herausschrauben, dann wird im Motor nicht mehr verdichtet und der Kickstarter bewegt sich viel leichter.

- Wenn du keinen Kickstarter hast, kannst du ebenfalls den 4. Gang einlegen und das Hinterrad ruckartig ein Stück drehen. (Geht sehr unwillig.) Die beste aller Freundinnen sagt Bescheid, wenn die Nockenstellung stimmt. In den Reparaturhandbüchern steht ansonsten, an welcher Stelle unter welchem Deckel sich eine Schraube befindet, an der du die Kurbelwelle drehen kannst. Das ist meistens die dicke Mutter in der Mitte der Lichtmaschine. Dort befindet sich auch unter einem kleinen Deckel an der Seite eine Markierung, die dir zeigt, wann ein Zylinder ganz oben im OT (oberen Totpunkt) steht. Dazu muss aber der Gang herausgenommen sein (neutral).

So würde ich es machen, wenn die beste aller Freundinnen beispielsweise in Urlaub gefahren ist. Wieso eigentlich ohne dich?

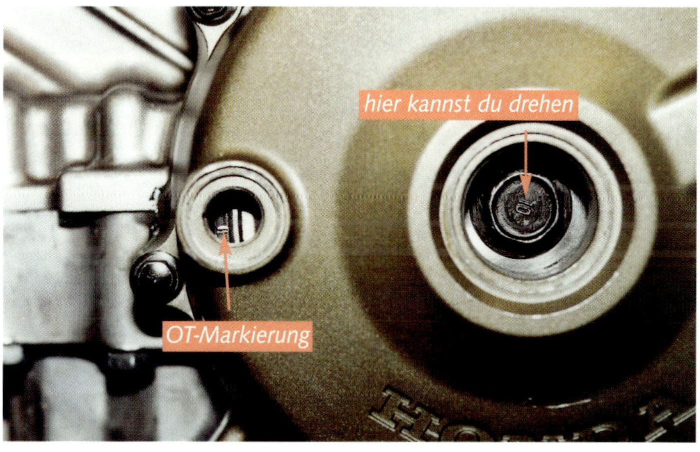

Markierung an der Lichtmaschine

- So, jetzt willst du endlich messen, ob das Ventilspiel stimmt. Dazu musst du aber noch lokalisieren, ob das Ventil, um das es sich gerade handelt, ein Einlass- oder Auslassventil ist. Denn meistens haben sie verschiedene Einstellwerte - leider steht am Ventil kein Name dran. So bleibt dir nichts anderes übrig, als dein inzwischen geballtes Wissen über Motoren anzuwenden: Das Einlassventil ist auf der Frischluft- und Vergaserseite, das Auslassventil auf der Auspuffseite. Schau dir deinen Motor an und überlege, wie die Luftkanäle verlaufen.
- Wenn du dich entschieden hast und jedem Zylinder mindestens ein Einlass- und ein Auslassventil zugeordnet hast, darfst du endlich messen: Dazu schiebst du die

Fühlerlehre, auf der der »richtige« Einstellwert eingekratzt ist, zwischen Schwinghebel und Nocken (siehe Abb. V2) oder zwischen Kipphebel und Ventil (Abb. V3). Bei direkter Ventilbetätigung (Abb. V1) schiebst du die Fühlerlehre zwischen Nocken und Ventilstössel. Der Abstand zwischen den beiden soll der Dicke der Fühlerlehre entsprechen, sie soll »leicht saugend« dazwischen geschoben werden können. Wenn sie leicht hindurchgeht, probiere die nächste und dann wieder die nächstdickere, so lange, bis eine nicht mehr dazwischen passt. Dann weißt du: Die davor ist so dick wie das Ventilspiel. Sollte die Fühlerlehre mit dem vom Hersteller angegebenen Richtwert gar nicht erst hineinpassen, probierst du es mit der nächstdünneren usw.

Ventilspiel einstellen

Sollte das tatsächliche Ventilspiel nicht dem vorgeschriebenen Maß entsprechen, kannst du es einstellen - vorausgesetzt, deine Ventilbetätigung hat keine Einstellplättchen wie in Abb. V1. Denn da werden die Plättchen durch jeweils dickere oder dünnere ersetzt. Dazu müssen meistens die Nockenwellen ausgebaut werden.

Also, wenn es so aussieht wie in Abb. V2, Abb. V3 oder V4, stellst du das Spiel folgendermaßen ein:

- Du öffnest die Kontermutter (hier: Gegenmutter genannt) eine halbe Umdrehung.
- Dann drehst du mit einem Schlitzschraubendreher an der Einstellschraube, bis die Fühlerlehre »leicht saugend« durchgeht.

Grundsätzlich gilt:
nach rechts drehen - Spiel wird kleiner
nach links drehen - Spiel wird größer

- Wenn die Einstellung passt, hältst du die Einstellschraube mit dem Schraubendreher in der gewählten Stellung und schraubst die Kontermutter mit Kraft, aber nicht mit Gewalt fest, ungefähr so viel, wie du gebraucht hast, sie zu lösen.
- Danach unbedingt noch mal kontrollieren, ob das Spiel beim Kontern nicht wieder enger geworden ist. Ggf. nachkorrigieren. Wenn's beim dritten Versuch immer noch nicht passt, kannst du ja den Verstellwert beim Festziehen vorher miteinplanen.
- Jetzt drehst du am Motor, bis die Nockenwelle so steht, dass du das nächste Ventil messen kannst.
- Wenn du alle Ventile eingestellt hast, bzw. (der Begriff ist ja falsch, wie du zu Recht bemerkst) wenn alle Einsteller an den Kipp- oder Schwinghebeln eingestellt sind, darfst du wieder zusammenbauen.
- Möglicherweise musst du erstmal die Dichtflächen von Ventildeckel und Zylinderkopf saubermachen. Sie müssen fettfrei sein. Abwischen mit einem Lappen oder der berüchtigten Socke genügt. Sollten noch Dichtungsreste drankleben, müssen die natürlich runter. Da hilft ein großer Schraubendreher oder eine Rasierklinge - wie, du rasierst dich nicht?!
- Eventuell neue Ventildeckeldichtung einsetzen und Deckel draufschrauben. Erst alle Schrauben ansetzen und dann etappenweise über Kreuz so anziehen, dass die Dichtung nicht ungleichmäßig gequetscht wird, denn das mag sie nicht (Anzugsdrehmoment ca. 20 Nm).
- Nötigenfalls baust du noch deinen Tank wieder drauf und überstanden ist auch dieses Abenteuer.

Alte Dichtungsreste kannst du gewissenlos in die Mülltonne werfen. Die Socke würde ich in die Waschmaschine tun, denn die brauchst du noch öfter.
Diese Arbeit trägt tendenziell zur Verbesserung deiner Abgaswerte (nein, der deines Motorrades) bei: Je besser ein Motor eingestellt ist, desto gründlicher wird das Benzin verbrannt.

Seilzüge

Kupplung

Es gibt zwei Arten, die Kupplung zu betätigen: Entweder über ein Kupplungsseil, welches vom Kupplungshebel am Lenker zur Kupplung geht, oder über eine Hydraulik.
Am Kupplungshebel befindet sich dabei ein Flüssigkeitsbehälter, von dem ein Schlauch zur Kupplung führt. Der Kupplungshebel drückt auf einen Kolben in einem Zylinder, dem Kupplungsgeberzylinder. In dem Zylinder und in der Leitung zur Kupplung befindet sich die Kupplungsflüssigkeit, die vom Kolben im Geberzylinder in den Kupplungsschlauch gedrückt wird. Flüssigkeiten lassen sich nicht zusammendrücken, deshalb schiebt der Kolben die Flüssigkeitssäule wie eine Stange vor sich her. Unten an der Kupplung befindet sich wiederum ein Zylinder (Kupplungsnehmerzylinder), in dem durch die Flüssigkeit ein Kolben bewegt wird, der dann seinerseits die Kupplung betätigt. Die im Schlauch befindliche Flüssigkeitssäule wirkt nur dann wie eine Stange, wenn keine Luft drin ist, denn die lässt sich leicht zusammendrücken, wie jede weiß, die schon mal einen Luftballon aufgeblasen hat. Der Unterschied zu einer wirklichen Stange ist der, dass die Leitungen und Schläuche so flexibel verlegt werden können wie ein Seilzug.

Hydraulische Kupplung

Bei hydraulischen Kupplungen brauchst du nichts einzustellen. Sollte der Flüssigkeitsstand im Behälter den unteren Level erreichen, kannst du etwas nachfüllen. Dazu löse beide Schrauben am Deckel – die gehen oft schlecht auf, weil sie so weich sind. Deshalb setze erst den Kreuzschlitzschraubendreher auf die Schraube und schlage einmal entschieden oben auf den Schaft, bevor du aufschraubst. Bevor du den Deckel öffnest, musst du unbedingt den Behälter in eine waagerechte Lage bringen. Dazu kippe die Lenkung nach rechts. Sollte der Behälter dann immer noch nicht waagerecht stehen, löse die beiden Halterungsschrauben am Lenker. Nun kannst du den Behälter so drehen, dass nichts herausschwappt. Als Kupplungsflüssigkeit wird meist Bremsflüssigkeit verwendet. Das Zeug ist todesgiftig und greift die schönen Chromteile und den Lack deines Motorrades an. Am besten, du legst deine älteste Socke unter den Behälter. Sollte trotzdem etwas kleckern, spüle später mit viel Wasser nach.

Kupplungs- und Bremsflüssigkeit bitte nicht essen, trinken, auf Wäsche kleckern (Socken ausgenommen), in die Augen schmieren oder gar anderen zu trinken geben. Dafür gibt es Haftstrafe nicht unter fünf Jahren und Frauen bekommen bekanntlich immer lebenslänglich. Danach musst du dein Moped wegen zu langer Stilllegung nach § 21 »Gutachten« vorführen.

Hydraulische Kupplung entlüften bzw. Flüssigkeit wechseln

Im Lauf der Zeit wird die Kupplungsflüssigkeit schlecht, d. h. sie hat Luftfeuchtigkeit aufgenommen, lässt sich dadurch zu sehr zusammendrücken und fängt beispielsweise im Stau leicht zu kochen an. Das fühlt sich äußerst beunruhigend an, weil plötzlich der Hebel leer durchgeht und du den Gang nicht mehr heraus bringst. Luft in der Anlage bemerkst du auch daran, dass die Kupplung zu leicht geht und die Gänge schlecht einzulegen sind.

Die Flüssigkeit sollte etwa alle zwei Jahre gewechselt werden. Bei Choppern, die wegen der häufig langen Lenker auch sehr lange Kupplungsleitungen haben - also eine große Fläche, über die Luftfeuchtigkeit aufgenommen werden kann - besser jedes Jahr.

Das Wechseln ist eine einfache Arbeit, die allerdings große Sorgfalt erfordert. Da es äußerst ärgerlich ist, wenn dir versehentlich Luft in die Hydraulik gerät - die Luft geht nämlich ungern wieder raus - musst du diszipliniert vorgehen.

- *250 ml Brems- oder Kupplungsflüssigkeit laut Herstellerangabe*
- *etwa 1/2 Meter Schlauch (Durchmesser etwa 4 mm)*
- *ein leeres Gurkenglas (Wie? Da sind noch Gurken drin?)*
- *Socke im Endstadium*

Du öffnest den Deckel des Ausgleichsbehälters am Lenker, wie oben beschrieben.

Kupplungsentlüftungsventil

Wenn du dem Schlauch vom Behälter zur Kupplung folgst, verschwindet der vermutlich unter einem Schutzdeckel. Den schraubst du ab. Jetzt siehst du, wo der Schlauch an ein kleines Bauteil, den Kupplungsnehmerzylinder, angeschraubt ist. Neben oder über dem Schlauchanschluss befindet sich eine kleine Sechskantschraube (SW 6, 7 oder 8, 10), die oberhalb des Sechskants eine runde Öffnung hat. Diese Schraube ist das Entlüftungsventil.

Am besten legst du einen Ringschlüssel auf den Sechskant und öffnest das Ventil vorsichtig um eine viertel Umdrehung. Dann machst du es ebenso vorsichtig wieder zu. Lass den Schlüssel drauf und stecke den Entlüftungsschlauch mit dem einen Ende auf das Ventil, das andere Ende legst du in das Glas, zu den Gurken.

Jetzt betätigst du die Kupplung langsam drei bis fünf Mal und hältst den Hebel dann fest angezogen. Beim Pumpen kann es sein, dass eine fröhliche Fontäne aus dem Behälter schießt. Leg einfach dein Söckchen darüber. Während du den Hebel festhältst, öffnest du das Ventil wieder - viertel bis halbe Umdrehung. Vielleicht merkst du, dass der Hebel noch ein Stück weiter angezogen werden kann. Halte ihn weiter fest und schließe das Ventil wieder. Jetzt musst du oben erneut drei bis fünf Mal pumpen, festhalten und unten am Ventil öffnen. Wenn du das Ventil dann wieder geschlossen hast, schau mal nach, ob du den Behälter schon nachfüllen musst. Er darf auf keinen Fall leer werden, weil du sonst Luft in die Anlage pumpst. Ebenso ist es ganz wichtig, dass das Ventil geschlossen wird, bevor du den Hebel loslässt, sonst saugst du von unten Luft an.

Diesen Ablauf: *Pumpen - Festhalten - Ventil auf - Ventil zu - Pumpen - Flüssigkeitsstand nachfüllen* usw. musst du ungefähr 30-mal wiederholen. Wenn dein Entlüftungsschlauch durchsichtig ist, kannst du ggf. kleine Bläschen erkennen, die sich in der herausgepumpten Flüssigkeit befinden. Du bist fertig mit Entlüften, wenn keine Bläschen mehr herauskommen. Wenn du nach fünf Minuten immer noch Blubberbläschen herauspumpst, ist irgendwas falsch. Vielleicht ist das Ventil jeweils zu weit geöffnet, sodass dort Luft mit in deinen Schlauch gesaugt wird. Das verfälscht die Anzeige, heißt aber nicht, dass du Luft im System hast.

Um die Flüssigkeit zu wechseln, musst du länger dabeibleiben als zum Entlüften. Ungefähr 150 ml Flüssigkeit muss durchgepumpt werden. Das erfordert einiges an Geduld. Wenn du die Gurken vorher umtopfst, könntest du sie nebenbei essen. Das versauert dir die Langeweile.

Wenn du dann längst schon keine Lust mehr hast und endlich fertig bist, höre auf und schraube alles wieder zu. Ventil, Behälterdeckel, Halterung am Lenker. Um sicherzugehen, dass keine Kupplungsflüssigkeit auf dem Motorrad antrocknet, gieß einfach Wasser über alle verdächtigen Teile.

So – jetzt fehlt zu deinem Erfolgsgefühl eigentlich nur noch die Lösung für das Problem Gurkenglas und die sterblichen Überreste deiner Fußtüte.

Bitte halte die Socke in Quarantäne, denn sie steckt andere, vor allem Lieblingskleidungsstücke an.

Das Gurkenglas würde ich wahrheitsgemäß beschriften und zur Giftmüllsammelstelle bringen. Werkstätten haben einen Sammelbehälter für Bremsflüssigkeit, die wieder recycelt wird.

Kupplungsseil

Wenn die Kupplung über einen Seilzug betätigt wird, erkennst du das am Fehlen des Ausgleichsbehälters. Stattdessen ist da ein Drahtseil. Es heißt Bowdenzug und bewegt sich in einer festen Führungshülle aus einer plastikummantelten Metallspirale. Oben ist der Zug am Kupplungshebel eingehängt, am anderen Ende am Kupplungsarm. An beiden Enden befinden sich Einstellschrauben.

Du kannst

1. das Kupplungsspiel einstellen, das ist der »leere Weg«, den der Hebel am Lenker hat, bevor er schwer geht.
2. den Bowdenzug schmieren,
3. das Kupplungsseil auswechseln.

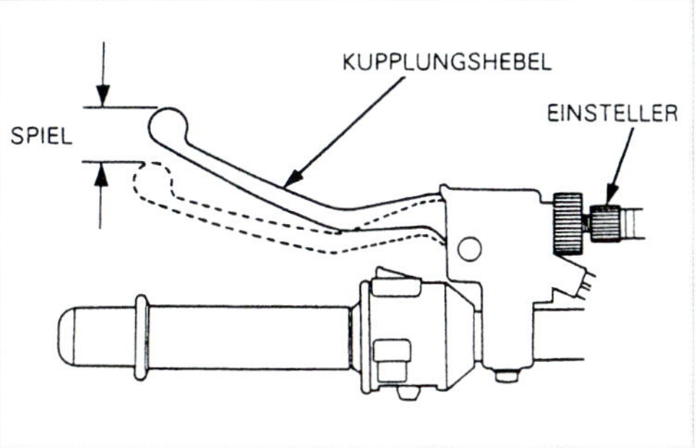

Kupplungsspiel

Kupplungsspiel einstellen

- ggf. Rohrzange

Das Kupplungsspiel am Hebel soll ungefähr 0,5 cm betragen, am Hebelende gemessen. Ist es zu klein oder nicht vorhanden, schleift die Kupplung dauernd und verschleißt sehr schnell. Ist es zu groß, trennt die Kupplung bei Betätigung des Hebels nicht weit genug – wen? Kurbelwelle von Getriebe – und die Gänge lassen sich schwer bis gar nicht schalten.

Um das Spiel zu korrigieren, verdrehst du die Schraube am Einsteller. Vorher musst du die Rändelmutter, die als Kontermutter (Gegenmutter) die gewünschte Einstellung festhält, lösen.

Einstellschraube herausschrauben – das Spiel wird kleiner.

Einstellschraube hineinschrauben – das Spiel wird größer.

Sollte der Einsteller am Hebel schon am Gewindeende eingestellt sein, kannst du

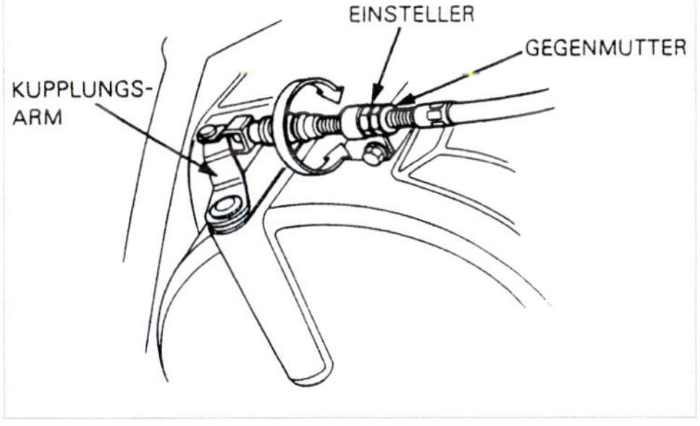

Einsteller an Kupplung

noch mal am Einsteller unten am Kupplungsarm nachstellen.
Auch da gibt es wieder eine Einstellschraube und eine Kontermutter.
Einstellschraube weiter herausschrauben - das Spiel wird kleiner.
Einstellschraube weiter hineinschrauben - das Spiel wird größer.
Hinterher nicht vergessen, die Kontermutter wieder festzuschrauben!
Es reicht, wenn du sie mit der Hand festschraubst.
Sollte kein Nachstellen mehr möglich sein, ist entweder die Kupplung verschlissen oder das Seil ist in Auflösung begriffen.

Bowdenzug schmieren
- *Werkzeug*
- *Kriechöl*
- *ggf. Bowdenzugöler*

Um den Bowdenzug zu schmieren, musst du ihn am oberen Ende aushängen. Dazu erstmal den Einsteller ganz hineinschrauben und unter den Hebel schauen, ob das Seil dort eingehängt ist oder an der Seite.

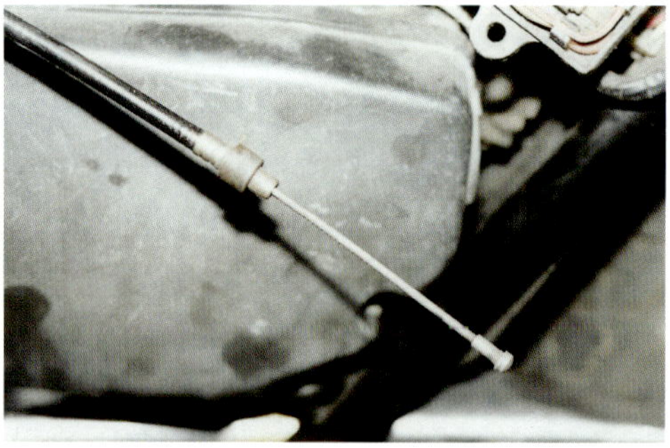

Kupplungsseil ausgehängt

Wenn du es ausgehängt hast, versuche am oberen Ende der Hülle Kriechöl hineinzuträufeln. Sobald es unten herausläuft, ist das Seil geschmiert. Dann kannst du es wieder einhängen und einstellen. Es gibt auch extra Bowdenzugöler im Zubehörhandel, die drücken das Öl in die Hülle, ohne dass gekleckert wird.

Kupplungsseil auswechseln
- *Werkzeug*
- *Kupplungsseil*

Sollte der Bowdenzug sehr alt sein - z. B. fünf Jahre -, schwergängig werden oder bedenkliche Geräusche von sich geben, wechsle ihn lieber aus, bevor er reißt. Oft kommt es auch vor, dass die Führungshülle reißt, vor allem, wenn sie aus Plastik ist. Dann kannst du nicht mehr richtig nachstellen. Das Spiel wird immer größer.
Du hängst also das Seil oben und unten aus und ein neues ein. Das muss dann natürlich auch eingestellt werden. Während das Einhängen oben unproblematisch ist, wenn genügend Spiel da ist, kann es sein, dass am Kupplungsarm eine runde Buchse eingehängt ist, die von einem Sicherungsblech in einer Nut gehalten wird.
Das Blech musst du mit einem Schraubendreher oder einer Zange herunterschieben. Die Dinger neigen dazu, plötzlich wie ein Frosch davonzuhüpfen und sich dann raffiniert zu verstecken. Alle Kleinteile lieben das Ausbüx- und Versteckspiel. Damit musst du leben. Jedenfalls springen diese Sicherungsbleche herunter, wenn sie geschoben werden, hebeln funktioniert nicht. Da haben Sicherungen ihren Stolz, schließlich sollen sie ja sichern.
Altes Kupplungsseil: Hausmüll

Gasseil auswechseln und einstellen
- *Werkzeug*
- *ggf. Kriechöl*
- *ggf. Bowdenzugöler*

Bei Schiebervergasern wird durch das Drehen am Gasgriff über einen Bowdenzug der Schieber im Vergaser geöffnet. Bei Gleichdruckvergasern und Einspritzanlagen wird eine drehbare Klappe (Drosselklappe) geöffnet. Im Vergaser oder an der Einspritzanlage befindet sich eine Feder, die Drehgriff, Gasseil und Schieber/Klappe immer wieder in die Leerlaufstellung zurückzieht. Der Gasgriff soll leichtgängig sein, d.h. nicht

in verschiedenen Gasstellungen hängen bleiben. Geht er überhaupt nicht mehr zurück, ist vermutlich die Feder bei der Einspritzanlage hopps gegangen oder das Seil gerissen. Geht er schwergängig, würde ich das Gasseil ölen. Oder, wenn das nicht hilft, es auswechseln, weil dann einzelne Drähte gerissen sind. Dazu muss das Gasseil am oberen Ende ausgehängt werden. Das Seil läuft am Gasdrehgriff auf einer Rolle, auf die es beim Gasgeben aufgewickelt wird. Bei älteren BMW-Motorrädern ist es an einer kleinen Kette befestigt, die von einem Zahnrad aufgewickelt wird.
Wie das Verfahren genau funktioniert, schaust du dir am besten an. Dazu muss mindestens die Gummihülle und der darunter festgeschraubte Deckel vom Drehgriffgehäuse abgebaut werden. Der besteht aus zwei Teilen, die wie eine Schelle um den Lenker gelegt sind. Manchmal muss der Gasgriff selbst abgezogen werden. Der ist auf das Lenkerrohr geschoben. Klebt manchmal und geht schlecht runter. Du kannst es mit Ziehen und unter Zuhilfenahme eines Gummihammers probieren. Bei Gummigriffen kannst du natürlich einen Eisenhammer nehmen. Da kann ja nichts kaputtgehen.
Egal, welche Ausführung, das Gasseil selbst ist am Ende mit einem Nippel ausgestattet, der in eine Nut am Drehgriff oder der Kette eingehängt ist. Der lässt sich einfach von Hand aushängen, wenn vorher der Einsteller unter dem Gehäuse gelockert wird.
Zuerst Kontermutter lösen, dann Einstellmutter nach rechts drehen, dadurch wird das

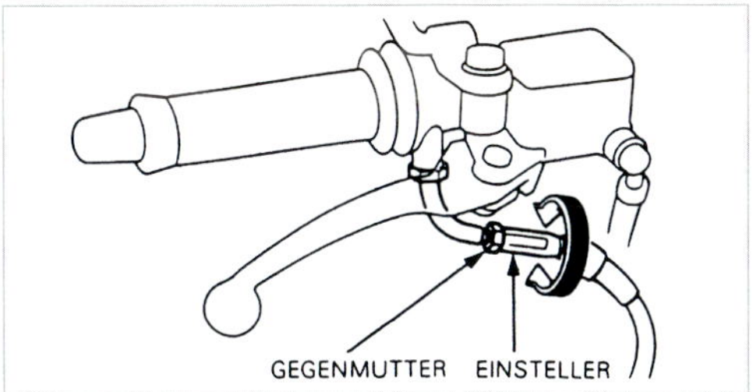

Gaszug am Hebel

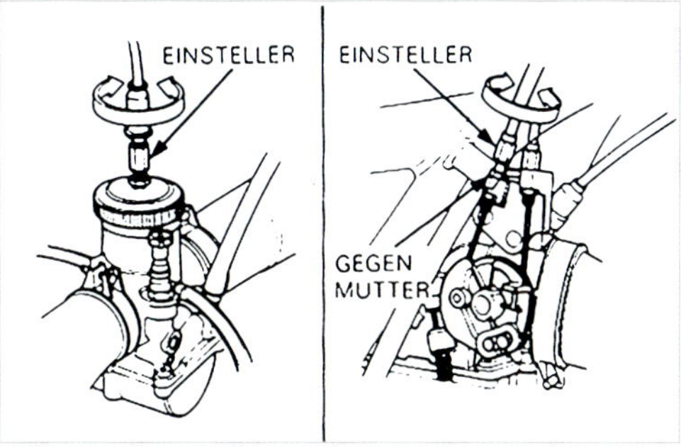

Einsteller am Vergaser

Seil locker. Jetzt kannst du es herausziehen und oben Öl reinträufeln, bis es unten rausläuft. Willst du das Seil ganz ausbauen, um es zu erneuern, musst du den unteren Einsteller aufschrauben – erst Kontermutter lösen – der sitzt direkt am Vergaser, und dann wieder einen Nippel aushängen.
Beim Einbauen würde ich das Seil erstmal oben und unten einhängen und dann am unteren Einsteller grob vorspannen. Dabei kannst du dich an der Einstellung orientieren, die das Seil vorher hatte. Danach baust du am Gasdrehgriff alles wieder zusammen und nimmst zum Schluss die Feineinstellung am oberen Einsteller vor. Richtig eingestellt ist das Gasseil, wenn der Drehgriff in der Leerlaufstellung etwa 0,5 cm Spiel hat, d. h. du kannst ein wenig drehen, ohne dass tatsächlich Gas gegeben wird.
Wenn du Gas gibst und den Griff plötzlich loslässt, musst du hören, wie der Gasschieber mit einem Klackgeräusch auf seinen Anschlag schnellt. Als Gegenprobe muss in der Vollgasstellung der Gasschieber auch ganz geöffnet sein. Dies kannst du alles bei ausgeschaltetem Motor prüfen. Ein altes Gaszugseil, bei dem schon die Drähtchen reizen, gehört ab in die Tonne.

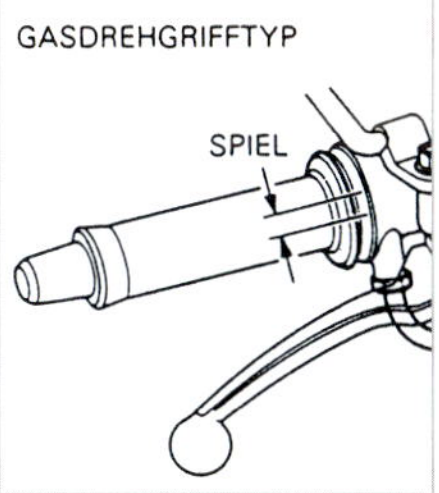

Spiel am Gasgriff

Bremsseil
- *Werkzeug*
- *ggf. Kriechöl*
- *ggf. Bremsseil*
- *ggf. Bowdenzugöler*

Sollte dein Motorrad vorne eine Trommelbremse haben und mit einem Bremsseil ausgerüstet sein, gratuliere ich dir erst einmal zu deinem Oldtimer. Die Einstellung des Seiles sowie das Auswechseln funktioniert genauso wie beim Kupplungsseil (s. o.).

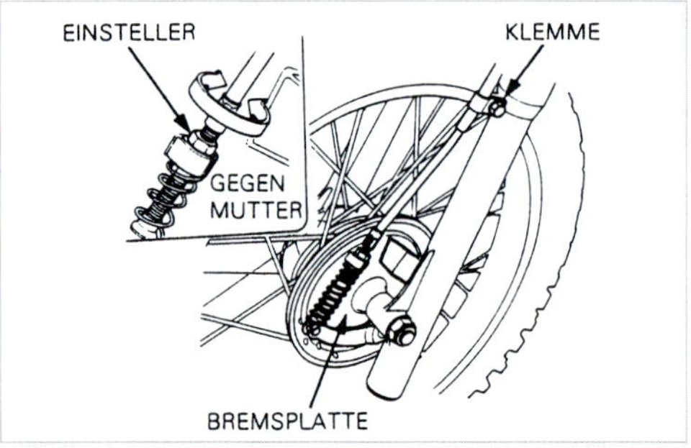

Einsteller an Trommelbremse vorne

Der Bremshebel sollte etwa 1 cm Spiel haben und das Rad muss sich frei drehen lassen.

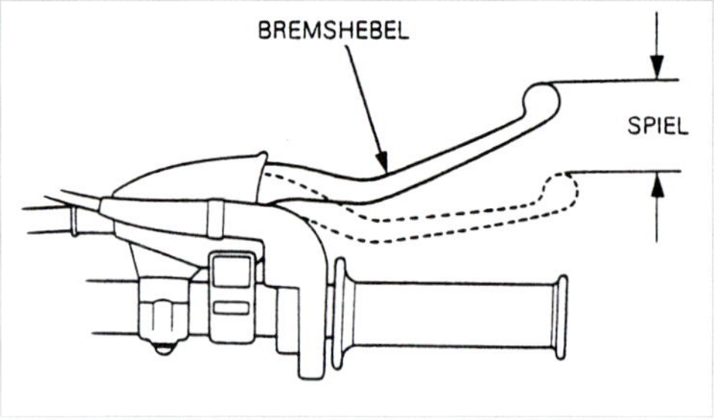

Bremshebelspiel.

Bremsgestänge
- *kein Werkzeug nötig außer:*
- *ggf. 10er-Schlüssel*
- *ggf. etwas Fett (das holst du dir kostenlos von der Tankstelle, die ohne Getränkemarkt)*
- *Socke*

Die Hinterradbremse wird, sofern es sich um eine Trommelbremse handelt, über ein Gestänge betätigt. Im Lauf der Zeit verschleißt die Bremse und muss etwas nachgestellt werden. Das merkst du daran, dass du beim Durchtreten des Bremspedals kaum mehr Wirkung spürst. Die Einstellung erfolgt von Hand an der Flügelmutter oder mit 10er-Schlüssel an der Sechskantmutter am Ende des Bremsgestänges.
Nach rechts drehen bedeutet, die Bremse greift nach kürzerem Pedalweg. Blockiert das Hinterrad dann zu früh, musst du die Schraube wieder etwas lockern.
Ansonsten gibt es da eigentlich nichts zu machen. Wenn du unbedingt doch noch etwas tun möchtest, kannst du die Gelenke des Gestänges mit etwas Fett einschmieren.
Socke: Geht schweigend ab, Richtung Waschmaschine.

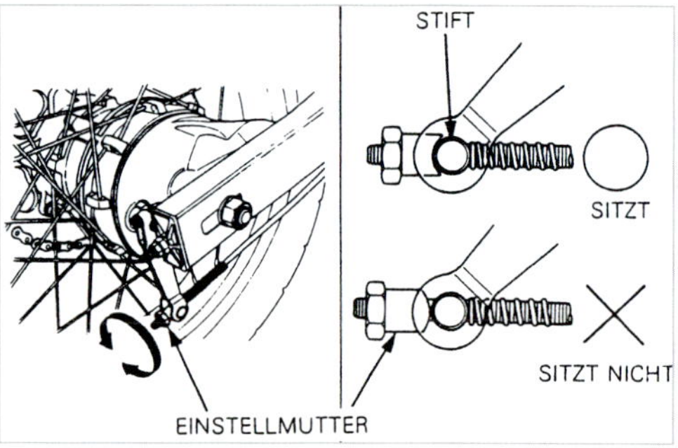

Kontermutter *Einstellschraube*

Bremshebel-Einsteller bei Vorderradtrommelbremse

Räder aus- und einbauen

Vorderrad ausbauen
- *Werkzeug*
- *evtl. Splinte*
- *Mineralwasserkasten*
- *zwei Freundinnen*

Eigentlich brauchst du das Vorderrad deines Motorrades nur auszubauen, wenn du einen neuen Reifen montieren möchtest oder eine neue Bremsscheibe. Hat dein Moped vorne eine Trommelbremse, musst du es ausbauen, um die Bremse anschauen und zerlegen zu können.

Das Vorderrad läuft auf einer Achse, die quer zur Fahrtrichtung an den Gabelholmen befestigt ist. Der Achsbolzen hat an einem Ende ein Gewinde, das mit einer Achsmutter am einen Gabelholm befestigt wird, auf der anderen Seite ist entweder ein Sechskant, ein Inbus oder eine Bohrung im Achsbolzen, durch die du zum Drehen einen Schraubendreher stecken kannst. Des Weiteren befindet sich an der Vorderachse meistens der Tachoantrieb mit der Tachowelle sowie die Vorderradbremse. Diese ist entweder eine hydraulische Scheibenbremse oder eine Trommelbremse mit einem Seilzug. Der Ausbau des Vorderrades verläuft bei allen Typen in etwa nach dem gleichen Muster. Unterschiedlich ist nur der Ausbau der Bremse: Während bei der hydraulischen Bremse der Bremssattel an der Gabel befestigt bleibt, wird die Trommelbremse mit ausgebaut.

Vorgehensweise
- Als Erstes muss das Motorrad auf den Hauptständer gestellt werden. Sollte sich jetzt herausstellen, dass das Vorderrad nicht frei in der Luft hängt, bzw. zu wenig, als dass es unter dem Radlauf herausgenommen werden kann, musst du das Motorrad am Motor abstützen. Die einfachste Möglichkeit ist ein Flaschenträger (Kasten) für Bier oder besser noch Mineralwasser (die sind höher). Den stellst du auf den Kopf und lässt das Motorrad von zwei guten Freundinnen draufheben. Jetzt sind vermutlich beide Räder ohne Bodenkontakt – das macht nichts, Hauptsache das Motorrad steht halbwegs stabil. Sollte das Hinterrad noch am Boden stehen, leg den ersten Gang ein. Jetzt ist das Rad blockiert und das Moped kann nicht herunterrollen. Leider passiert es immer wieder, dass Motorräder abstürzen. Bastle also so lange herum (mit Abstützungen wie z. B. alten Reifen, Holzstücken), bis du sicher bist, dass nichts mehr passieren kann. Bei asymmetrischen Auspuffanlagen ist das sehr schwierig. Hier empfehle ich eine als Zubehör erhältliche Montagebühne.
- Bevor du nun anfängst, etwas abzuschrauben, dreh das Rad noch einige Male durch und achte auf die Schleifgeräusche. Die sind ganz normal. Bitte merke sie dir, damit du nach dem Zusammenbau nicht denkst, du hättest etwas falsch gemacht.

- Jetzt muss die Tachowelle ausgehängt werden (s. o. Seilzüge). Schau dir bei dieser Gelegenheit mal an, in welcher Stellung der Tachoantrieb auf der Achse sitzt. Auf einer Seite hat er einen Anschlag an den Gabelholm. Den musst du dir unbedingt merken, denn genauso muss er später wieder eingebaut werden.
- Wenn dein Motorrad eine Trommelbremse hat, musst du den Bremsseilzug aushängen. Dazu muss die Kontermutter am unteren Einsteller gelöst und der Einsteller ganz hineingeschraubt werden. Auch hier empfehle ich, die ungefähre Einstellung im Kopf zu behalten - also um wie viele Zentimeter oder Umdrehungen der Einsteller herausgeschraubt war. Wenn der Seilzug dann gelockert ist, kannst du ihn am unteren Bremshebel aushängen. (vgl. Kapitel Seilzüge, Bremsseil)
- Als Nächstes löst du die Achsmutter. Die ist ziemlich fest, deshalb brauchst du einen möglichst langen Hebelarm an deinem Werkzeug. Auf der einen Seite der Achse setzt du dein Werkzeug an und auf der anderen musst du evtl. mit einem anderen Werkzeug (Schraubenschlüssel oder Schraubendreher) gegenhalten, damit sich die Achse nicht mitdreht.
- Je nach Modell ist der Achsbolzen auf der Seite, auf der die Achsmutter aufgeschraubt ist, mit eins, zwei oder vier Schrauben an den Gabelholm geklemmt. Die Halteschrauben müssen gelöst bzw. abgeschraubt werden, dann kann der Achsbolzen mit dem Schraubenschlüssel oder Schraubendreher herausgedreht werden. Damit er sich nicht verkantet, kannst du das Rad ein wenig anheben und auf der Seite, auf der die Achsmutter angeschraubt war, mit Hammer und Schraubendreher oder Durchschlag den Bolzen herausschlagen. Lass dir Zeit dabei und beobachte genau, welche Teile dir so entgegenfallen und vor allem, wo sie in welcher Einbaulage wieder hingehören: Tachoantrieb, Bremsbackenhalter bei der Trommelbremse und vielleicht auf der anderen Seite des Rades noch eine Distanzhülse.

Wenn der Achsbolzen draußen ist, kannst du das Rad herausnehmen, falls es nicht von selbst schon herausgefallen ist.
Achtung! Sobald sich die Bremsscheibe nicht mehr zwischen den Bremsklötzen befindet, darfst du die Bremse nicht mehr betätigen! Sonst gibt's schnell eine neue Baustelle!

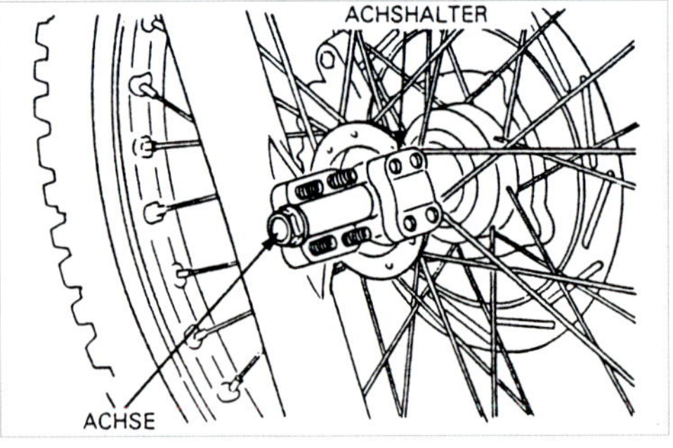

Vorderradbefestigung 1

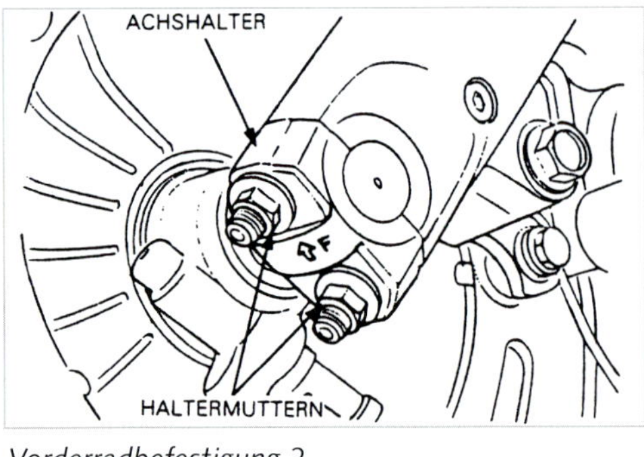

Vorderradbefestigung 2

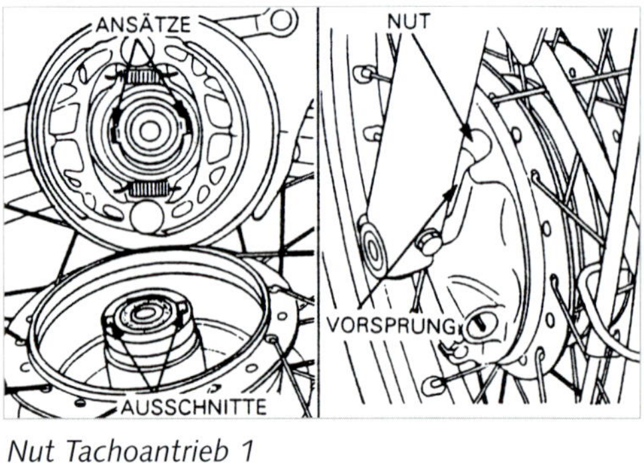

Nut Tachoantrieb 1

Einbau des Vorderrades

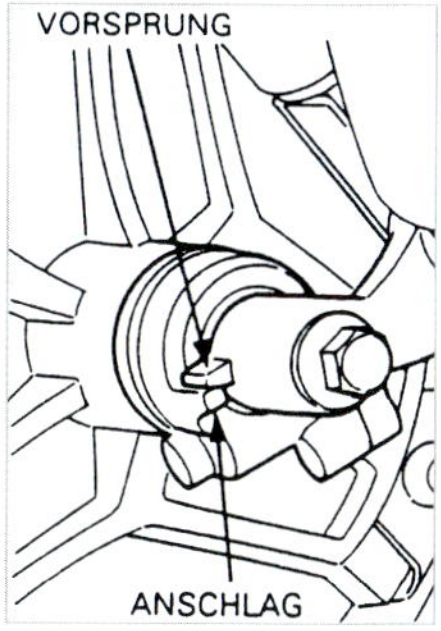

Nut Tachoantrieb 2

Der Einbau erfolgt umgekehrt:

- Achsbolzen mit etwas Fett versehen und in die Bohrung am Gabelholm einsetzen.
- Bei der Trommelbremse die beiden Bremsgehäuse so ineinander fügen, dass beide Ansätze des Tachoantriebs in die dafür vorgesehenen Ausschnitte passen.
- Bei der Ausführung mit Scheibenbremse den Tachoantrieb außen auf das Rad aufsetzen und in die »richtige« Stellung drehen. (Wie war das gleich noch eingebaut?)
- Jetzt wird das Vorderrad zwischen den Gabelholmen in die Stellung gebracht, dass der Achsbolzen durchgeschoben werden kann. Um alles in Ruhe einfädeln zu können, setze dich vor dein Motorrad und manövriere das Rad mit deinen Füßen in die richtige Position. Bei der Scheibenbremse muss die am Rad befindliche Bremsscheibe vorsichtig zwischen die Bremsklötze geschoben werden. Sollte das nicht funktionieren, kannst du den Bremssattel oder beide abschrauben und später, wenn das Rad befestigt ist, wieder draufschrauben. Jeder Bremssattel ist mit zwei Schrauben am Gabelholm befestigt. Auf diese Schrauben kommt – falls du so etwas hast – ein Tropfen Schraubenkleber. Anzugsdrehmoment mit oder ohne Kleber etwa 30 Nm.

Bremssattelschrauben

- Den Achsbolzen durchschieben, drehen, mit dem Gummihammer durchschlagen und die Achsmutter ansetzen.

- Wenn das Rad gerade zwischen den Holmen hängt und sich leicht drehen lässt, kannst du die Klemmhalterung anschrauben. Aber noch nicht ganz festziehen!
- Erst die Achsmutter fest anziehen (45 Nm).
- Jetzt bitte deine Freundinnen, dir beim Abbocken zu helfen.
- Wenn das Motorrad wieder auf dem Vorderrad steht, drücke mehrmals auf die Gabel, sodass sie etwas einfedert. Dadurch verhinderst du, dass sich der Achsbolzen in der Klemmhalterung verspannt.
- Nun kannst du die Klemmschrauben festziehen. Wenn es mehrere sind, zuerst die vordere(n) / obere(n) anziehen. Drehmoment ca. 20 Nm, also nicht mit Gewalt!
- Als Nächstes befestige die Tachowelle wieder. Spätestens jetzt merkst du, wenn irgendetwas nicht stimmt. Dann hat sich der Tachowellenhalter verkantet, weil er nicht in der richtigen Stellung eingebaut ist. Fast kein Problem – einfach Schritt für Schritt zurück (bitte noch mal aufbocken) und den Halter verdrehen, bis er passt.
- Bei der Trommelbremse baust du jetzt den Bremsseilzug wieder ein und stellst ihn ungefähr so ein, wie er vorher war. Das Rad muss sich halbwegs frei drehen, darf dabei ruhig ein paar Schleifgeräusche machen, muss beim Betätigen der Bremse aber stehen bleiben. Du solltest nach einer Probefahrt noch mal nachstellen.
- Bei der hydraulischen Scheibenbremse fällt dir der Bremshebel bei der ersten Betätigung durch. Macht nix. Betätige die Bremse zwei- bis dreimal, dann stimmt

der Druck wieder. Durch das Heraus- und Hereinschieben der Bremsscheibe hast du die Bremsklötze ein wenig auseinander geschoben. Die müssen erst wieder an die Scheibe gepumpt werden.

So, wenn jetzt keine Teile übrig geblieben sind, das Rad sich frei - wenn auch nicht geräuschlos - drehen lässt und die Bremse funktioniert, bist du fertig.

Deine beiden Freundinnen - wenn es sich denn auch wirklich um solche handelt - würde ich weder an der Tankstelle noch bei einem Giftmobil abgeben. Ich bin für Aufbewahren, zumal du sie mindestens für das Projekt Hinterrad noch brauchst. Wie wär's mit Kaffee und Kuchen? Oder ihr leert das Marmeladenglas, denn das brauchst du jetzt bald.

Hinterrad
- *Werkzeug*
- *ggf. Splinte*
- *ggf. Mineralwasserkasten*
- *Socke für die vom Kettenfett verschmierten Hände*

Der Ausbau des Hinterrades unterscheidet sich von dem des Vorderrades dadurch, dass sich am Hinterrad eine technische Einrichtung zum Antrieb des Rades befindet, von der das Rad getrennt werden muss. Eventuell wird der Ausbau zusätzlich durch ein Rohr der Auspuffanlage oder einen Kofferhalter erschwert. Bei fast allen Motorrädern lässt sich das Hinterrad herausnehmen, ohne die Auspuffanlage abzuschrauben. Der Kofferhalter stört im Allgemeinen nur beim Herausnehmen des Rades, versperrt aber nicht den Zugang zu irgendwelchen Schrauben. Unter Umständen muss dir also wieder eine Freundin helfen und das Motorrad hinten anheben, damit du das Rad herausnehmen kannst.
Bezüglich der Antriebsarten unterscheidet sich der Arbeitsablauf bei ketten- und riemengetriebenen Motorrädern von denen mit Kardanantrieb, und zwar dadurch, dass beim Kardan der Ausbau viel einfacher ist. Ich beschreibe deshalb an dieser Stelle die Variante mit Kette und Zahnriemen. Welche Arbeitsschritte beim Kardan wegfallen, erkläre ich danach.

Ausbau des Hinterrades mit Kettenantrieb
Zuerst musst du das Motorrad wieder so aufbocken, dass das Hinterrad frei ist. Da genügt meistens schon der Hauptständer. Ansonsten empfehle ich den Mineralwasserkasten (siehe Vorderradausbau).

- Erster Arbeitsgang ist das Lösen der Hinterradachsmutter. Auf einer Seite befindet sich die Mutter, die mit einem Splint gesichert sein kann. Den musst du aufbiegen und am Schlaufenende heraushebeln. Das geht am besten mit einem Seitenschneider. Du kannst auch die Enden abzwicken, dann lässt er sich leichter herausziehen. Wenn's kein Dauersplint ist, der leicht herauszuziehen und wiedereinzusetzen ist, brauchst du sowieso einen neuen. Falls sich beim Lösen der Achsbolzen mitdreht, musst du auf der anderen Seite mit einem Schraubenschlüssel oder Schraubendreher gegenhalten.

Ist die Hinterachse gelockert, wird der Kettenspanner gelöst. Da gibt es verschiedene Bauarten, schau dir an, wie deiner funktioniert, wahrscheinlich kennst du das sowieso schon vom Fahrrad. In jedem Fall gibt es zwei Kettenspanner und zwar einen rechts und einen links vom Rad. Mit ihnen wird das Rad auf der Achse justiert, um einerseits gerade zu laufen und andererseits die Kettenspannung einzustellen. Das geschieht darüber, dass das Rad weiter vorne oder hinten auf der Hinterradschwinge festgeschraubt wird.
- Die meisten Kettenspanner bestehen aus

Exzenterscheibe als Kettenspanner

Kettenspanner mit Einstellschraube, Variante 1

einer Einstellschraube, die – wird sie weiter hineingeschraubt – das Rad nach hinten zieht. Fixiert wird sie über eine Kontermutter. Als Anhaltspunkt befindet sich an der Hinterradschwinge eine Skala. Damit das Rad gerade läuft, müssen beide Einsteller links und rechts auf die gleiche Markierung eingestellt werden. Bei einer anderen Variante besteht der Spanner aus einer nicht ganz runden Platte (Exzenterscheibe), die du drehen kannst, sobald die Achsmuttter locker ist. Über das Verdrehen wird das Rad wieder verschoben. Auch hier gibt's Markierungspunkte und jeweils einen Spanner rechts und links.

- Merke dir also die Einstellung auf der Skala, löse die Kontermuttern der Spanner und lockere die Einstellschrauben oder die Einstellscheiben, bis du das Rad so weit vorschieben kannst, dass sich die Kette abnehmen lässt.
- Hat dein Motorrad eine hydraulische Scheibenbremse am Hinterrad, musst du den Bremssattel eventuell lockern oder abschrauben. Du kannst aber auch probieren, das Rad so herauszunehmen. (Geht manchmal, heißt aber nicht, dass es auch wieder hineingeht.)

Der Bremssattel ist wieder mit zwei oder drei (vermutlich) Inbusschrauben an der Hinterachsschwinge befestigt. Du kannst, wenn du eine Schraube gelockert an Ort und Stelle lässt und die andere(n) herausnimmst, den Sattel wegklappen. Das genügt meistens und erleichtert den Einbau.

Sobald der Bremssattel nicht mehr auf der Bremsscheibe sitzt, darf die Hinterradbremse nicht mehr betätigt werden.

Kettenspanner mit Einstellschraube, Variante 2

Kettenspanner mit Einstellschraube, Variante 3

Bei der Trommelbremse ist es etwas einfacher: Du schraubst die Bremseinstellmutter ab, merkst dir, wie weit sie ungefähr draufgeschraubt war, und ziehst die Bremsstange heraus. Dabei fallen die Feder und eine Buchse heraus.

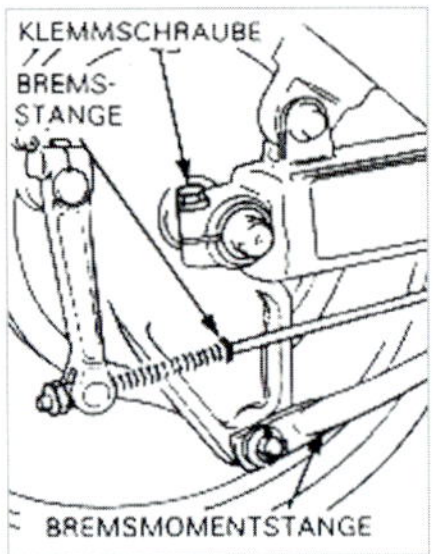

Bremsmomentstange

Sollte die Stange noch nicht herausgehen, zieh sie später ab, wenn du das Rad herausnimmst.

- Bei Trommelbremsen ist die Bremsankerplatte, auf der ja die Bremsbacken sitzen, irgendwo befestigt, damit sie sich nicht mit dem Rad und der Bremstrommel mitdreht. Meistens wird die Bremsankerplatte über eine so genannte Bremsmomentstange gehalten. Die ist mit einer Mutter angeschraubt und mit einem kleinen Splint gesichert. Also: Splint herauspulen und die Mutter abschrauben. Jetzt hängt die Bremsmomentstange noch auf der Schraube, kann aber einfach heruntergenommen werden.
- Wenn dein Motorrad eine Trommelbremse hat, aber keine Bremsmomentstange zu finden ist, ist die Ankerplatte in eine Nut an der Hinterradschwinge geschoben. Schau dir das an, damit du beim Einbau weißt, in welcher Stellung die Bremse eingebaut wird.
- Egal ob Trommel- oder Scheibenbremse: Wenn du die Bremseinrichtung abgeschraubt hast, kannst du die Achsmutter abschrauben und den Hinterachsbolzen herausdrehen oder mit Hammer und Schraubendreher herausschlagen. Da fallen wieder diese und jene Distanzbuchsen heraus. Bitte merke dir, in welcher Reihenfolge welches Teil auf dem Achsbolzen sitzt.
- Jetzt musst du nur noch die Kette beiseite legen und das Rad irgendwie an Radlauf, Kofferhalter, Auspuff und Nummernschild vorbeimanövrieren. Wie gesagt, es geht heraus, und oft ist es das Einfachste, das Motorrad von einer und eventuell noch einer Freundin hinten hochheben zu lassen, weil nach unten nichts im Weg ist. Wenn das Rad draußen ist, kannst du die Bremsankerplatte mit den Bremsbacken herausnehmen und den Belag auf Verschleiß prüfen (vgl. Kapitel Bremsen).

Einbau des Hinterrades

Auch hier in umgekehrter Reihenfolge zusammenbauen wie ausgebaut wurde.

- Hinterrad zwischen die Arme der Hinterradschwinge manövrieren, Kette ansetzen und Achsbolzen mit den Distanzstücken durchschieben, sodass das Rad wieder in der Schwinge hängt. Beachte die Einbaulage der Bremsankerplatte.
- Achsmutter ansetzen.
- Bremsstange mit Feder und Buchse
- Bremsmomentstange festschrauben und neuen Splint einsetzen. Drehmoment etwa 30 Nm.
- Bei der Scheibenbremse muss jetzt der Bremssattel wieder befestigt werden. Falls du die Schrauben herausgenommen und einen Schraubenkleber zur Hand hast, kannst du einen Tropfen drauftun und sie dann auch mit etwa 30 Nm anziehen.
- Wenn der Sattel festgeschraubt ist, also wieder auf der Bremsscheibe sitzt, betätige das Bremspedal zwei bis dreimal, damit die Klötze wieder an die Scheibe gepumpt werden.
- Jetzt wird die Kette richtig auf das Zahnrad am Hinterrad aufgelegt und die Kettenspanner werden so eingestellt, wie sie vorher waren.

Zur Überprüfung der Kettenspannung bocke das Motorrad ab, federe es ein paar Mal ein und prüfe dann die Kettenspannung.
Die Kette soll sich um etwa 3 cm an der abgebildeten Stelle bewegen lassen.

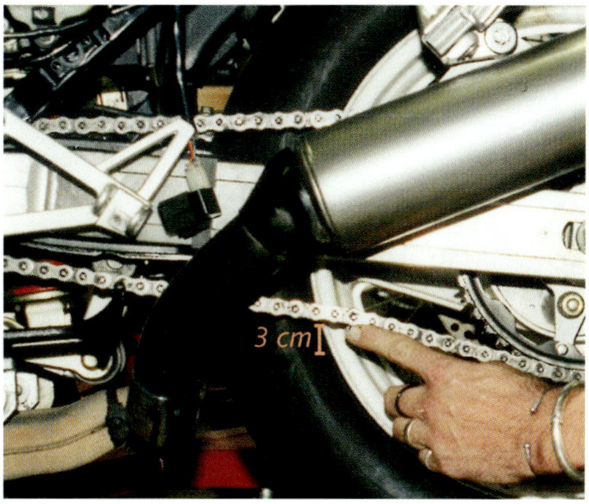

Kettenspannung.

- Wenn die Kettenspannung stimmt und beide Einsteller auf der gleichen Markierung stehen, kannst du die Kontermuttern - soweit vorhanden - festziehen (etwa 20 Nm).
- Als Nächstes wird die Achsmutter ganz festgezogen und gegebenenfalls versplintet (Anzugsdrehmoment etwa 40–50 Nm).
- Zum Schluss sollst du bei der Trommelbremse noch die Feineinstellung an der Bremseinstellmutter vornehmen. Dazu stell das Motorrad auf den Hauptständer, drehe das Hinterrad und probiere, bei welcher Einstellung das Rad sich einerseits noch frei drehen lässt, andererseits der Fußbremshebel nicht zu viel Leerweg hat.

Wenn alle Teile verbaut sind und außer abgezwickten Splinten nichts mehr herumliegt, bist du fertig.

Beim ersten Mal brauchst du für diese Arbeit je nach Tücke der Motorradkonstruktion ein bis zwei Stunden. Beim zweiten Mal hast du das Rad in zehn Minuten ausgebaut. Versprochen! Kette spannen dauert auch nur etwa 15 Minuten.

Hinterrad mit Riemenantrieb

Bei riemengetriebenen Motorrädern erfolgt der Aus- und Einbau genauso wie bei Motorrädern mit Kette. Je nach Typ kann es sein, dass um den Riementrieb ein Schutzgehäuse wie bei holländischen Fahrrädern angebracht ist. Das musst du dann natürlich abbauen und hinterher so wieder zusammensetzen, dass der Zahnriemen nicht schleift. Die Zahnriemenspannung misst du, indem du den Riemen in der Mitte zwischen den beiden Zahnrädern zu verdrehen versuchst. Wenn es dir mit Fingerkraft gelingt, ihn ungefähr in die Senkrechte zu drehen, stimmt die Spannung. Am besten testest du die Spannung, bevor du den Riemen lockerst und stellst ihn hinterher wieder so ein.

Hinterradausbau bei Motorrädern mit Kardan

Wenn du nicht gerade eine neuere BMW fährst, bei der zum Hinterradausbau nur noch - wie beim Auto - drei oder vier Radschrauben gelöst werden müssen, geht der Aus- und Einbau des Hinterrades bei kardangetriebenen Motorrädern genauso vor sich wie bei den kettengetriebenen. Du lässt einfach nur alle Schritte aus, die mit dem Lösen, Einstellen und Befestigen der Kette zu tun haben. Dann bleiben folgende Arbeitsgänge übrig:

- Achsmutter lösen (da gibt es manchmal eine Klemmschraube als Sicherung, die muss vorher gelöst werden).
- Bei Trommelbremse: Bremsgestänge abschrauben (s. o.).
- Bei hydraulischer Bremse: den Bremssattel wegklappen (s. o.).
- Achsbolzen herausziehen, -drehen, -schlagen. Distanzbuchsen auffangen (s. o.).
- Das Hinterrad fällt nicht heraus, sondern hängt am Hinterachsgetriebe. Du kannst es bequem zur Seite herunterheben. Einbau in umgekehrter Reihenfolge.
- Außer der Einstellung des Bremshebelweges bei der Trommelbremse musst du hier nichts justieren. Schön, nicht wahr!

Antriebe und ihre Pflege – Kardan und Kette

Ist dein Motorrad mit einer Antriebskette ausgestattet, wirst du nicht umhin kommen, dich andauernd mit ihr zu beschäftigen. Andauernd heißt z. B. alle etwa 1000 km die Kettenspannung kontrollieren und gegebenenfalls nachspannen. Dann will die Kette gut geschmiert sein. Je nach Witterung und Straßenverhältnissen (Regenstraße/Sandweg) kann es sein, dass du jede Woche nachfetten musst. Und gelegentlich – z. B. vor und nach dem Motorradurlaub – möchte deine Kette gebadet und neu eingecremt werden. Sollte es dir so gehen wie mir – verspürst du kaum mütterliche Gefühle für deine Kette, sondern eher Neid und Missgunst –, dann bist du mit einem kardan- oder riemenbetriebenen Motorrad besser bedient. Ein Zahnriemen hält viele Jahre und dehnt sich in dieser Zeit nur sehr wenig aus. Du wirst ihn vermutlich nie nachspannen müssen, denn eher wirst du den Hinterreifen ersetzen und beim Wiedereinbau des Hinterrades spannst du den Antriebsriemen ja sowieso (vgl. Aus- und Einbau Hinterrad). Einziger Nachteil: Dieses komische Gummiband schaut nicht so prickelnd aus.

Kardanantrieb

Hast du dich hingegen für ein Motorrad mit wunderschönem Kardanantrieb entschieden, brauchst du eigentlich nur jede Saison einmal den Ölstand am Hinterachsgetriebe prüfen, ganz vielleicht mal etwas nachfüllen, aber solange keine Undichtigkeit vorhanden ist, geht auch nichts verloren. Und alle paar Jahre, nach 30 000 km oder sogar noch seltener, wechselst du das Öl komplett. Ansonsten fährst du mit dem Kardan, bis er kaputtgeht, und das kann dauern. Nachteile? Natürlich keine.

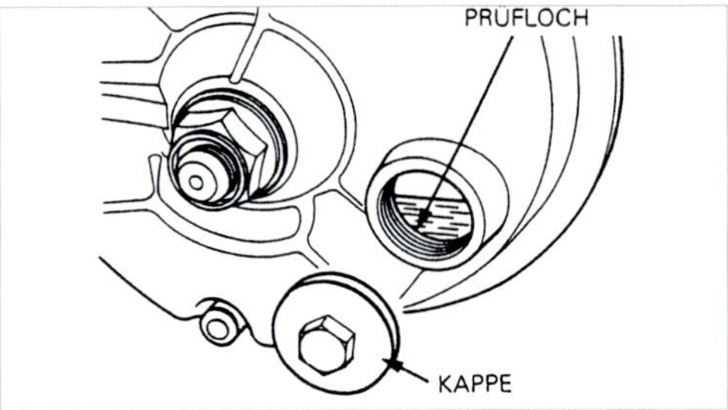

Getriebeölstand

Prüfen des Hinterachsgetriebeölstands

- *Schraubenschlüssel für Einfüll- und Ablassschraube*
- *Trichter*
- *Getriebeöl nach Herstellerangabe*
- *noch eine alte Socke*

Zum Prüfen des Ölstands öffnest du die Einfüllschraube an der Seite des Hinterachsgetriebes. Da gibt's nur drei Schrauben: in der Mitte die Mutter für die Hinterachse (die nicht), die Ablassschraube unten (die auch nicht) und die Einfüllschraube an der Seite (die ist es!). Der Ölstand soll bis zum unteren Rand des »Prüflochs« reichen. Legst du also einen Finger waagerecht in die Öffnung und spürst an der Fingerunterseite Öl, ist alles okay. Wenn zu wenig Öl drin sein sollte, füllst du mit einem Trichter so viel ein, bis es aus der Öffnung herausläuft. Dann schraubst du schnell wieder zu und wischt das hinuntergelaufene Öl vom Hinterreifen ab. Hier wird übrigens kein Motoröl eingefüllt, sondern ein so genanntes Hypoid-Getriebeöl.

Wechseln des Hinterachsgetriebeöls

- *Schraubenschlüssel für Einfüll- und Ablassschraube*
- *Trichter*
- *eventuell Einwegspritze*

- *Getriebeöl nach Herstellerangabe*
- *noch eine alte Socke*
- *Marmeladen- oder Gurkenglas*

Motorräder mit Kardanantrieb haben ein spezielles Öl für das Hinterachsgetriebe. Manche älteren Motorräder haben zusätzlich noch einen ölgeschmierten Kardan, dessen Öl auch gewechselt werden kann.

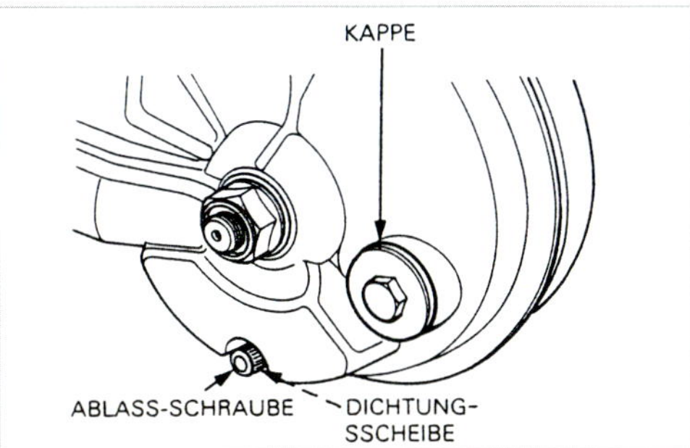

Ablassen des Hinterachsgetriebeöls

Hinterachsgetriebe

Zum Wechseln des Öls öffnest du sowohl Einfüll- als auch Ablassschraube. Damit das Öl möglichst vollständig herausläuft, würde ich es vorher warm fahren. Das mehrfach erwähnte Gurken- bzw. Marmeladenglas wird reichen, das alte Öl aufzunehmen (etwa 0,25 l). Um ein vollständiges Ablaufen des Öls zu gewährleisten, kannst du das Hinterrad langsam drehen. Wenn nix mehr kommt, schraubst du die Ablassschraube mit Dichtung wieder fest. Je nach Größe 20–30 Nm. Dann füllst du das vom Hersteller empfohlene Getriebeöl ein, bis es aus der Einfüllöffnung herausläuft. Oder du benutzt einen Messbecher oder eine Einwegspritze mit Skalierung. Zuschrauben (etwa 30 Nm) und abwischen, damit du sehen kannst, ob alles dicht ist.

Kardan

Wenn Einfüll- und Ablassmöglichkeiten vorhanden sind lässt du unten das alte Öl heraus und füllst danach oben die vom Hersteller angegebene Menge wieder ein. Dazu eignet sich eine Einwegspritze.

Einfüllschraube Hinterachsöl
Ablass Hinterachsgetriebeöl

Abschließend wird das Glas mit Altöl verschlossen und bei der Ölverkäuferin gegen Vorlage des Kassenbons abgegeben.
Socke waschen oder im Kaufhaus gegen eine neue eintauschen. Spritze aufheben.

Kettenantrieb

Seit Mitte der 1970er-Jahre gibt es im Motorradbau die so genannten O-Ring-Ketten.

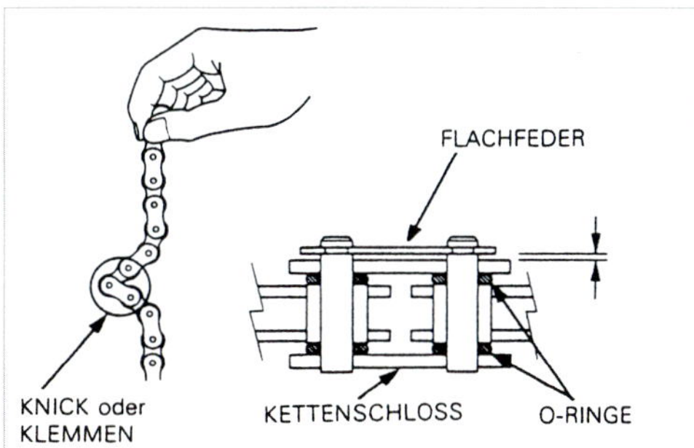

O-Ring-Kette

Bei diesen Ketten befindet sich zwischen dem Nietbolzen und der Hülse eine Fettfüllung, die durch vier O-Ringe pro Kettenglied abgedichtet wird. Diese Ketten leiern nicht so schnell aus und müssen »nur« noch etwa alle 1000 km gespannt werden. Sie brauchen auch nicht jeden Tag, sondern je nach Wetter und Belastung nur alle zwei bis vier Wochen gefettet werden.
Sorgfältige Kettenpflege verdoppelt die Lebensdauer.

Fetten der Kette
- *Kettenspray*
- *Erfrischungstüchlein*

Zum Fetten brauchst du ein Kettenspray. Die gibt es mit mehr oder weniger umweltschädlichem Treibmittel und als Ausführung für Ketten mit oder ohne O-Ringe. Das ist wichtig. Hast du das richtige Spray, stelle das Motorrad auf den Hauptständer und sprühe die Kette am hinteren Zahnrad gleichmäßig ein und drehe das Rad dabei langsam weiter, bis die Kette einmal herumgelaufen ist. Pappt wie Marmelade.

Kette fetten

Reinigen der Kette
- *Reinigungsspray*

Um die Kette zu reinigen, kannst du ein entsprechendes Spray mit Reinigungszusatz auf die Kette sprühen oder – was gründlicher, aber auch viel aufwändiger ist – die Kette ausbauen und in einem Bad reinigen. Das tut heutzutage eigentlich niemand mehr. Nach der Reinigung muss die Kette wieder gut gefettet werden (s.o.).

Erneuern von Kette und Zahnrädern
- *Werkzeug*
- *Ketten-Kit*
- *evtl. Abzieher*
- *Zollstock*
- *zwei Freundinnen*
- *Mineralwasserkasten*
- *u. U. Spülmaschine*

Wenn die Kette zu lang geworden oder alt ist oder die Zahnräder verschlissen sind, kannst du alles miteinander auswechseln. Es gibt für jedes Motorrad ein so genanntes Ketten-Kit – das ist ein Set, bestehend aus vorderem und hinterem Kettenritzel sowie neuer Kette. Da alle drei ein Leben lang miteinander gelaufen sind, sind sie aufeinander eingespielt oder – wie in anderen Lebensgemeinschaften auch – gleichermaßen verschlissen und sollten auch gemeinsam ausgewechselt werden. Übrigens gibt es Ketten-Kits nicht nur von Motorrradproduzenten, sondern auch von verschiedenen Kettenherstellern. Dort sind sie meistens deutlich billiger und nicht unbedingt schlechter. Es lohnt sich, Erkundigungen einzuholen. Von No-name-Ketten rate ich ab, empfehlen kann ich die Fa. France Equipement. Gute Ketten halten etwa 25 000 km, schlechte kaum 10 000 km. Ein Kettenkit koste etwa 150 bis 250 Euro.

Woran erkennst du, dass ein Ritzel verschlissen ist?

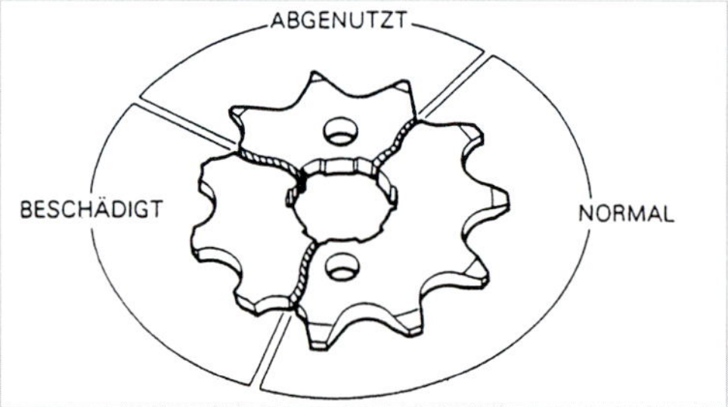

Verschlissenes Kettenrad

Wie auf dem Bild zu sehen, sind Zähne dann verschlissen, wenn sie entweder nicht mehr da oder spitz geworden sind. Außerdem gibt's noch den so genannten »Sägezahn«, da sind dann die Zahnflanken unsymmetrisch abgeschliffen, eben wie bei einem Sägeblatt. All diese Verschleißanzeichen bedeuten: auswechseln.

Woran erkennst du , dass die Kette zu lang ist?

Es darf auf keinen Fall so sein wie auf dem folgenden Foto. Die Kette muss fest auf dem Zahnrad sitzen.

Kette zu lang!

Beim Ausbau der Kette gibt es zwei grundsätzlich verschiedene Voraussetzungen. Entweder es handelt sich um eine so genannte Endloskette, dann wird es mühsam, oder um eine Kette mit Kettenschloss. Letztere kann an der Stelle, an der das Kettenschloss angebracht ist, geöffnet werden. So lässt sich die Kette einfach von den Zahnrädern herunterziehen.

Kettenschloss

Da es keinen Grund mehr gibt, Endlosketten zu verbauen, außer bei sehr alten Modellen, bei denen am vorderen Kettenritzel zu wenig Platz für eine dicke O- Ring-Kette vorhanden ist, beschreibe ich das Kettentrennen nicht näher.

Abdeckung vorderes Kettenrad

Zuerst wird das Motorrad aufgebockt, wenn es denn einen Hauptständer hat.

Dann musst du den Seitendeckel, der das vordere Kettenritzel abdeckt, abschrauben. Der lässt sich oft sehr leicht mit drei bis vier Schrauben entfernen, es kann aber auch sein, dass du den Schalthebel abbauen musst. Dann wundere dich nicht, sondern nimm es einfach als Konstruktionsspezialität des Herstellers hin. Der Schalthebel ist auf einen Getriebebolzen mit vielen kleinen Zähnen geschoben und mit einer Klemmschraube befestigt. Zum Abbauen musst du die Klemmschraube lösen und den Hebel herunterhebeln oder mit dem Hammer herunterklopfen. Du tust gut daran, dir vorher auf dem Bolzen und dem Hebel zwei Markierungen mit Kreide, Nagellack oder Eddingstift oder aber zwei Punkte mit dem Körner (siehe Werkzeug) zu machen, sonst musst du beim Einbau wahrscheinlich verschiedene Stellungen ausprobieren, bevor alle Gänge wieder ordentlich eingelegt werden können.

Hast du den Deckel dann abgeschraubt, kannst du bei eingelegtem 1. Gang die

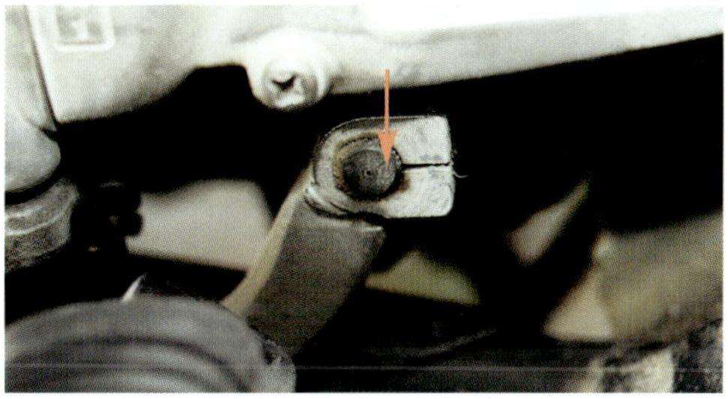

Markierung Schalthebel

Befestigungsmutter des Ritzels vorne lösen. Lass die beste aller Freundinnen die Hinterradbremse drücken, sonst dreht das Ritzel vorne mit. Manchmal befindet sich an der Mutter ein Sicherungsblech, welches du zurückbiegen musst. Manchmal sind es auch

Sicherungsblech an der Ritzelmutter, aber Achtung: Die Mutter ist dabei, sich aus dem Klammergriff des umgebogenen Bleches zu lösen. Hier muss eingegriffen werden!

zwei Muttern, oft werden selbstsichernde verwendet.

Nun wird die Achsmutter am Hinterrad gelockert und die Kettenspanner links und rechts an der Hinterradschwinge gelöst. Bei Exzenterscheiben wird die Scheibe verdreht, bei den Einstellern mit Indexmarken wird die Kontermutter gelöst und dann die Einstellschraube herausgedreht, bis das Rad sich so weit nach vorne schieben lässt, dass die Kette abgenommen werden kann. Vielleicht musst du mit dem Gummihammer etwas nachhelfen *(vgl. Ausbau Hinterrad).*

Kettenschloss öffnen:

Um das Schloss zu öffnen, musst du es mit einem relativ großen Schraubendreher in Kettenlaufrichtung herunterschieben.

Achtung: Kettenschlösser neigen zum gleichen sprunghaften Verhalten wie andere Sicherungen.

Danach kann das geöffnete Kettenglied auf der dem Schloss gegenüberliegenden Seite herausgezogen werden. Wenn die Kette geöffnet ist, ziehst du sie vom Ritzel herunter.

Ausbau der Kettenräder

Jetzt lässt sich das Ritzel abnehmen, es sei denn, es ist auf einen Konus gepresst. Dann brauchst du einen Abzieher. Den hast du natürlich nicht. Von daher lohnt es sich, vor dem Ausbau mal bei einer Fachfrau anzufragen, ob das Ritzel auf einem Konus sitzt, und wenn ja, ob sie dir einen Abzieher leiht. Gegen eine warme Mahlzeit beispielsweise. Sonst kann das an dieser Stelle einen abrupten Baustopp bedeuten. Theoretisch geht das Ritzel auch herunter, wenn du von hinten geduldig daran herumhebelst oder mit dem Hammer ringsherum draufklopfst. Da du das Ritzel ja sowieso wegwerfen willst, kannst du ruhig den Eisenhammer nehmen.

Die meisten Ritzel sind froh, dass du sie befreist und fallen dir erschöpft entgegen.

- Solltest du es also herunterbekommen haben, setze das neue Ritzel auf. Es hat übrigens ein oder zwei Löcher, die auf ein oder zwei Nasen gesetzt werden sollen, und schraube es fest, so gut es ohne Kette geht – Motor dreht mit.
- Das große Zahnrad am Hinterrad ist mit drei bis sechs Schrauben am Rad befestigt. Hier werden fast immer die gebogenen Sicherungsbleche verwendet. Also: Aufbiegen mit Schraubendreher und Hammer, Muttern lösen, Zahnrad wechseln, Muttern festziehen (etwa 30 Nm) und alles sichern.
- Jetzt baust du das Hinterrad wieder ein (vgl. Einbau Hinterrad).
- Neue, gefettete Kette aufziehen und Kettenschloss *richtig* einsetzen. Du solltest die Kette von vorne nach hinten aufziehen und am hinteren Zahnrad, wo sie nicht so schlackert, das Kettenschloss einsetzen. Bei O-Ring-Ketten wirst du das Kettenglied vielleicht mit einer Wasserpumpenzange zusammendrücken müssen, damit das Kettenschloss überhaupt in die Nuten an den Nietstiften einrasten kann. Ganz wichtig ist die Einbaurichtung des Kettenschlosses: Die geschlossene Seite muss in Laufrichtung der Kette zeigen, sonst besteht die Gefahr, dass sich das Schloss während der Fahrt öffnet und dann

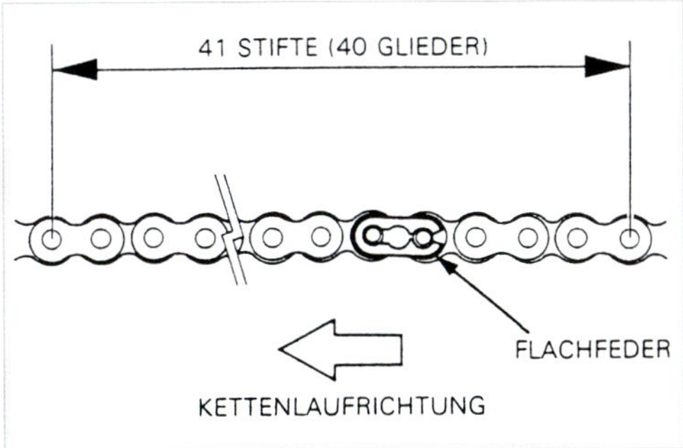

Einbaurichtung Kettenschloss

Kettendurchhang

Messen, ob Rad gerade läuft

peitscht die Kette unkontrolliert auf dich und dein Motorrad ein.

- Wenn die Kette geschlossen ist und auf beiden Zahnrädern läuft, wird sie so gespannt, dass sie in der Mitte zwischen den beiden Zahnrädern einen Durchhang von zwei bis drei Zentimetern hat. Gemessen wird dies üblicherweise in eingefedertem Zustand mit dem Gewicht der besten aller Freundinnen. Es geht aber auch ohne dass jemand draufsitzt. Dann lass sie etwas lockerer, denn je mehr Gewicht einwirkt, desto weiter wandert das Rad nach hinten, die Kette wird also strammer. An den Kettenspannern wird über gleichmäßiges Hereinschrauben der Einsteller links und rechts das Hinterrad nach hinten gezogen, sodass die Kette immer straffer wird. Dreh dabei mehrfach das Rad durch, damit sich die Spannung gleichmäßig verteilt. Ist die richtige Spannung erreicht und läuft das Rad gerade - das siehst du an den Indexmarken links und rechts -, ziehst du die Kontermuttern fest. Bei Exzenterscheiben drehst du diese so lange, bis die Kettenspannung stimmt. Ist die Kettenspannung fertig eingestellt, muss noch die Hinterachsmutter festgezogen werden (etwa 40 Nm, vgl. Einbau Hinterrad). Da die Markierungsabstände sehr großzügig vergeben sind, solltest du evtl. mit dem Zollstock nachmessen, ob rechts und links der gleiche Abstand besteht. Wichtig ist, dass das Rad gerade läuft, das erhöht wiederum die Lebensdauer der Kette erheblich.
- 1. Gang einlegen, beste Freundin auf die Fußbremse treten lassen und vorderes Kettenritzel endgültig festziehen (mit etwa 50 Nm bei einer Schraube, bei mehreren Schrauben etwa 30 Nm).
- Getriebeachsmutter ggf. noch sichern, wenn sie das nicht selber kann.
- Kettenraddeckel wieder einsetzen.
- Wenn der Schalthebel noch herumliegt, baust du ihn besser auch wieder ein und schraubst die Klemmschraube fest.

Jetzt probiere noch, ob alle Gänge funktionieren und überlege dir dann etwas für die fünf Kilo schmierigen Metallabfall, den du gerade produziert hast.

- In die Spülmaschine und danach bei ebay anbieten?
- Besser beim Wertstoffhof abgeben.

Bremsen

Bremsbeläge bestehen aus graubraunen Krümeln, die in einem Ofen bei sehr hohen Temperaturen so lange zusammen gebacken werden, bis sie ausschauen wie eine verkohlte Spanplatte. Früher waren diese gesinterten Beläge asbesthaltig, heute sind sie nur noch krebserregend.
Durch das Bremsen reibt sich der Bremsbelag, der weicher ist als das Material der Bremsscheibe oder -trommel, im Laufe der Zeit ab. Er wird dünner und der Abrieb verkrümelt sich in die Ecken und Nischen der Bremse. Ich rate sehr, das Staubwischen an und in der Bremse, wenn überhaupt, mit einer feuchten Socke durchzuführen. Pusten und Fönen führt zu starkem Hustenreiz. Für eine Krankschreibung wird es aber nicht ausreichen.

Sind die Bremsbeläge abgefahren, müssen sie ausgetauscht werden, weil sonst die Eisenplatte, auf die der Belag geklebt war, als er noch da war, auf die Bremsscheibe oder Trommel drückt. Das führt zu ungleichmäßigem, unkontrollierbarem Bremsverhalten. Außerdem ist schon am atonalen Klang des Bremsgeräusches zu hören, dass das nicht gut für die Trommel oder Scheibe sein kann.
Bremsbeläge sollten ausgetauscht werden, bevor »Eisen auf Eisen« zu hören ist. Es gilt die Regel, dass mindestens 2 mm Belag noch da sein sollten. Vorderradbremsen halten je nach Fahrweise 10 000 bis 15 000 km, Hinterradbremsen gut das Doppelte.
Bei Trommelbremsen befindet sich oft am Betätigungsarm des Bremsnockens ein kleiner Pfeil, der auf einer Skala auf der Bremsankerplatte den Verschleiß des Belags anzeigt.

Bremsbelagverschleißanzeige

Es gilt die Anzeige in Ruhestellung, also bei nicht betätigter Bremse. Manchmal befindet sich auch ein kleines Loch außen an der Ankerplatte, durch das du den Belag und der Belag dich anschauen kann. Wenn es kein Guckloch gibt und keinen Pfeil, dann musst du die Bremse eben aufmachen, um dich zu vergewissern. Bei Scheibenbremsen haben die Bremsklötze eine Markierung der Verschleißgrenze auf dem Belag.

Belagstärke kontrollieren

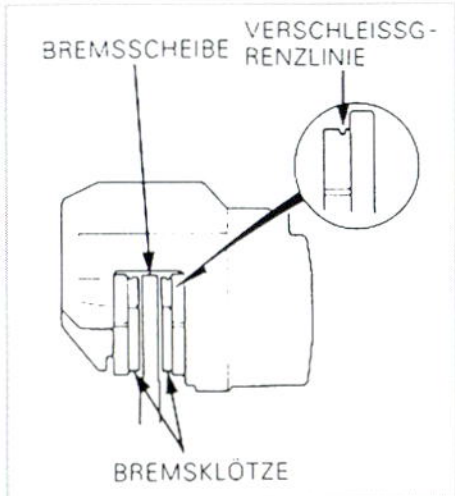

Die kannst du mit einer Taschenlampe erkennen, ohne den Bremssattel ausbauen zu müssen.

Bremsklotz-Kerbe im Belag

Trommelbremsen: Bremsbeläge erneuern bzw. kontrollieren

- *alles, was du zum Radausbauen brauchst*
- *zwei neue Bremsbacken*
- *evtl. Lagerfett oder eine Tube Kupferpaste*
- *Schmirgelpapier, Körnung ca. 120*
- *feuchte Socke*
- Um an die Bremsbacken heranzukommen, muss die Trommelbremse geöffnet werden, und dazu muss zuerst einmal das Rad ausgebaut werden (siehe Vorderrad oder Hinterrad ausbauen).
- Ist das Rad ausgebaut, kannst du die Ankerplatte mit den Bremsbacken aus der am Rad befestigten Bremstrommel herausheben.
- Jetzt kannst du dir die Beläge anschauen:

Bremsbacken

- Wie dick ist der Belag an der dünnsten Stelle (vermutlich in der Mitte)? Er soll mindestens 2 mm bei aufgeklebten Belägen, 3 mm bei genieteten vorweisen, damit die Nieten nicht platt geschliffen werden und dabei die Bremstrommel beschädigen. Gemessen wird nur der Bremsbelag, nicht die Trägerplatte, auf die er draufgeklebt ist.
- Ist der Belag ölig, feucht, bröselig, fehlen kleine Stücke oder lassen sich leicht welche herausbrechen? Rote Karte!
- Glänzt der Belag sehr stark? Rote Karte! Wie glänzend darf er denn sein? Du hast ja keine Vergleichsmöglichkeit. Verglaste Bremsbeläge sind sehr hart und haben daher eine schlechte Bremswirkung. Das könnte dir also schon vor dem Ausbau aufgefallen sein.
- Sind die Federn gebrochen? Rote Karte! Sollte also irgendein Verdachtsmoment gegen Federn und/oder Beläge vorliegen, wechsle sie besser aus. Bremsbacken werden grundsätzlich paarweise erneuert.
- Ist die Bremstrommel innen an der Lauffläche voller Staub, nimm die feuchte Socke, halte die Luft an und wisch die Trommel sauber. Sollte sich innen auf der Lauffläche Rost befinden, kannst du ihn mit einem Schmirgelpapier (Körnung ca. 120, Angabe auf der Rückseite des Papiers) beseitigen.
- Auch die Bremsankerplatte wird voller Bremsstaub sein, da kannst du erstmal nur grob drüberwischen. Die Bremsbacken werden entweder von zwei Schraubenfedern zusammengehalten oder von einer so genannten U-Feder.

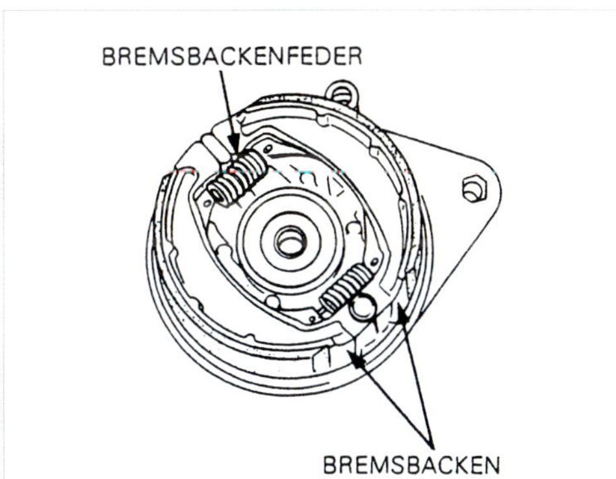

Trommelbremse mit zwei Federn

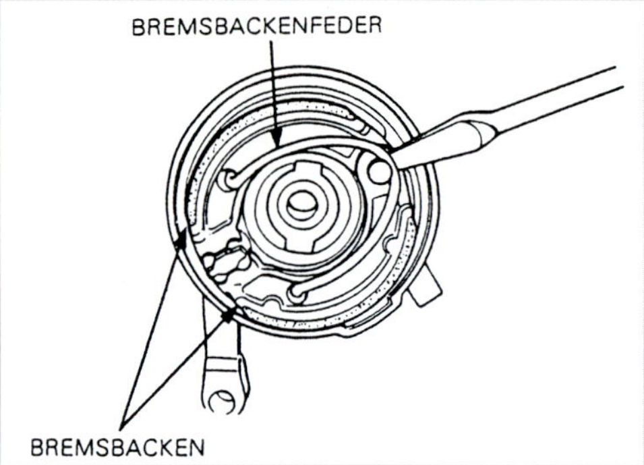

Trommelbremse mit U-Feder

- Die U-Feder musst du mit einem Schraubendreher leicht zusammendrücken und heraushebeln. Sie ist an ihren Enden umgebogen und in die Bremsbacken eingehängt.
- Sind die Bremsbacken mit Schraubenfedern verbunden, kannst du sie mit den Händen herausklappen. Dabei musst du mit einer recht forschen Federspannung rechnen. Pass also auf, dass du dir nicht die Finger einklemmst.
- Sind die Bremsbacken draußen, kannst du die Federn aushängen und neue Bremsbacken einhängen. Die beiden Federn sind nicht unbedingt identisch, auch wenn sie so aussehen. Also besser nicht vertauschen.
- Bevor du die neuen Backen auf die Ankerplatte spannst, kannst du den Bremsnocken und den auf der gegenüberliegenden Seite sitzenden Bolzen mit hitzebeständigem Fett einschmieren. Hitzebeständig deshalb, weil's da beim Bremsen ziemlich heiß wird und normales Haushalts- oder Werkstattfett davonfließt, im ungünstigsten Fall auf den Bremsbelag. Und dann wird nicht mehr gebremst, sondern geglitscht.
- Das hierfür verwendete Fett heißt landläufig Lagerfett. Du kannst aber auch die sehr edle und schön aussehende Kupferpaste benutzen. Hiervon reicht eine dünne Schicht.
- Jetzt spannst du die Bremsbacken auf die Ankerplatte, kontrollierst, ob die Federn ordentlich eingehakt sind, und beseitigst mithilfe des oben bereits erwähnten Schmirgelpapiers deine Fingerabdrücke vom Bremsbelag.
- Bei einer Bremse mit U-Feder hängst du selbige wieder ein. Das geht meist mit der Hand. Bei besonders widerspenstigen Exemplaren musst du einen Schraubendreher zu Hilfe nehmen. Danach Spuren beseitigen.
- Nun stülpst du die komplette Bremsankerplatte in die Bremstrommel und baust das Rad wieder ein. (Siehe Vorderrad oder Hinterrad aus- und einbauen.)

Hydraulische Bremse entlüften

- *etwa 150 ml Bremsflüssigkeit nach Herstellerangabe (DOT-Bezeichnung)*
- *1/2 m langer Schlauch, etwa 4 mm Durchmesser*
- *leeres Marmeladenglas oder bereits halb volles Gurkenglas mit alter Kupplungsflüssigkeit*
- *Endsocke*

Ebenso wie bei der hydraulischen Kupplung muss die Bremsflüssigkeit etwa alle zwei Jahre gewechselt bzw. gelegentlich mal entlüftet werden, weil sie sehr dazu neigt, Wasser aufzunehmen. Profilneurotiker nennen sie hygroskopisch.

- Bevor du den Deckel öffnest, sorge dafür, dass der Behälter waagerecht steht:
- Lenker ganz nach links einschlagen
- Wenn das nicht reicht, löse die beiden Schrauben, die den Behälter mit einer Schelle am Lenker festhalten. Jetzt kannst du den Behälter verdrehen, bis er waagerecht steht.

Lege unbedingt eine Socke um den Behälter, denn gleich wird gekleckert.

Jetzt öffnest du den Deckel des Ausgleichsbehälters.

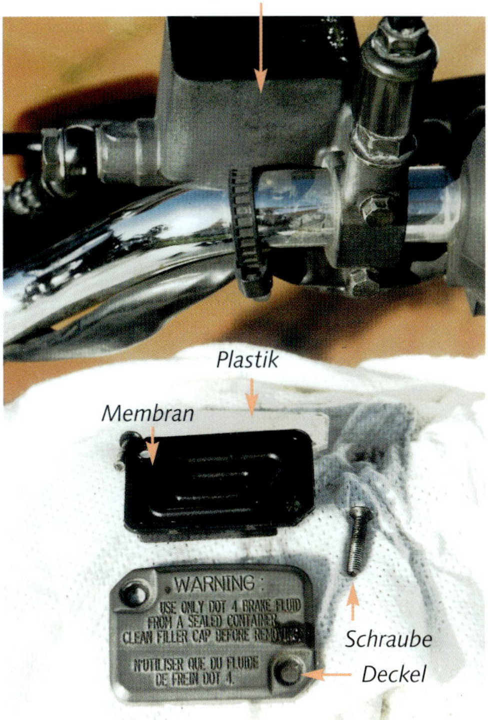

Behälter auf

Die beiden Kreuzschlitzdeckelschrauben gehen unwillig auf, deshalb rate ich dir, sie vorher zu prellen, um einer späteren Ausfräsung des Kreuzschlitzes vorzubeugen:

- Passenden Kreuzschlitzschraubendreher draufsetzen und mit einem Hammer (muss ja nicht gleich ein Vorschlaghammer sein) einmal entschieden auf den Schraubendreher schlagen. Danach geht die Schraube auf.

Nimm die Gummimembran heraus und fülle den Behälter mit Bremsflüssigkeit auf.

Wenn du dem Schlauch vom Behälter zur Bremse folgst, landest du beim Bremssattel. Bei Doppelscheibenbremsen gibt es eine Abzweigung zum zweiten Sattel. In der Nähe des Schlauchanschlusses am Sattel befindet sich eine kleine Sechskantschraube (SW 6, 7 oder 8, 10), die oberhalb des Sechskants eine runde Öffnung und einen Gummistöpsel hat. Diese Schraube ist das Entlüftungsventil.

Entlüfterventil vorne

Entlüften vorne

Entlüfterventil hinten

Entlüften hinten

Am besten legst du einen Ringschlüssel auf den Sechskant und öffnest das Ventil vorsichtig um eine viertel Umdrehung. Dann machst du es ebenso vorsichtig wieder zu. Lass den Schlüssel drauf und stecke den Entlüftungsschlauch mit dem einen Ende auf das Ventil, das andere Ende legst du in das Glas.
Jetzt betätigst du den Bremshebel drei- bis fünfmal und hältst ihn dann fest angezogen. Beim Pumpen kann es sein, dass eine fröhliche Fontäne aus dem Ausgleichsbehälter schießt. Leg einfach dein Söckchen darüber, auch den Deckel. Während du den Hebel festhältst, öffnest du das Ventil wieder – eine viertel bis halbe Umdrehung. Vielleicht merkst du, dass der Hebel noch ein Stück weiter angezogen werden kann. Halte ihn ganz angezogen und schließe das Ventil wieder. Jetzt musst du oben erneut drei- bis fünfmal pumpen, festhalten und unten am Ventil öffnen. Wenn du das Ventil dann wieder geschlossen hast, schau nach, ob du den Behälter schon nachfüllen musst. Er darf auf keinen Fall leer werden, weil du sonst Luft in die Anlage pumpst. Ebenso ist es ganz wichtig, dass das Ventil geschlossen wird, bevor du den Hebel loslässt, sonst saugst du von unten Luft an.
Diesen Ablauf: Pumpen – Festhalten –Ventil auf – Ventil zu – Pumpen – Flüssigkeit nachfüllen usw. musst du ungefähr 30-mal wiederholen. Wenn dein Entlüftungsschlauch durchsichtig ist, kannst du vielleicht kleine Bläschen erkennen, die sich in der herausgepumpten Flüssigkeit befinden. Du bist fertig mit Entlüften, wenn keine Bläschen mehr herauskommen. Wenn du nach fünf Minuten immer noch Blubberbläschen herauspumpst, ist irgendwas falsch. Vielleicht wird das Ventil jeweils zu weit geöffnet, sodass dort Luft mit in deinen Schlauch gesaugt wird. Das verfälscht die Anzeige, heißt aber nicht, dass du Luft im System hast.
Um die Flüssigkeit zu wechseln, musst du länger dabeibleiben als zum Entlüften. Ungefähr 100–150 ml Flüssigkeit muss durchgepumpt werden.
Wenn du dann längst schon keine Lust mehr hast und endlich fertig bist, höre auf und schraube alles wieder zu. Ventil, Behälterdeckel, Halterung am Lenker. Um sicher zu gehen, dass keine Bremsflüssigkeit auf dem Motorrad antrocknet, gieß einfach Wasser über alle gefährdeten Teile .

So – jetzt fehlt zu deinem verdienten Erfolgsgefühl eigentlich nur noch die Lösung für das Problem Gurkenglas und die sterblichen Überreste deiner Fußtüte.
Beschrifte das Glas ehrlich, deutlich und warnend. Dann stell es zu dem mit der ausgewechselten Kupplungsflüssigkeit.
Werkstätten haben einen Recyclingbehälter für alte Bremsflüssigkeit.

***Achtung:** Alle Arbeiten werden grundsätzlich bei ausgeschalteter Zündung durchgeführt.*
- *Kreuzschlitzschraubendreher*
- *10er-Gabel-/Ringschlüssel*
- *Ersatzsicherungen*
- *Kontaktspray*
- *Ggf. destilliertes Wasser*
- *Ringelsöckchen*
- *Geduld und Zuversicht*

Batterie

Flüssigkeit auffüllen

Es gibt im Kraftfahrzeugbereich wartungsfreie und absolut wartungsfreie Batterien. Erstere haben sechs Einfüllstöpsel, in die du gegebenenfalls destilliertes Wasser einfüllen kannst; die absolut wartungsfreien Batterien haben keine Einfüllstöpsel und verlieren theoretisch auch keine Flüssigkeit. Bei Motorrädern werden vorwiegend wartungsfreie Batterien verbaut. Wo? Unter der Sitzbank, entweder von oben oder unten zugänglich, oder durch Entfernen eines Seitendeckels. Bei der BMW F650 befindet sich die Batterie vorne unter dem Tank. Auf dem Batteriegehäuse befindet sich eine MIN-MAX-Markierung für den Flüssigkeitsstand. In eingebautem Zustand nicht unbedingt zu erkennen. Dann fülle einfach bis knapp einen Zentimeter unter dem Stöpsel auf.

Durch das eingefüllte destillierte Wasser wird die in der Batterie befindliche Schwefelsäure verdünnt. Je Schwefel, desto geladen. Deshalb kann es dir passieren, dass die Batterie vor dem Auffüllen prima funktionierte und danach plötzlich keine Power mehr hat. Du tust also gut dran, während des Auffüllens den Motor laufen zu lassen und danach ein wenig spazieren zu fahren, damit das destillierte Wasser in Säure umgewandelt und die Batterie wieder geladen wird. Du kannst sie selbstverständlich auch ausbauen und ein paar Stunden an Papas Ladegerät hängen (siehe unten).

Gelbatterie

Gelbatterien unterscheiden sich von mehr oder weniger wartungsfreien Batterien dadurch, dass die in ihnen befindliche Säure »angedickt« wurde. Sinn des Küchentricks ist, dass die Batterie in jeder Lage verbaut werden kann, weil die dicke Pampe nicht ausläuft wie die flüssige Säure. Gelbatterien haben zudem eine stärkere Startleistung,

Batterie laden

Gelbatterie

d.h. der Anlasser dreht etwas vitaler als bei herkömmlichen Batterien. Bei BMWs und Guzzis, die sehr große Anlasser verbauen, macht das Umrüsten unter Umständen Sinn. Auch entladen sie sich angeblich etwas langsamer als andere Batterien. Großer Nachteil der Gelbatterien ist ihr störrisches Verhalten, wenn sie geladen werden sollen. Ambulante Hilfe durch Papas erprobtes Ladegerät wollen sie nicht, sie wollen ihr eigenes sündhaft teures Ladeteil. Also werden sie meistens stationär behandelt.

Batterie ausbauen

Hast du die Batterie gefunden, orientiere dich zuerst über die Anordnung von Plus- und Minuspol. Das steht irgendwo in Polnähe drauf. Der Pluspol ist oft mit einer roten Plastikhaube abgedeckt. Der Minuspolanschluss führt auf direktem Weg zum Motorblock.

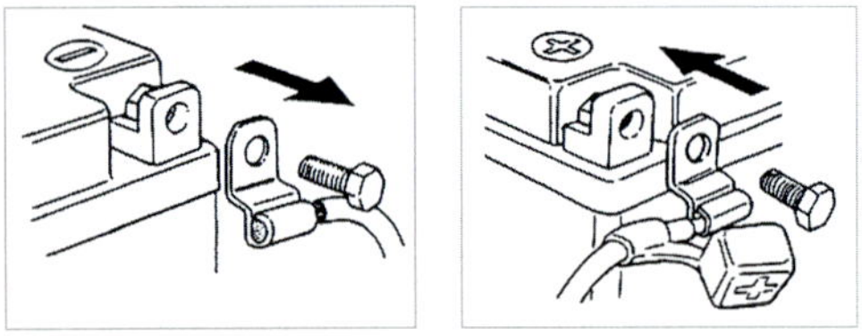

Batteriepole

- Zuerst löst du den Minusanschluss. Es wird immer erst der Minuspol gelöst, weil beim Pluspol die Gefahr besteht, aus Versehen mit dem Schraubenschlüssel eine Verbindung zwischen Pluspol und Motorradrahmen herzustellen. Das wäre ein Kurzschluss und sollte tunlichst vermieden werden. Beim Minuspol kann nichts passieren, denn der ist sowieso mit dem Rahmen verbunden. Die Pole sind mit Schrauben, SW10, befestigt, die gleichzeitig einen (Kreuz)-Schlitz haben. Wenn's geht, immer lieber den Sechskant als den Kreuzschlitz verwenden. Sobald der Minuspol gelöst ist, ist die Batterie abgeklemmt - der Stromkreis unterbrochen.
- Nun kannst du völlig gefahrlos den Pluspol abschrauben.
- Viele Batterien haben einen oder zwei Anschnallgurte aus Gummi. Die brauchst du nur auszuhängen. Andere haben eine Halteleiste, die beispielsweise mit ein oder zwei Schrauben SW10 befestigt ist.
- Sobald die Halterung gelöst ist, kannst du die Batterie herausnehmen. Dazu musst du je nach Modell ein wenig rangieren. Eigentlich lassen sich alle relativ gut herausnehmen. Außer bei älteren BMWs, da geht die Batterie traditionell um ein paar Millimeter nicht nach oben heraus. Lass dir Zeit, ärgere dich und akzeptiere dann, dass du den Luftfilter oder das Federbein wegbauen musst.
- An der einen Batterieseite ist ein Entlüftungsschlauch befestigt, der etwa entweichende Batteriesäure so in die Umwelt leitet, dass zumindest der Motorradrahmen und gegebenenfalls die Kette nicht verätzt werden.
- Die Batterie darfst du kippen, aber besser nicht auskippen, immerhin ist Säure drin. Die soll nicht auf die Haut und erst recht nicht in die Augen gelangen. Säure wird bei Unfällen mit viel Wasser weggespült, also so lange verdünnt, bis sie nicht mehr ätzt.
- Beim Einbau gilt: Zuerst den Pluspol anschrauben und dann den Minuspol.

Batterie laden

- Zum Laden der Batterie muss diese vom Bordnetz abgeklemmt sein, d. h. entweder ausbauen oder zumindest den Minuspol abklemmen.
- Dann müssen die Stöpsel aufgeschraubt werden, damit beim Laden entstehende Gase entweichen können. Sonst platzt die Batterie. Das beim Laden entstehende Gas heißt Knallgas, und das zu Recht. Halte Zigaretten, Feuerzeuge, Streichhölzer, Kerzen und Ähnliches fern und sorge für frische Luft.

- Kontrolliere den Flüssigkeitsstand in den Batteriezellen, gegebenenfalls mit destilliertem Wasser auffüllen.
- Das Ladegerät wird mit dem roten Kabel an Plus und mit dem schwarzen Kabel an Minus geklemmt. Manche Geräte haben eine Wahltaste für 6V oder 12V. Da wird die Batteriespannung eingestellt. Welche Spannung deine Batterie hat, steht drauf. Eigentlich haben alle seit 1980 geborenen Mopeds 12-V-Anlagen. Manchmal gibt es eine Sondereinstellung für langsames Laden – das ist besonders für Motorradbatterien geeignet.
- Jetzt brauchst du nur noch den Stecker in die Steckdose zu stecken und der Ladevorgang beginnt.
- Über das Ende des Ladens sollte eigentlich der Zeiger am Ladegerät Aufschluss geben. Tut er aber nicht immer. Im Zweifelsfall schalte nach vier Stunden ab. Gelbatterien müssen an besonderen Ladegeräten geladen werden. Ich rate zum Ausbauen und in die freundliche Motorradwerkstatt Tragen.

Erhaltungsladung

Um eine normale Batterie bei längeren Ruhezeiten z. B. im Winter fit zu halten, gibt es so genannte intelligente Ladegeräte, die als sportliches Training die Batterie in Abständen immer wieder laden und entladen. An diese Geräte kannst du deine Batterie über Wochen und Monate hängen. Verlängert angeblich deren Lebensdauer.

Fremdstarten

Das kannst du machen, wenn die bereits eingebaute Batterie nicht die Leistung erbringt, die zur Betätigung des E-Starters erforderlich ist.

Motorräder, die mit Kick-Starter gestartet werden, brauchen keine weitere Starthilfe. Wenn du ein Motorrad mit E- und Kick-Starter hast und der E-Starter versagt, kannst du versuchen anzukicken. Beim Fremdstarten ist zu beachten, dass beide Batterien die gleiche Spannung haben müssen. Ob Diesel, Benziner, 2-Takter, rot, blau oder grün – das ist egal. Alles Gerüchte. Fast alle Fahrzeuge haben 12-V-Anlagen. Nur etwa dreißig Jahre alte Motorräder und Autos (Käfer) haben zum Teil noch 6-V-Batterien. Seltene Stadtförsterautos und alle Lkw sind mit 24-V-Anlagen ausgerüstet.

- Zum Fremdstarten wird bei ausgeschalteter Zündung deines Motorrads ein Starthilfekabel vom Pluspol der einen Batterie zum Pluspol der anderen Batterie, also zu deiner Motorradbatterie, gelegt.
- Das Minuskabel der helfenden Batterie wird an eine große Schraube am Motorblock deines Motorrades gehalten – stellvertretend für den Minuspol deiner Batterie.
- Jetzt kannst du starten. Danach die Starthilfekabel wieder abnehmen. Zuerst das Minuskabel.

Sicherungen

Sollten irgendwelche elektrischen Einrichtungen an deinem Motorrad ausfallen, überprüfe zuerst die Sicherungen. Dazu musst du sie allerdings finden. Typische Verstecke befinden sich unter den Seitendeckeln, unter der Sitzbank oder am Armaturenbrett. Wo FUSE draufsteht, ist Sicherung drin. Oft sitzen sie in einer kleinen schwarzen FUSE BOX, zigarettenschachtelgroß. Sie sehen so aus:

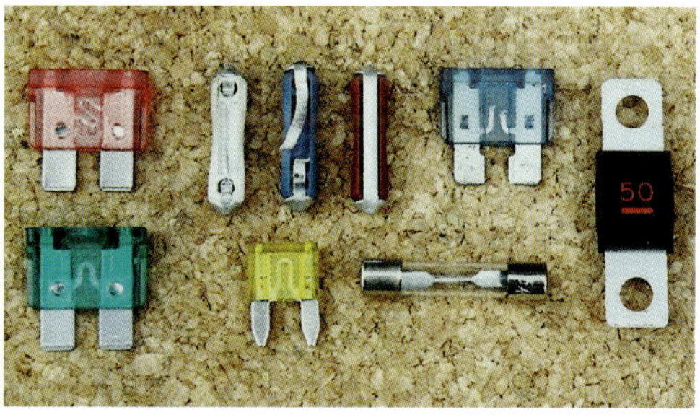

Sicherungen – die blauen sind kaputt

Sicherungskasten

- Du kannst sie einfach herausziehen und den dünnen Draht anschauen: Ist er durchgeschmolzen, ersetze die Sicherung durch eine gleichfarbige.
- Sollte diese wiederum sofort durchbrennen, liegt ein ernster Fehler vor: Irgendwo gibt es einen Kurzschluss, vielleicht ein aufgescheuertes Kabel. Viel Spaß beim Suchen!
- Oft gehen Sicherungen einfach so kaputt. Aus Altersschwäche oder beispielsweise bei wunderschönen Chopper-Ledersitzbänken, wenn die nach einem großen Regen so richtig vollgesogen sind und du sie beim Draufsetzen quasi auswringst. Dann läuft der Wasserschwall direkt in den Sicherungskasten und bringt dort alle Elektronen durcheinander.

Wartung

- Sicherungen bedürfen keiner Pflege, sie halten durchaus zehn oder zwanzig Jahre und werden einfach ersetzt, wenn sie kaputtgehen. Aber wie alle elektrischen Teile sind sie empfindlich für so genannte Oxidationen. Das sind weißlich-blaue Ablagerungen an elektrischen Steckern (vergleiche Zahnstein). Dieses Zeug bildet sich im Lauf der Jahre und macht erstmal nichts kaputt. Aber es isoliert die Kontaktflächen voneinander, sodass kein oder nur noch wenig Strom durchfließen kann. Dagegen hilft ein Kontaktspray oder besser noch eine Paste. Sie beseitigen Oxidationen und imprägnieren das Kontaktmaterial. Sollte dein Motorrad mit runden Sicherungen ausgestattet sein, kannst du sie bei Gelegenheit mal in der Halterung drehen, sodass sich die Oxidationen gar nicht erst festsetzen.

Lampen

In der elektrischen Anlage eines Motorrads gibt es eine Scheinwerferlampe, eine Standlichtlampe, vier Blinkerlampen, eine Bremsleuchte und ein Rücklicht. Dazu kommen die Kontrollleuchten und die Tachobeleuchtung. Wenn eine Lampe nicht funktioniert und die Sicherung in Ordnung ist, wechsle die Lampe aus und probiere, ob die neue funktioniert, denn nicht immer kannst du der Lampe ansehen, dass sie kaputt ist.

Scheinwerferlampen Bilux, H1, H7, H4, (v.l.n.r.)

Beim Ausbau gibt es zwei verschiedene Befestigungssysteme:

1. Scheinwerferlampen

Egal ob H4- oder Bilux-Scheinwerferlampen sind mit einer Drahtklammer oder einem Blechring in die Fassung geklemmt. Um an die Halterung heranzukommen, musst du den Scheinwerfer meistens komplett aus dem Gehäuse nehmen. Es sei denn, du kannst bei einer Frontverkleidung von hinten an die Scheinwerferrückseite gelangen.

- Er ist mit zwei bis drei Schrauben an den Seiten ins Gehäuse geschraubt. Die beiden Schrauben vorn am Scheinwerfer haben nichts damit zu tun, sie sind für die Scheinwerfereinstellung.

Scheinwerfer und Scheinwerferschrauben

Scheinwerfer herausnehmen

- Hast du die richtigen Schrauben gelöst, kannst du den Scheinwerfer herausnehmen. Er hängt nur an dem dreipoligen Stecker der Scheinwerfer- und am Anschluss der Standlichtlampe, die seitlich ins Gehäuse gesteckt ist.
- Den dreipoligen Stecker kannst du unter Ziehen und leichtem Wackeln von der Lampe lösen.
- Darunter befindet sich eventuell ein Abdeckgummi, das du abziehen kannst.
- Nun suchst du die Halteklammer, die in zwei Nasen eingehängt ist, und kannst sie öffnen: drücken und aufklappen.
- Wurde ein Messingring verwendet, so musst du draufdrücken und ihn in Richtung »auf« drehen.
- Jetzt kannst du die Lampe gerade herausziehen. H4-Lampen haben drei Füße, die unterschiedlich dick sind und verschiedene Abstände zueinander haben. Sie passen also nur in einer Stellung in die Fassung, und zwar so, dass der mittlere Anschluss des dreipoligen Steckers nach oben zeigt.
- Bilux-Lampen haben einen Sockel mit Kerben, die einen falschen Einbau zumindest erschweren. Auch hier gilt: Der mittlere Anschluss am Stecker zeigt nach oben.
- Am besten vermeidest du es, den Glaskolben mit den Fingern anzufassen, denn

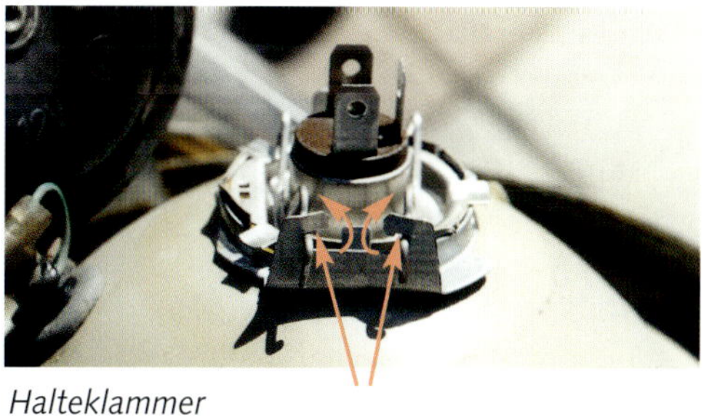

Halteklammer

Glühlampen: Blinker, Armaturenbeleuchtung, Rücklicht, Standlicht; kombinierte Brems- und Rücklichtbirne (v.l.n.r.)

das Fett deiner Haut gelangt sonst auf das Glas und verbrennt dort, sobald die Lampe heiß wird. Verbranntes Fett hinterlässt schwarze Flecken, sodass weniger Licht aus der Lampe dringt. Sollte sich eine Berührung nicht vermeiden lassen,

Rücklicht

wische das Glas vor dem Einbau mit einem sauberen Söckchen ab.
- Der Einbau erfolgt in umgekehrter Reihenfolge.

2. Alle anderen Lampen

- Zuerst die Ausnahme der anderen Lampen: die kleine Standlichtlampe. Um sie auszubauen, muss der Scheinwerfer entweder herausgenommen werden (siehe oben) oder du kommst in eingebautem Zustand an die Rückseite des Scheinwerfers. Die Lampe ist nur hineingesteckt, du kannst an ihr ziehen und sie kommt heraus. Sollte das partout nicht funktionieren, drehe in Richtung »auf« und ziehe noch einmal.
- Alle Blinker-, Brems- und Rücklichtlampen sind gleich eingebaut:
- Zuerst schraube die bunte Plastikabdeckung ab. Sie ist meistens mit zwei Kreuzschlitzschrauben befestigt. Dann kannst du sie abnehmen. Vorsicht, da ist meist eine dünne Dichtungsschnur eingelegt.
- Jetzt kannst du die Lampe (Birne) am Glas anfassen. Jawohl, am Glas, das geht eben nicht anders. Alle diese Fassungen funktionieren nach dem Prinzip »Drücken – drehen – herausnehmen«. Drehen in Richtung »auf«, ungefähr 2 mm, das fühlst du.
- Neue Lampe einsetzen, »Drücken – drehen«, fertig. Wische das Glas sauber und schraube die Plastikabdeckung mit Dichtring vorsichtig fest. Nicht mit Gewalt. Plastik bricht ohne vorherige Ankündigung. Ziehe die Schrauben eine nach der anderen gleichmäßig an.
- Bei den Lampen gilt: stets Lampe mit gleicher Bezeichnung einbauen. Beispielsweise steht bei einer Blinkerlampe auf der Fassung 12 V 21 W oder auf einer Rücklicht-Bremslicht-Lampe 12 V 21/5 W.
- Sowohl die Fassungen als auch die Kontaktflächen der Lampen neigen zu Zahnstein, sprich Oxidation. Auch hier hilft Kontaktspray.

Zündkerzen

Zündkerzen sind Superhightech-Teile, auch wenn sie eigentlich ziemlich altmodisch aussehen. Sie halten Temperaturschwankungen von 2 000 Grad Celsius aus, wobei das in

den Brennraum ragende Teil der Kerze sich in kürzester Zeit ungeheuer erhitzt, während das andere Ende gerade mal etwa 50 Grad Celsius warm wird. Und das alles ohne sich zu verformen. Das macht ihnen so schnell keine nach. Außerdem müssen Zündkerzen exakt zur richtigen Zeit einen geeigneten Funken bereitstellen und davon unzählbar viele in ihrem Leben. Natürlich verändern sie sich dabei. Wie wir auch. Mit jedem Funken, also jedem Luftsprung der Elektronen von der Mittelelektrode zur Masseelektrode, wird etwas Material mitgenommen. Deshalb ist die Masseelektrode nach etwa 15000 km nicht mehr so schön geradflächig und scharfkantig wie zu Beginn ihres Einsatzes. Dadurch verändert sich der Zündfunke, denn der Abstand zwischen beiden Elektroden hat sich vergrößert. Zündkerzen ausbauen, prüfen, reinigen oder erneuern kannst du selbst. Das kann eine sehr schöne oder sehr ärgerliche Arbeit sein - je nachdem, wie zugänglich die Zündkerzen sind.

1. Ausbau der Zündkerzen

- *Passender Zündkerzenschlüssel (Bordwerkzeug)*
- *Fühlerlehre*
- *Drahtbürste*

Zündkerzenschlüssel

Zündkerzenstecker

- *Ggf. neue Zündkerze*
- *Gaskocher und Zange*
- *Hauswand oder Bordstein*
- *Ringelsöckchen*
- Zuerst musst du herausfinden, wie viele Zündkerzen es bei deinem Motorrad gibt. Pro Zylinder sicherlich eine, wenn nicht sogar zwei. Sie befinden sich im oberen Motorteil (Zylinderkopf) und sind nicht zu sehen, weil ein dicker schwarzer Zündkerzenstecker draufgesteckt ist. Von dem geht ein fast kugelschreiberdickes schwarzes Kabel ab und verschwindet unter dem Tank. Pro Kerze ein Kabel.
- Bei manchen Choppern sind Chromblenden davorgebaut. Die musst du vorher abschrauben. Vermutlich je zwei Schrauben SW10.
- Bei sportlichen Motorrädern mit 4-Zylinder-Reihenmotoren kann der Kerzenausbau etwas aufwändiger werden, weil vorher der Tank abgebaut werden muss. Geht alles, dauert nur etwas länger (siehe Tank abbauen).
- Du hast alle Kerzen gefunden. Um sie herauszuschrauben, musst du den Zündkerzenstecker nach oben abziehen. Geht relativ unwillig und macht ungesunde Geräusche. Zündkabel nicht vertauschen, das führt zu einer Verwirrung unter den Zündfunken!

- Zum Herausschrauben gibt es einen speziellen Zündkerzenschlüssel, der von oben auf die Kerze gestülpt wird. Die Zündkerzenschlüssel im Bordwerkzeug haben meist am anderen Ende einen Vierkant oder Sechskant, auf den du als Hebel einen Gabelschüssel aufsetzen kannst. Besser Handschuhe anziehen. Drehen in Richtung »auf«. Da der Kerzenschlüssel so lang ist, musst du ihn oben mit einer Hand festhalten, während du mit der anderen aufschraubst. Sonst verkantet er sich leicht auf der Kerze und da das herausstehende Kerzenende aus Keramik ist, bricht es leicht. Dann brauchst du eine neue Kerze.

2. Zündkerze prüfen und reinigen

Wenn die Kerze heraus ist, kannst du sie untersuchen:

- Welche Farbe haben die Elektroden?
- Rehbraun: optimale Verbrennung.
- Weiß: zu mageres Gemisch, d. h., der Vergaser ist so eingestellt, dass im Verhältnis zu wenig Kraftstoff angesaugt wird. Das würde ich in einer Werkstatt korrigieren lassen, weil die Verbrennung eines zu mageren Gemisches sehr heiß ist, sodass es zu Beschädigungen an Kolben und Ventilen kommen kann.
- Schwarz: ein zu fettes Gemisch. Es wird also mehr Kraftstoff angesaugt, als verbrannt werden kann, sodass sich Ruß bildet. Kerzen sehen oft schwarz aus, wenn der Motor vorher nicht richtig warm gefahren worden ist, oder wenn viel mit Choke gefahren wird. Das ist ungefährlich und bei Kurzstreckenbetrieb nicht zu vermeiden. Ab einer bestimmten Temperatur reinigt sich die Zündkerze selbst, von daher tust du gut daran, gelegentlich mal einen Ausflug zu machen, sodass der Motor richtig warm wird und die Kerze sich mal putzen kann.
- Ist die Zündkerze nass, sind also die Elektroden voll Benzin, wird das Motorrad vermutlich gar nicht angesprungen sein. Nasse Kerzen funken nämlich nicht. Du kannst sie mit dem Ringelsöckchen trocken wischen und abbürsten. Am besten wäre es aber, sie mit einer Zange eine Minute über einen Gaskocher zu halten. Gasherd geht selbstverständlich auch.
- Jetzt kannst du sehen, welche Form die Elektroden haben: Masseelektrode vollständig vorhanden? Mittelelektrode abgerundet oder noch scharfkantig mit gerader Oberfläche? Sollten eine oder beide Elektroden verformt sein, empfehle ich, neue Kerzen einzusetzen, um späteren Pannen vorzubeugen.
- Ist die Kerze verschmutzt? Ist sie rußig oder haben sich graubraune Krümel an ihren Elektroden gebildet, kannst du ihr bei der Reinigung mit einer Drahtbürste helfen. Da geht nichts kaputt und sie schnurrt vielleicht.
- Hast du vor, die Kerze wiederzuverwenden, musst du den Elektrodenabstand prüfen.

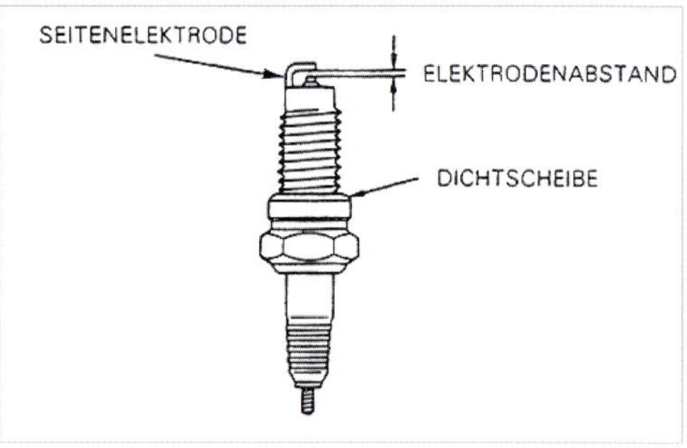

Elektrodenabstand

- Das ist der Spalt zwischen Mittel- und Masseelektrode. Dazu musst du erst mal wissen, wie groß er sein soll. Steht in der Bedienungsanleitung oder im Reparaturhandbuch. Nehmen wir an, er soll 0,7 mm betragen – du nimmst also aus dem Fühlerlehrenset die Lehre, auf der 70 steht. Die schiebst du gerade zwischen

Mittel- und Masseelektrode. Das Maß entspricht dem der Fühlerlehre, wenn sie »leicht saugend« durch den Spalt passt. Ist der Spalt zu eng, kannst du ihn mit der Fühlerlehre vorsichtig aufhebeln. Ist er zu groß, drücke die Masseelektrode einfach an einer Häuserwand oder am Bordstein etwas enger an die Mittelelektrode heran.

3. Zündkerze einbauen

- Solltest du dich dazu entschließen, eine neue Kerze einzubauen, ersetze bitte alle Kerzen, damit in allen Zylindern gleiche Arbeitsbedingungen herrschen (Fairplay).
- Bei den neuen Kerzen kommt es darauf an, dass sie vom Gewinde und der Bauform her den alten entsprechen. Ob das Gewinde gleich lang ist, ob die Kerze ein, zwei oder drei Masseelektroden hat, kannst du selbstverständlich erkennen. Nun haben Kerzen noch ein paar nicht so gut erkennbare Merkmale, die aber wichtig sind und über Leben und Tod deines Motors entscheiden. So zum Beispiel der so genannte Wärmewert der Zündkerze. Der braucht dich gar nicht weiter zu interessieren, wenn du einfach eine Kerze verwendest, die »laut Liste« für dein Motorrad zugelassen ist. Alle Kerzenhersteller haben solche Listen, und auf der Kerze ist eine entsprechende Bezeichnung angegeben. Zum Beispiel W7DC oder BPR8ES oder NY8. In den Listen sind auch die Übersetzungen der Herstellercodes angegeben, sodass du eine gleichwertige Kerze von einem anderen Hersteller einbauen kannst.
- Verbaust du jetzt also neue Zündkerzen, fällt dir aus der Verpackung vielleicht ein kleines, rundes Ding entgegen. Das ist der Adapter für den Kerzenstecker. War die alte Kerze mit oder ohne Adapter eingebaut? Es gibt nämlich zwei Anschlussgrößen für Zündkerzenstecker. Den Adapter kannst du einfach mit der Hand hinten auf das klitzekleine Mittelelektrodengewinde schrauben.
- Beim Einsetzen der Kerze ist es wichtig, darauf zu achten, dass du im richtigen Winkel ansetzt. Kerzen werden grundsätzlich mit der Hand eingeschraubt, weil du dabei besser spürst, ob sie richtig ins Gewinde gehen.
- Hast du sie ein paar Umdrehungen ins Gewinde gedreht, kannst du sie mit dem Schlüssel festschrauben. Dabei gilt: Sobald sie festgeht, noch ein bisschen – wie bei einem stark tropfenden Wasserhahn (etwa 15 Nm).
- Wenn der Motor beim Hineinschrauben der Zündkerzen noch heiß sein sollte, warte ein wenig, bis sich die kalte Kerze akklimatisiert hat, bevor du sie ganz festziehst. Denn sonst schrumpft der durch die Erwärmung ausgedehnte Zylinderkopf beim Abkühlen um die Kerze herum zusammen, sodass die Kerze letztendlich viel fester eingebaut ist, als du sie angezogen hast.
- Nun steckst du den Kerzenstecker wieder fest drauf, bis er diese eigenartigen Kratzgeräusche macht.

Zündkerze eingebaut

Fertig! Was bleibt, ist die Erinnerung an eine schöne Wartungsarbeit und vielleicht alte Kerzen. Die kommen als Ersatzkerzen zum Bordwerkzeug.

Hilfe, mein Motorrad springt nicht an!

Meine Erfahrung mit Pannen hat mich gelehrt, dass etwa 80 % der Ursachen für Ausfälle völlig banal sind. Oft werden Ursache und Wirkung miteinander verwechselt. Nur weil der anscheinende Totalschaden »Ich kann nicht mehr fahren« eine Katastrophe ist, muss die Ursache nicht genauso katastrophal sein und bedeuten »Ich kann nichts machen«.
Wenn du dir grundsätzlich angewöhnst, immer vom Harmlosesten auszugehen und dich von dort aus Schritt für Schritt weiterzubewegen, wirst du erstaunliche Erfolge erleben. Und das nicht nur im Umgang mit deinem Motorrad!

Im Folgenden versuche ich, eine kurze Systematik zur Fehlersuche aufzustellen, die helfen soll, den Fehler schnell einzukreisen.

Das Motorrad springt nicht an

1. Ist die Stromversorgung in Ordnung?

Leuchten bei eingeschalteter Zündung die Kontrollleuchten?

Wenn nein:
- Batteriepole auf lockere Kontakte prüfen
- Hauptsicherung MAIN prüfen
- Batterie evtl. leer – Starthilfe geben

Wenn ja:
- bei Motorrädern mit E-Starter: Dreht der Anlasser beim Starten durch?

Wenn ja:
- Dreht der Anlasser langsam durch: Batterie leer – Starthilfe geben; oder: Massekabel von Batterie zu Motor locker, vergammelt?

Wenn nein:
- Werden die Kontrollleuchten beim Starten dunkler?
- Batterie leer, Starthilfe
- Leuchten die Kontrollleuchten beim Starten fröhlich weiter und der Anlasser gibt kein Geräusch von sich: Seitenständer ausgeklappt?
- Stecker abgezogen?
- Kupplung gezogen oder neutral?
- Kill-Schalter verstellt?
- Startrelais prüfen

Dazu kannst du die beiden dicken Anschlüsse am Relais mit einem Schraubenzieher kurz verbinden. *Achtung! Vorher Gang raus!* Arbeitet das Relais nicht, kannst du so behelfsmäßig starten.

Also: Stromversorgung okay. Kontrollleuchten brennen, bei Motorrädern mit E-Starter dreht der Anlasser kräftig durch. Trotzdem springt das Motorrad nicht an.

2. Zündfunken prüfen

Sind die Kerzenstecker aufgesteckt?

Wenn ja: - Kerzenstecker abziehen und Kerze herausschrauben. Kerze in Kerzenstecker stecken und mit dem Gewinde auf den Motorblock legen. Ist beim Starten ein Zündfunke zu sehen?

Wenn nein: - Kerze reinigen, trocknen oder mit neuer Kerze probieren

Wenn weiterhin nein:
- Zündkabel prüfen (rissig, gebrochen), Anschlüsse und Stecker der Zündanlage kontrollieren. Hauptstecker Zündbox locker?
- Unterbrecher oder Zündgeber verschmutzt?

Wenn die Kerze nass ist und nach der Trocknung wieder funkt, war der Motor »abgesoffen«.
- Alle Kerzen herausschrauben, trocknen oder erneuern
- Vor dem Hineinschrauben Motor mal starten, damit das überflüssige Benzin herausgepustet wird.
- Kerzen einschrauben, Stecker drauf.

Bei fast allen Pannen an neueren Motorrädern liegt die Ursache an nassen Zündkerzen.

Kerzen trocken und sauber, alle funken, Motorrad springt trotzdem nicht an:

3. Kraftstoffversorgung prüfen

- Ist Benzin im Tank?
- Ist der Benzinhahn auf ON, Reserve oder, wenn das Moped schon länger steht, auf PRI gestellt?
- Ist der Choke gezogen?
- Bei Motorrädern mit elektrischer Benzinpumpe:
- Läuft die Pumpe (sirrendes Geräusch)?

Wenn nein: - Sicherung Fuel Pump/EFi prüfen

Wenn ok: - Kraftstoff-Pumpenrelais prüfen, ggf. die beiden großen Kontakte des Arbeitsstromkreises miteinander verbinden. Im Schaltplan schauen, sonst fröhliches Kontakteraten (kann daneben gehen).

Bei Motorrädern mit Vergasern:
- Ist Benzin in der Schwimmerkammer?
- Dazu Ablassschraube öffnen und gucken, ob etwas rausläuft.

Wenn nein: - Benzinfilter verstopft?
- Schwimmernadelventil hängt?
- Mit Spritze oder Mund Luft in Vergaserleitung pusten. Oder mit einem Gummihammer auf den Teil am Vergaser schlagen, wo das Schwimmernadelventil vermutet wird (dort, wo der Benzinschlauch hineinführt)
- Funktioniert der Chokezug?
- Funktioniert der Gaszug?

Erst wenn du dies alles geprüft hast und das Motorrad springt immer noch nicht an, liegt ein ernster bzw. ein gut versteckter Fehler vor. Zünde dir eine HB an, wirf einen Betablocker ein oder lass dir vom Nachwuchs ein bis zwei Ritalin spendieren. Wähle eine bewährte Telefonnummer.

PS: Den Ölstand brauchst du jetzt nicht mehr zu kontrollieren.

4. Elektrisches Messen

Willst du prüfen, ob ein Kabel unterbrochen ist oder ob an einem Verbraucher überhaupt Spannung anliegt, kannst du das am einfachsten mit einer Prüflampe tun.
Elektrische Messgeräte sind so ausgelegt, dass du nach der technischen Stromrichtung vorgehst. Du misst also immer am Pluskabel, ob dort Spannung anliegt.
Die Spannungsprüfung erfolgt immer parallel zum zu prüfenden Stromkreis.

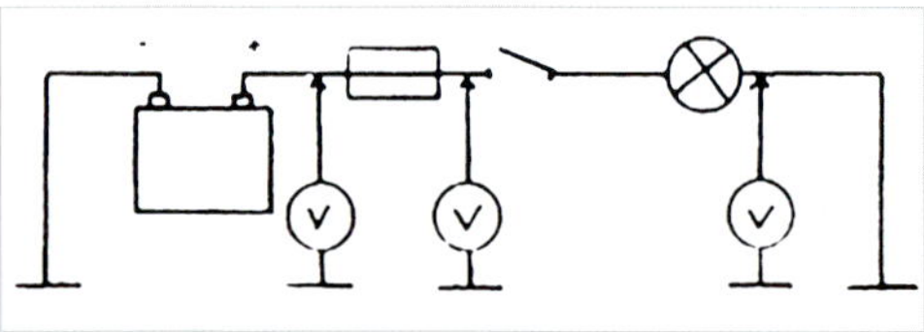

Kommt überhaupt Strom an?

- Du klemmst also das eine Ende der Prüflampe an Batterie-Minus oder stellvertretend an eine Motorschraube.

- Um zu prüfen, ob die Prüflampe selbst funktioniert, piekst du mit der Prüfspitze auf Batterie-Plus. Jetzt muss die Lampe leuchten.

- Mit der Prüfspitze kannst du dich im fraglichen Stromkreis von Stecker zu Stecker vorprüfen. Mit der Spitze kannst du auch in die Kabelisolierung pieksen. Von Batterie-Plus bis dahin und dorthin liegt noch Spannung an, da auch noch, aber hier nicht mehr? Also ist irgendwo dazwischen eine Unterbrechung. Schau an, die Glühlampe ist schuld ...

Bei allen weiteren Messungen von Stromstärke und Widerstand brauchst du ein anderes Messgerät. Mit den Geräten werden Bedienungsanleitungen geliefert, die eine Einführung in das jeweilige Messverfahren beinhalten und häufig von Fachsinologen verfasst worden sind. Ich empfehle dir: Lass dir von deiner schlauen Freundin zeigen, wie viel Spaß Messen machen kann.

Shirleys Ausflug

Mein Vater bestand mit sechzig den Motorradführerschein, meine Mutter schwor, kein Wort mehr mit ihm zu sprechen, wozu sie Sätze verschleuderte, und erneuerte ihr tägliches Versprechen, sich nie im Leben auf ein Motorrad zu setzen.
Als Vater seine Frührente in achtundneunzigpeess umsetzte, schwieg Mutter tatsächlich. Kaum stand Vaters Maschine in der Garage, benahmen sich beide, als wären sie auf Motorrädern zur Welt gekommen. Vater verchromte alle Schrauben und putzte seine Rente täglich. Nach irgendwelchen Emotionen befragt, versicherte er, keine zu haben. Auf die Frage, wie er sich bei der Führerscheinprüfung gefühlt habe, sagte er in einem Tonfall, als hätte ich nach seinem Puls gefragt: »normal«.
Was Vater kauft, ist sehr gut. Dahinter steht nämlich die Stiftung Warentest. Kauft ein Familienmitglied etwas, ohne seinen und den Rat der Stiftung einzuholen, kann es nichts taugen. Übertag quietscht bei meinem neuen Motorrad die Kupplung. Ein Japaner halt. Was will man da auch groß erwarten.
Mutter sagt Kardan und Boxer und es klingt wie Parfüm. Vater schneidet alle Kurven gerade an. Mutter, neben der jeder Schrubber eine atemberaubende Kurvenlage hätte, sagt, sie fahre sportlich: bei herausgestreckter Zunge würde sie den Asphalt polieren.

Meine Eltern laden meinen Bruder und mich zu einer Kaffeefahrt ein; zu viert auf drei Motorrädern. Die Katze muss zu Hause bleiben und wird verabschiedet wie ein entführtes und wiedergefundenes Kind.
Mutter windet sich in ihren Goretexanzug. Die Reißverschlüsse kann sie nicht alleine zuziehen; die warmen Papahände versorgen sie. Dabei weist sie darauf hin, dass sie mit diesem Anzug sozusagen das Nonplusultra besitzt, worin Vater sie bestätigt, indem er die Testergebnisse der Stiftung zitiert.
Unterwegs halten wir bei jeder Sehensunwürdigkeit. Vater fotografiert. Motorrad und Kapelle, Motorrad und Panorama und immer wieder Motorrad und Braut: im Profil mit Motorrad von links, auf Motorrad bei Sonnenschein; Mutter tut so, als führe sie – nie ohne das Vordergrundzweigchen vor der Linse des von der Stiftung empfohlenen Apparates.

Am Ziel der Fahrt ins Blaue stellen wir die Motorräder auf einen öffentlichen Parkplatz und steigen einen Hügel hinauf zum Café Schöne Aussicht. Vater dreht sich verfolgungswähnend um und wählt den Tisch. Kaum haben wir Platz genommen, zieht es und er sucht einen anderen Tisch. Jetzt hat er seine Rente im Blick.
Mutter bittet Vater, für sie Kaffee zu bestellen und geht zur Toilette. Sie fröstelt. Aber das liegt an ihr. Weil der Anzug das Beste ist, was es zur Zeit auf dem Markt gibt. Windundwasserdichtundatmungsaktiv! Von der Stiftung Warentest empfohlen, sagt Vater.
Als Mutter zurückkehrt, springt Vater auf und bittet sie, für ihn Kaffee zu bestellen. Auf dem vom Café aus sichtbaren Parkplatz kontrolliert er das Lenkradschloss. Wenig beruhigt setzt er sich wieder. Besänftigend legt Mutter ihre Hand auf seinen Arm. Bei so vielen Menschen könne es niemand stehlen, da sei sie ganz sicher.
Das hat nichts zu bedeuten, sagt Vater.

Ich trinke einen Kaffee, sagt Mutter, und du, fragt sie den Bruder. Eine Gulaschsuppe mit Kaffee, sagt er. Was trinkst du, fragt Vater die Mutter. Kaffee, sagt die Mutter, und du? Ich nehme auch einen Kaffee, sagt er und fragt mich: Und du? Cappuccino, sage ich. Und du, fragt er meinen Bruder. Gulaschsuppe.

Endlich kommt eine überforderte Kellnerin an unseren Tisch. Vater fragt Mutter, was sie will. Kaffee, sagt Mutter. Die Bedienung schaut mich an. Vater fragt, was ich möchte. Cappuccino, sage ich. Vater möchte eine Gulaschsuppe. Die Bedienung sagt: Kaffee, Cappuccino, Gulaschsuppe. Und einen Cappuccino, sagt Vater.

Die Bedienung sagt: Ein Kaffee, zwei Cappuccino und eine Gulaschsuppe und schaut meinen Bruder an. Gulaschsuppe sagt er. Also zwei Gulaschsuppen, sagt die Bedienung. Und einen Cappuccino, sagt Vater. Zwei Cappuccino, sagt die Bedienung. Bitte drei, sagt die Mutter. Ohne Kaffee, sagt der Vater. Die Bedienung geht ab.

Vater schaut zum Motorrad und deutet auf die am Nebentisch Sitzenden, die schon da saßen als wir kamen und noch immer nichts haben. Wir haben doch Zeit, sagt Mutter.

Vater fragt Mutter, ob sie Geld dabei habe. Mutter sagt nein, oder doch. Sie hat ja immer fünfzig Euro und fünfzig Cent zur Reserve dabei – in der linken Innentasche des Goretexanzuges. Wenn ich dich nicht hätte, sagt Vater und tastet nach seinem Portemonnaie.

Vater sagt zu Mutter, sie solle vom Reservegeld zahlen, er müsse noch tanken, außerdem plädiere er dafür, gleich bei Erhalt der Bestellung zu zahlen, da man so lange warten müsse. Sehnsüchtig schweift sein Blick zum Parkplatz.

Die Bedienung bringt ein Eis. Wir haben kein Eis bestellt, sagt Vater.

Was unser Kätzchen jetzt wohl macht, sagt Mutter. Ich schau noch mal nach dem Motorrad, sagt Vater. Da kommen zwei Gulaschsuppen und drei Cappuccino.

Etwas später nimmt die Kellnerin im Vorbeigehen einen leeren Teller und meine halbvolle Cappuccinotasse mit.

Manche Menschen, da sind sich die Eltern einig, haben keine Manieren.

Die Autorinnen in der ihnen eigenen Schräglage

Abbildungsnachweis

ATE-Bremsen, Frankfurt: 112 u, 113 beide, 161

BMW-Archiv: 7, 73, 74 o, 75, 77 o, 97, 109 beide, 115 beide

Harley-Davidson: 74 u

Honda Deutschland: 89, 91 beide, 104, 114 alle, 118 ro u. ru, 119, 121 ru, 123 o, 126 r, 129, 147 o, 150 ru beide, 151 o beide, 153, 157, 158, 160, 161 o, 164, 166, 167 l u. ru, 168 r, 170 l, 173 lo u. r, 174, 178, 184

Janneck, Udo: 88

Kleinschmidt, Jutta: 50, 51

Lyda, Katrin: 52

Mayer, Andrea: 55, 56

Prinz, Nina: 49

Thouret, Elga: 35, 38 beide, 46, 57

VDI-Verlag: 87

Westermann Schulbuchverlag: 76 beide, 77 u, 78, 79, 80 o, 96 o

Yamaha: 74 m

Quellen und weiterführende Literatur

»Ein Jahrhundert Motorradtechnik«, Hrsg. *Christian Bartsch;* Düsseldorf: VDI-Verlag 1987 (oben genannte Abbildung von S. 249)

»Kraftfahrzeugtechnik«, Braunschweig: Westermann Schulbuchverlag, 5. Auflage 2003

»Die Faszination des Erfolges: Das Sportleben der Ilse Thouret«, *Mika Hahn;* Korschenbroich: Rheinischer Mobilia Verlag 2004 (www.tornax.de)

»Das Schrauberhandbuch«, *Bernd L. Nepomuck / Udo Janneck; Kiel:* Moby Dick Verlag 2006 (die Abbildung auf S. 88 entstammt diesem Standardwerk, Kolorierung S. Bobke)

»Motorradelektrik in der Praxis«, Hans Hohmann; Kiel: Moby Dick Verlag 2007

»Handbuch Motorradelektrik«, Frank Hahmann; Kiel: Moby Dick Verlag 2003

»Motorradvergaser und Einspritzsysteme«, *John Robinson;* Kiel: Moby Dick Verlag 2003

»1000 Tipps für Motorradfahrer«, *Udo Stünkel;* Kiel: Moby Dick Verlag 2004

Wartung und Reparatur

Nur Werkstatthandbücher bieten so viel Information wie diese Schrauberbücher.
Alle Wartungs- und Reparaturarbeiten sind ausführlich praxisgerecht beschrieben und durch viele Fotos illustriert.
Alle Abmessungen, Gewichte, Toleranzen etc. sowie Schaltpläne sind enthalten. Da bleibt keine Frage offen.

Phil Mather
Automatik-Roller Hubraumklassen 50 bis 250 cm³
ISBN 978-3-7688-5218-0

Matthew Coombs
BMW R 850, 1100 und 1150 Vierventil-Boxer
ISBN 978-3-7688-5224-1

Matthew Coombs
BMW R 1200 GS/RT/ST/S Vierventil-Boxer
ISBN 978-3-7688-5252-4

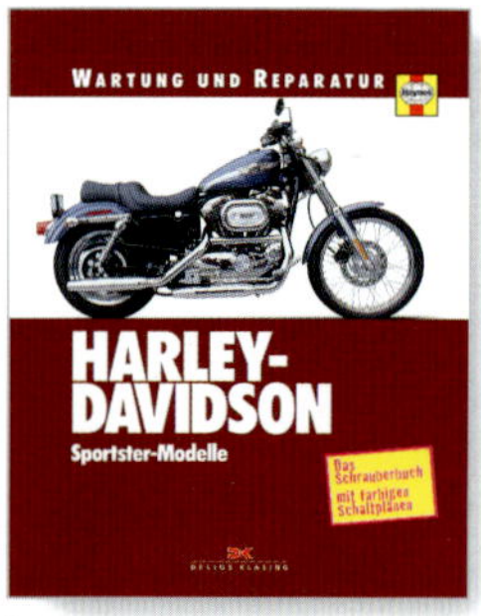

Tom Schauwecker u. a.
Harley-Davidson Sportster-Modelle
ISBN 978-3-7688-5226-5

Matthew Coombs
Piaggio
Vespa
ISBN 978-3-7688-5244-9

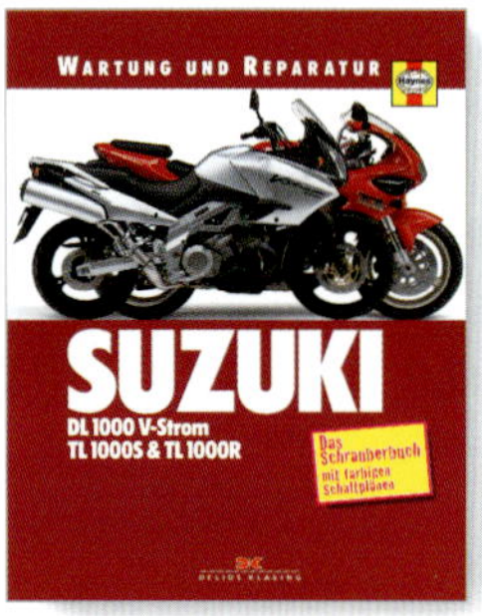

Matthew Coombs
Suzuki DL 1000 V-Strom
TL 1000S & TL 1000R
ISBN 978-3-7688-5231-9

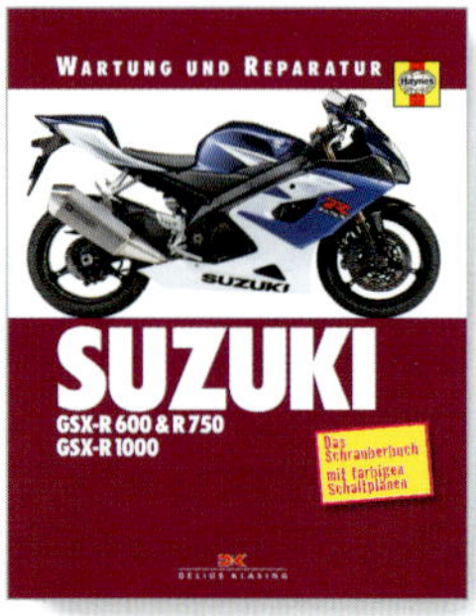

Matthew Coombs
Suzuki GSX-R 600 & R 750
GSX-R 1000
ISBN 978-3-7688-5257-9

Matthew Coombs
Triumph Bonneville, T100, Speedmaster, Americana und Thruxton
ISBN 978-3-7688-5239-5

Matthew Coombs
Yamaha XJR 1200
und 1300
ISBN 978-3-7688-5200-5

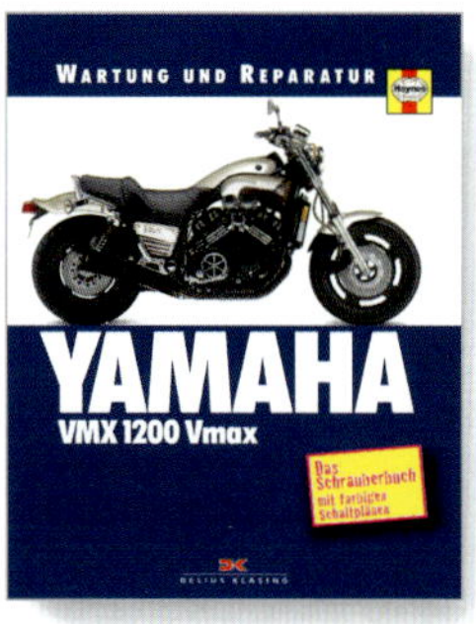

Matthew Coombs
Yamaha VMX 1200 Vmax
ISBN 978-3-7688-5216-6

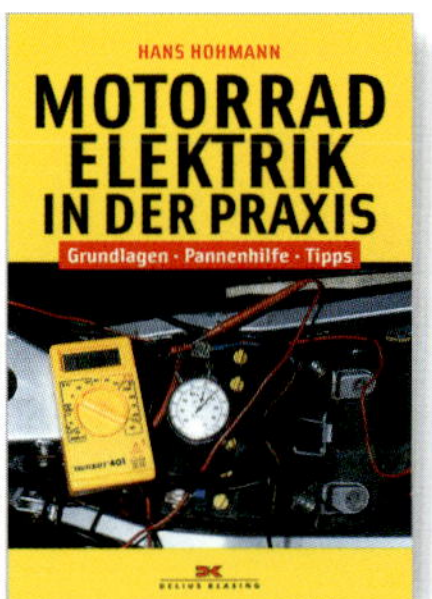

Hans Hohmann
Motorradelektrik
in der Praxis
ISBN 978-3-7688-5258-6

Udo Stünkel
1000 Tipps für
Motorradfahrer
ISBN 978-3-7688-5215-9

Erhältlich im Buch- und Fachhandel oder unter www.delius-klasing.de

DELIUS KLASING